高等学校规划教材

无机及分析化学实验

孙丹 主编

化学工业出版社

·北京·

内容简介

《无机及分析化学实验》共7章，包括绪论、实验室安全、实验数据处理、悦读——化学家之精神、基本操作及常用仪器介绍、无机化学实验、定量分析实验，编写实验项目36个，书后有附录和参考文献。无机化学实验包括4个基本原理实验和7个物质性质实验、7个物质提纯和制备实验；定量分析实验包括14个化学分析实验和4个仪器分析实验。在实验内容编写上按基本操作性-验证性-综合分析性实验的顺序编排，学生的实验技能得到渐进式培养和提高；在实验内容的选择上，突出趣味性、熟知性、科学性和探究性，既便于教师的教学，又有利于增强学生学习化学的兴趣。

本书适用于化工、材料、环境、生工、食品和制药等专业的学生，不同专业教学时可根据需要选用相关内容。

图书在版编目（CIP）数据

无机及分析化学实验/孙丹主编. —北京：化学工业出版社，2021.8（2024.9重印）
ISBN 978-7-122-39347-0

Ⅰ.①无… Ⅱ.①孙… Ⅲ.①无机化学-化学实验 ②分析化学-化学实验 Ⅳ.①O61-33②O652.1

中国版本图书馆CIP数据核字（2021）第112743号

责任编辑：李 琰 宋林青
责任校对：王 静 装帧设计：韩 飞

出版发行：化学工业出版社（北京市东城区青年湖南街13号 邮政编码100011）
印 装：北京科印技术咨询服务有限公司数码印刷分部
787mm×1092mm 1/16 印张12½ 字数304千字 2024年9月北京第1版第4次印刷

购书咨询：010-64518888 售后服务：010-64518899
网 址：http://www.cip.com.cn
凡购买本书，如有缺损质量问题，本社销售中心负责调换。

定 价：35.00元

前　言

无机及分析化学实验是学生进入大学后的第一门实验课，是后续课程的重要基础。对本科高等工科院校的化工、生工、材料及环境类专业如何掌握化学实验的基本操作技能，逐步提高实验综合应用能力、工程应用能力、实践创新能力、培养高素质工程技术人才，无机及分析化学实验课程显得尤为重要。

本教材是参照教育部化学类专业教学指导委员会制订的“化学专业教学基本内容”的要求，依据湖北工业大学历年来的化学实验教学实践，并参考了国内外化学实验教材编写而成。本教材在编写时注重内容的选择，坚持夯实基础、能力递增为原则，选用了基础性实验、验证性实验及综合性实验三大类，内容涵盖面广、实验项目类型丰富、比例适中、结构布置合理，整本教材按基本操作性-验证性-综合分析性实验的顺序编排；本教材还特别融入了思政元素，通过著名化学家的感人事迹，教育学生心中要有梦想，做一个勤奋好学、善于思考、不求名利，保有好奇心、多看多学多试验的化学科研者，坚持育人为本；本教材的拓展悦读部分，有利于拓宽学生视野，陶冶情操，培养新时代有思想、有情怀、高素质的人才；全书图例丰富，插图清晰，每一个基本操作都配有图示，既简单又直观、既清晰又美观，让大一新生看图即能独立操作。

本教材由湖北工业大学材料与化学工程学院的孙丹主编，王薇、周开梅、赵春玲、陈俊平、袁继兵、周国华等参编。另外，无机及分析化学研究室的胡爱红、张旺喜、魏鹏和凌秀菊老师也参加了相关工作，陈果和代勇勇负责绘图工作，最后由孙丹整理定稿。感谢胡立新教授对本教材提出的宝贵意见、悉心指导和大力帮助。

由于编者的水平和时间有限，本书不妥之处在所难免，恳请读者不吝指正。

编者

2021 年 5 月

前言

目　录

附录
(Appendices)

参考文献
(References)

第1章
绪　论

Chapter 1
Introduction

1.1 学习化学实验的作用

(Roles of Learning Chemical Experiments)

化学是一门以实验为基础的学科，实验教学是化学教学中不可缺少的重要环节。“无机及分析化学实验”是化学化工、生工制药等专业的本科生进入大学的第一门实验课程，是后续课程的基础。

化学实验的主要任务是通过实验教学，加深学生对化学基本概念和基本理论的理解，及对化学中基本实验方法和操作技能的掌握，培养学生严谨的科学态度，提高学生独立分析问题与解决问题的能力。化学实验课的学习目的主要包括以下几点。

① 加深学生对化学基本概念和反应原理的理解，激发学生的学习兴趣。良好的学习兴趣是求知欲的源泉，托尔斯泰曾经说过：“成功的教学，所需的不是强制，而是激发学生学习的兴趣。”实验具有千变万化的现象，是唤起学生学习兴趣的有效手段。学生通过视觉、听觉、嗅觉形成感性认识，进一步加深对基本概念和反应原理的理解。

② 使学生正确地掌握实验操作的基本方法和基本技能。学生通过严格的实验训练，能正确使用各类相关化学仪器，能规范地进行实验基本操作，掌握实验基本技能，为后续课程的学习以及毕业后从事相关工作奠定了坚实的基础。

③ 培养学生观察能力、分析和解决问题的能力。化学实验离不开学生的仔细观察，学生将观察到的现象与学过的理论知识进行联系，理论指导实验，实验验证理论，二者相互作用。同时，在实验过程中，可能会出现一些课本上未涉及的知识，学生提出问题，教师引导学生查阅资料、设计方案、动手实验、分析结果、得出结论，逐步培养和提高学生分析问题和解决问题的能力。

④ 培养学生求实求真、创新存疑的科学态度以及整洁干净、节约有序的良好习惯。在

培养学生各种能力的同时，还要进行科学素质的培养，包括求真求实的严谨的科学态度，开拓创新的科学品德，以及实验中保持干净整洁、有条不紊的良好习惯，使学生具有“科学家的元素组成 C_3H_3——Clear Head、Clever Hands、Clear Habit”（张资珙教授语）。

1.2 学习化学实验的方法

(Methods of Learning Chemical Strategies)

化学实验课的学习主要包括以下几个过程。

（1）课前预习

做好实验的第一步就是课前认真预习，弄清实验目的，理解实验原理，并能用自己的语言简单明了地进行归纳总结，或者以图示的形式在预习报告中体现；熟悉实验步骤，可采用流程图等简明扼要地记录，便于实验过程中随时查阅；了解仪器结构和使用方法以及注意事项，了解药品试剂的性质和用途，尤其是有毒、有害物质的使用方法及注意事项；认真完成预习思考题。

（2）规范实验操作，细致观察实验现象

在实验过程中，每个学生都不要偷懒，珍惜每一个做实验的机会，根据实验步骤认真规范操作，提高动手操作能力；同时许多化学实验现象稍纵即逝，学生必须集中注意力细致观察，边观察边思考，把观察和思考有机地结合起来，并及时将观察到的实验现象进行记录。

（3）详细、如实记录实验数据

如果实验中存在实验数据的读取和记录，要用永久性墨水书写，不能用铅笔，记录有差错需要修改的地方只能打叉，不能涂掉。实验的原始数据必须按其所获得的时间顺序记录，详细、如实，不得随意篡改数据；记录时必须注明日期和见证者，不得随意撕掉。记录日期和见证者特别重要，在涉及专利权诉讼时，可从原始研究记录中的日期来核实。

（4）认真完成实验报告

实验报告一般包括实验目的、实验原理、试剂和仪器、实验步骤、实验现象与结果、实验数据处理和思考题。在完成预习（实验目的、实验原理、试剂和仪器、实验步骤）的基础上如实记录实验现象以及原始测量数据等，要求图表清晰，数据完整、表述合理；详细写出计算公式及过程或者化学方程式，整理实验结果。

（5）总结实验心得与建议

结合具体的实验现象和实验中存在的问题进行讨论，包括实验后自己的收获、遇到的困难以及解决的方法、实验经验等心得体会，对本实验的意见和建议等。

1.3 化学实验室规则

(Chemical Laboratory Rules)

① 提前 5～10min 到实验室上交预习报告，迟到 15min 以上者不得进入实验室做实验。

② 课堂上保持安静，认真听老师讲解，不得擅自使用台面上的药品及仪器。

③ 节约药品，严格按照实验要求的用量，称量或移取试剂，避免浪费和污染环境。

④ 个人台面上的药品不要随意借给他人使用，使用后摆放回原位，标签朝外；公共台面上的药品、仪器不得拿到个人台面上使用。

⑤ 爱护实验设备，损坏仪器和设备时应及时报告任课老师，进行登记并按照规定赔偿。

⑥ 应穿实验服进入实验室，夏天不得穿背心、拖鞋。

⑦ 不得在实验室进食，实验后应洗手。

⑧ 实验过程中开门、开窗，保持通风，必要时打开排风扇。

⑨ 实验过程中保持台面清洁，书包等随身物品放入实验柜或抽屉存放。废液、废渣请按要求倾倒；容易堵塞水槽的物品（比如火柴梗、滤纸、试纸等)，不得随手扔到水槽里。

⑩ 实验过程中注意安全，动作不宜过大，更不能打闹、嬉戏，不得使用通信、娱乐工具。

⑪ 实验过程中及时记录实验数据，不得抄袭他人结果。一旦发现，抄袭者和被抄袭者的本次实验成绩均计为零分。

⑫ 在规定时间内完成实验，不得超时；实验开始后不得省略实验步骤，若提早结束实验，在得到任课老师（会采取提问的方式检验实验效果）认可后才能离开。

⑬ 不得将实验室的药品、仪器带出实验室。

⑭ 实验结束后认真清洗玻璃仪器，清点数目后归还或放回原处，值日生打扫实验室，包括通风橱、实验台、地面等，检查水、电、门窗。老师检查后，值日生方可签字离开。

⑮ 有特殊情况不能参加实验的学生应提前向任课老师请假，并递交请假条，由学工办盖章。学生应自行找时间将此次实验补上。

1.4 化学实验成绩的评定方法

(Evaluation Methods of Chemical Experiment Results)

我校生物工程和化学工程与工艺专业的《无机化学实验》和《分析化学实验》都是独立开设的，共2学分。以2019级化学工程与工艺专业为例，化学实验成绩根据平时实验成绩（实验准备、实验操作、实验报告）和期终考试成绩等进行综合考核，具体如下。

① 实验成绩总分以100分计。

② 其中平时实验成绩为60分，主要包括考勤、预习、实验操作和实验报告。平时成绩含：预习20％、实验操作15％、实验报告65％，无故不参加实验者，本次实验成绩计为零分。最后学生的平时成绩以本学期多次实验成绩的平均分计入。

③ 实验期终考试成绩为40分，以“试卷＋操作考试”的形式进行。试卷包括两部分内容：第一部分是实验原理的简单概述、理论计算或者简答题，以及实验步骤；第二部分，评分细则，教师对照评分细则对每个学生的操作进行现场打分。两部分成绩的总和即为实验期终考试成绩。

④ 任课老师负责通知本班学生穿实验服，学生需提前10min到达考场（具体进考场时间根据第一场考试情况而定)，进实验室前实验老师组织学生在实验服上用标签写上自己的名字，贴在后背右边。

⑤ 每位教师监考 6 人，按照评分细则当场给出操作分，并签名。

⑥ 每位监考老师给自己组的学生拍半分钟视频或 1～2 张照片；并对学生的实验数据进行评判打分，给出总成绩，并签名，最后将评分细则和答题卡装订在一起交给任课老师。

1.5 实验报告的书写、评分细则及参考模板

(Writing，Grading Rules and Referred Template of Experiment Report)

1.5.1 实验报告的书写格式及要求

① 预习报告需填写或完成实验目的、实验原理、实验步骤、思考题。

② 要求：

a. 实验原理要用自己的语言归纳总结，简单明了；

b. 实验步骤可采用流程图等简明扼要地记录，便于实验过程中随时查阅。

③ 在预习报告的基础上，填好实验数据，整理出实验结果，总结实验经验等，上交完整的实验报告。

④ 无机实验的主要宗旨是观察实验现象，探讨实验原理，实验报告要求当堂完成、上交；分析实验的主要宗旨是精确测定，正确记录，准确计算，测定的原始数据要交任课老师确认数据真实、可靠、有效后，再完成实验报告，当堂上交；实验数据不符合误差和偏差要求的，必须重做。

1.5.2 实验报告评分细则

1.5.2.1 符合以下条件之一的，则本次实验成绩计为零分。

① 旷课；

② 未经允许早退；

③ 未交实验报告；

④ 实验报告原始数据未经任课老师确认或改动原始数据；

⑤ 抄袭实验报告。

1.5.2.2 评分细则

评分细则见表 1-1。

表 1-1 评分细则

考核内容	分值	说明
预习情况	10 分	按要求填写实验目的、实验原理、实验步骤
	10 分	完成思考题，并正确回答
实验操作	15 分	根据学生操作的规范性、熟练程度并结合实验数据等综合评价，现场打分
实验记录	20 分	记录实验现象、原始测量数据等，要求图表清晰、数据完整、表述合理、字迹工整
数据处理	20 分	详细写出计算公式及过程或化学反应方程式，结论正确
实验小结	10 分	分析实验过程中出现的问题，总结实验经验，内容具体
考勤	5 分	迟到者，扣 5 分
总分	100 分	

1.5.3 基本原理类的实验报告参考模板

氧化还原反应和电化学

序号	实验内容		实验现象	实验原理	结论
1	比较电对 $E^{\ominus}$ 值的相对大小	0.02mol・L^{-1} KI＋0.1mol・L^{-1} $FeCl_3$（可加入少许淀粉溶液）			
		0.1mol・L^{-1} KBr＋0.1mol・L^{-1} $FeCl_3$			
		在酸性介质中，0.02mol・L^{-1} KI＋3% H_2O_2			
		在酸性介质中，0.01mol・L^{-1} $KMnO_4$＋3% H_2O_2			
		在酸性介质中，0.1mol・L^{-1} $K_2Cr_2O_7$＋0.1mol・L^{-1} Na_2SO_3			
		在酸性介质中，0.1mol・L^{-1} $K_2Cr_2O_7$＋0.1mol・L^{-1} $FeSO_4$			
2	介质的酸碱性对氧化还原反应产物及反应方向的影响	点滴板的3个孔穴各滴入1滴0.01mol・L^{-1} $KMnO_4$；然后分别加1滴2mol・L^{-1} H_2SO_4、1滴H_2O、1滴2mol・L^{-1} NaOH；最后分别加0.1mol・L^{-1} Na_2SO_3			
		0.1mol・L^{-1} KIO_3＋0.1mol・L^{-1} KI，观察变化；再加数滴2mol・L^{-1} H_2SO_4；最后加2mol・L^{-1} NaOH（若现象不明显，可加入少许淀粉溶液）			
3	浓度、温度对氧化还原反应速率的影响	①2支试管分别加3滴0.5mol・L^{-1} $Pb(NO_3)_2$和3滴1mol・L^{-1} $Pb(NO_3)_2$，各加30滴1mol・L^{-1} HAc摇匀，再逐滴加0.5 mol・L^{-1} Na_2SiO_3，边滴加边摇晃试管，直至刚开始形成白色沉淀（刚开始滴加Na_2SiO_3时，溶液是无色透明的，即使生成白色沉淀，摇晃之后也会迅速溶解，若Na_2SiO_3过量一滴，白色沉淀生成后便不再消失，此时就不能再滴加Na_2SiO_3了）； ②用蓝色石蕊试纸检验是否为弱酸性； ③放入90℃水浴加热至试管出现乳白色凝胶，取出试管，冷却至室温，在2支试管中同时插入表面积相同的锌片，观察“铅树”生长速率			
		①A、B 2支试管各加1mL 0.01mol・L^{-1} $KMnO_4$＋3滴2mol・L^{-1} H_2SO_4； ②C、D 2支试管各加1mL 0.1mol・L^{-1} $H_2C_2O_4$； ③A、C两试管先放在水浴中加热几分钟，再将A中溶液倒入C中； ④将B中溶液倒入D中，观察C、D两试管中的溶液哪一个先褪色			

1.5.4 元素性质类的实验报告参考模板

氮和磷

一、实验目的

① 掌握氨和铵盐、硝酸和硝酸盐的主要性质。

② 掌握亚硝酸及其盐的性质。

③ 了解磷酸盐的主要性质。

④ 掌握 NH_4^+、NO_3^-、NO_2^-、PO_4^{3-} 的鉴定方法。

二、实验记录

序号	实验内容		实验现象	实验原理
1	NH_4^+ 的鉴定	0.1mol·L^{-1} NH_4Cl+2mol·L^{-1} NaOH，微热，用润湿的红色石蕊试纸检验逸出的气体		
		在润湿的滤纸上滴加 1 滴 Nessler（奈斯勒）试剂（$K_2[HgI_4]$的碱性溶液），代替红色石蕊试纸，重复以上实验		
2	硝酸的氧化性	铜屑+浓 HNO_3，然后迅速加水稀释（若无现象，可用酒精灯加热，在通风橱内操作）		
		锌粉+1mL 2mol·L^{-1} HNO_3（若无现象，可加热） 取清液检验是否含有 NH_4^+		
3	亚硝酸及其盐的性质	10 滴 1mol·L^{-1} $NaNO_2$+6mol·L^{-1} H_2SO_4（反应温度不应过高，可在冷水中冷却进行。用纸片盖住管口，观察之后用水冲洗掉）		
		0.1mol·L^{-1} $NaNO_2$+0.02mol·L^{-1} KI+1mol·L^{-1} H_2SO_4 反应之后加入淀粉试液		
		0.1mol·L^{-1} $NaNO_2$+0.01mol·L^{-1} $KMnO_4$+1mol·L^{-1} H_2SO_4		
4	NO_3^- 和 NO_2^- 的鉴定	1mL 0.1mol·L^{-1} KNO_3+少量 $FeSO_4·7H_2O$ 晶体+1mL 浓 H_2SO_4 静置片刻 思考如何向试管中加入固体颗粒		
		1 滴 0.1mol·L^{-1} $NaNO_2$ 稀释至 1mL+少量 $FeSO_4·7H_2O$ 晶体+2mol·L^{-1} HAc （此实验是否可用浓 H_2SO_4？可以）		
		2 滴 0.1mol·L^{-1} KNO_3+2 滴 0.1mol·L^{-1} $NaNO_2$ 稀释至 1mL+少量尿素（消除 NO_2^- 对 NO_3^- 的干扰）+2 滴 1mol·L^{-1} H_2SO_4 同样做棕色环实验		
5	磷酸盐的性质	用 pH 试纸分别测定 0.1mol·L^{-1} Na_3PO_4、0.1mol·L^{-1} Na_2HPO_4、0.1mol·L^{-1} NaH_2PO_4 的 pH		
		3 支试管各加数滴 0.1mol·L^{-1} $CaCl_2$，再分别滴加 0.1mol·L^{-1} Na_3PO_4、0.1mol·L^{-1} Na_2HPO_4、0.1mol·L^{-1} NaH_2PO_4		
		数滴 0.1mol·L^{-1} $CuSO_4$+0.5mol·L^{-1} $Na_4P_2O_7$（焦磷酸钠）		
		1 滴 0.1mol·L^{-1} $CaCl_2$+0.1mol·L^{-1} Na_2CO_3+0.1mol·L^{-1} $Na_5P_3O_{10}$（三聚磷酸钠）		

续表

序号		实验内容	实验现象	实验原理
6	PO_4^{3-} 的鉴定	数滴 0.1mol·L^{-1} Na_3PO_4 + 0.5mL 浓 HNO_3 + 1mL 钼酸铵，水浴微热 加热时浓硝酸会大量挥发，因此无需加热		
7	三种白色晶体的鉴别	NH_4NO_3、Na_2CO_3、$NaHCO_3$ ①加 NaOH，蓝色石蕊试纸； ②加 $CaCl_2$ 溶液		

1.5.5 化学分析类的实验报告参考模板

EDTA 标准溶液的配制与标定

一、预习报告（共 20 分）（预习要求：课前必须认真预习将要做的实验；认真看实验课指导书与实验教材；了解实验要点，包括实验原理、实验方法、使用仪器、实验步骤；根据课程要求认真撰写预习报告；严禁抄袭报告！）

（一）实验目的（2 分）

（二）实验原理（8 分）（不能简单地照抄实验指导书，应在理解的基础上简明扼要地书写实验原理，可以写出必要的化学反应式等。）

（三）预习思考题（10 分）（完成实验指导书上的问答题，请抄题。）

① 以 HCl 溶液溶解 $CaCO_3$ 基准物时，操作中应注意些什么？

② 实验中以钙指示剂为指示剂标定 EDTA 溶液时，应控制溶液的酸度为多少？为什么？如何控制？

③ 欲长期保存 EDTA 标准溶液时，应贮存于何种容器中？为什么？

④ 配位滴定法与酸碱滴定法相比，有哪些不同点？操作中应注意哪些问题？

二、实验操作（共 15 分）（指导教师根据学生操作规范性、实验记录单记录情况、是否遵守实验纪律、实验完成情况等综合评定实验表现成绩。）

三、实验报告（共 65 分）

（一）实验主要仪器与试剂（原料）（5 分）

（二）实验步骤（10 分）（不能简单地照抄实验指导书，应在理解的基础上简明扼要地书写实验步骤，可以为要点，也可以为流程图，也可以用图表说明。）

（三）实验记录（20 分）（应认真、客观、如实、完整地记录实验数据、实验现象等。）

记录项目	样品号		
	1	2	3
称量瓶＋$CaCO_3$(前)/g 称量瓶＋$CaCO_3$(后)/g $CaCO_3$ 质量/g			
EDTA 终读数/mL EDTA 初读数/mL V_{EDTA}/mL			
c_{EDTA}			
c_{EDTA}(平均值)			
个别测定的绝对偏差			
相对平均偏差			

$$c_{EDTA}=\frac{\frac{25}{250}\times\frac{m_{CaCO_3}}{M_{CaCO_3}}}{V_{EDTA}\times10^{-3}}\quad(M_{CaCO_3}=100.09\mathrm{g\cdot mol^{-1}})$$

（四）实验结果与数据处理（20 分）（对原始数据进行计算处理，得到实验需要的结论数据。）

（五）实验总结与讨论（10 分）（结合具体的实验现象和实验中存在的问题进行讨论；总结实验后的收获、遇到的困难及解决的方法等；以及对本次实验的意见和建议等。）

实验成绩	实验预习	操作表现	实验报告	实验总成绩
教师评阅意见	签名： 年 月 日			

1.5.6 仪器分析类的实验报告参考模板

一、预习报告（共20分）

（一）实验目的（2分）

（二）实验原理（8分）

（三）预习思考题（10分）

① 简述分光光度计使用的注意事项。

② 制作标准曲线和进行其他条件实验时，加入试剂的顺序能否任意改变？为什么？

③ 本实验中加入邻二氮菲和盐酸羟胺的作用分别是什么？

④ 寻找最大吸收波长时用什么作为参比溶液？绘制标准曲线时用什么作为参比溶液？

二、实验操作（共15分）

三、实验报告（共65分）

（一）实验主要仪器与试剂（原料）（5分）

（二）实验步骤（10分）

（三）实验记录（20分）

1. $A \sim \lambda$ 曲线的绘制（注意与实验报告上的数据一致！）

波长 λ/nm	430	450	470	490	510	530	550	570
吸光度 A								

在坐标纸上绘制 $A \sim \lambda$ 曲线。

2. A-c 曲线的绘制（显色剂浓度的试验）

容量瓶或比色管号	显色剂量 V/mL	吸光度 A
1	0.3	
2	0.6	
3	1.0	
4	1.5	
5	2.0	
6	3.0	
7	4.0	

在坐标纸上绘制 A-c 曲线。

3. 标准曲线的测绘与铁含量的测定

试液编号	标准溶液的体积/mL	总含铁量/μg	吸光度 A
1	0	0	
2	2.0	20	
3	4.0	40	
4	6.0	60	
5	8.0	80	
6	10.0	100	
未知液			

在坐标纸上绘制标准曲线。

（四）实验结果与数据处理（20分）

计算：根据绘制的标准曲线图，进一步计算：Fe含量＝？ μg/mL（写明计算过程）。

（五）实验总结与讨论（10分）

实验成绩	实验预习	操作表现	实验报告	实验总成绩
教师评阅意见	签名： 年 月 日			

1.6 实验操作考试参考试卷

(Referred Papers of Operation Examination)

《无机化学（一）实验》操作考试

题目：将一定浓度含少量K^+的NaCl溶液蒸发结晶、减压过滤和干燥

第一部分 实验步骤及产品质量（10分）

实验步骤：

① 蒸发结晶：量取20mL已配制好的溶液，放入蒸发皿，蒸发浓缩结晶。

② 减压过滤：将第①步结晶出来的晶体转移至布氏漏斗，进行减压过滤。

③ 干燥：将第②步得到的晶体转移至蒸发皿，烘干。

产品质量：

将第③步烘干的产品称重，得__________g。

第二部分　实验操作（90分）

实验操作考试评分标准

学生姓名：　　　　　　　　　　**学号：**

操作部分参考评分标准：（共90分）

扣分点	扣分标准	扣分数	备注
量筒的使用(5分)	读数时，视线未与量筒内液体凹液面的最低处保持水平，扣5分		
蒸发结晶(30分)	①转移溶液到蒸发皿中时，溶液洒落，扣5分 ②未用泥三角，扣5分 ③未用酒精灯外焰加热，扣5分 ④未用玻璃棒搅拌，扣5分 ⑤有晶体飞溅出来，扣5分 ⑥过稀，未达稀糊状，扣5分 (把液体完全蒸干才停止加热，扣15分)		
减压过滤(40分)	①未等浓缩液冷却就进行减压过滤，扣5分 ②未用少量水润湿滤纸，扣5分 ③漏斗尖端未对准抽滤瓶的支管，扣5分 ④未先打开开关抽吸便于滤纸紧贴漏斗底部，扣5分 ⑤晶体转移不彻底，大量固体残留在蒸发皿里，扣5分 ⑥滤液从支管倒出，而未从抽滤瓶的上口倒出，扣5分 ⑦停止抽滤时先关泵再拔橡胶管，产生倒吸，扣5分 ⑧未正确取出晶体，扣5分		
干燥(10分)	①未将晶体转移到蒸发皿中，而是放在石棉网上，扣5分 ②未不断搅拌，扣5分		
桌面整洁(5分)	实验结束后未洗涤玻璃仪器、未整理桌面，扣5分		
总计扣分			
得分(满分90分)			

注：1. 烘干后的晶体质量为3.0～4.0g得10分，2.0～2.9g得8分，1.0～1.9g得5分，0.5～0.9g得3分，小于0.5g得1分，超过4.0g说明没有彻底烘干得5分。

2. 此项得分计在试卷上，不计在该表上。

评分人：

《分析化学（一）实验》操作考试

题目： NaOH溶液的配制与浓度标定

第一部分　实验步骤及数据处理（30分）

一、实验步骤及简单计算（10分）

①（3分）配制近似浓度为$0.2mol \cdot L^{-1}$的NaOH标液300mL，在托盘天平上称出NaOH固体__________g，加水溶解，转移至试剂瓶中。

②（3分）减量法称取KHP（s）__________g，溶于20～30mL热的去离子水。

③ 加酚酞指示剂1～2滴。

④ NaOH浓度的标定。

⑤（4分）计算$c_{NaOH}=$______________________________（写公式）

($M_{KHP}=204.2g \cdot mol^{-1}$)

二、数据记录及实验结果（15分）

记录项目	1	2	3
$KHC_8H_4O_4$ 质量/g			
NaOH 终读数/mL NaOH 初读数/mL V_{NaOH}/mL			
c_{NaOH}/mol·L^{-1}			
$\bar{c}_{NaOH}$(平均值)/mol·L^{-1}			
个别测定的绝对偏差			
相对平均偏差			

三、终点颜色：（5分）

微红（5分）：　　　　粉红（4分）：　　　　深红或大红（1-3分）：

教师签名：

第二部分　实验操作（70分）

实验操作考试评分标准

学生姓名：　　　　　　**学号：**

操作部分参考评分标准（共70分）

扣分点	扣分标准	扣分数	备注
邻苯二甲酸氢钾(KHP)的称量(10分)	①未清扫天平，扣2分 ②未正确使用纸条，扣2分 ③样品洒落，扣2分 ④称量瓶试样未敲回，扣2分 ⑤未及时记录数据，扣2分		
NaOH的称量、溶解和转移(15分)	①未清洗小烧杯，扣2分 ②用纸片等称量，扣3分 ③未用量筒/量杯而用烧杯量取去离子水，扣2分 ④未用玻璃棒转移溶液，扣2分 ⑤转移NaOH溶液时，用去离子水润洗小烧杯少于3次，扣2分 ⑥未转移至试剂瓶，扣2分 ⑦未摇匀，扣2分		
NaOH的标定(40分)	①洗涤(清洗、润洗)手法不正确，扣5分 ②滴定管未用NaOH润洗，扣5分 ③滴定时发现有气泡，扣5分 ④左右手操作弄反，扣5分 ⑤滴定时只看刻度不看颜色变化，扣5分 ⑥刚开始滴定时水流成柱，扣5分 ⑦读数时没有平视，扣5分 ⑧半滴操作错误，扣5分		
桌面整洁情况(5分)	实验结束后未洗涤玻璃仪器、未整理桌面，扣5分		
总计扣分			
得分(满分70分)			

评分人：

第2章 实验室安全

Chapter 2 Laboratory Safety

高校实验室是进行实验教学和科学研究的重要基地，实验室安全关系到高校的和谐、稳定与持续发展，关系到师生员工的生命健康、财产安全，对高校乃至全社会的安全稳定都至关重要。化学实验室安全不仅仅涉及水电安全，还涉及化学药品的安全，包括强酸、强碱，有毒、有害气体，易燃、易爆气体的正确使用和预防措施等。

2.1 科学用电，防止触电

(Use Electricity Scientifically，Prevent Electric Shock)

① 不用潮湿的手接触电器。

② 经常检查电线、插座或插头，一旦发现损毁，要立即更换。

③ 电炉、高压灭菌锅等用电设备在使用时，使用人员不得离开。

④ 实验时，先连接好电路后再接通电源。实验结束时，先切断电源再拆线路。

⑤ 修理或安装电器时，应先切断电源。

⑥ 不要在一个电源插座上通过转接头连接过多的电器。

⑦ 如有人触电，应迅速切断电源，将触电人员与电源分开，然后进行抢救。

2.2 杜绝火源，防止火灾

(Eliminate Fire，Prevent Fire)

① 使用的保险丝要与实验室允许的用电量相符。

② 电线的安全通电量应大于用电功率。

③ 室内若有氢气、煤气等易燃易爆气体，应避免产生电火花。电器工作和开关电闸时，易产生电火花，要特别小心。电器的电插头接触不良时，应及时修理或更换。

④ 如遇电线起火，立即切断电源，用沙或二氧化碳灭火器灭火，禁止用水或泡沫灭火器等导电液体灭火。

2.3 化学药品的安全

(Chemicals Safety)

2.3.1 防毒

① 实验前，应了解所用药品的毒性及防护措施。

② 有毒气体（如 H_2S、Cl_2、NO_2、浓 HCl 和 HF 等）操作时应在通风橱内进行。

③ 苯、四氯化碳、乙醚、硝基苯等的蒸气会引起中毒。它们有特殊气味，久嗅会使人嗅觉减弱，所以应在通风良好的情况下使用。

④ 有些药品（如苯、汞等）能透过皮肤进入人体，故应避免与皮肤接触。

⑤ 氰化物、高汞盐［$HgCl_2$、$Hg(NO_3)_2$ 等］、可溶性钡盐（$BaCl_2$）、重金属盐（如镉盐、铅盐）、三氧化二砷等剧毒药品，应妥善保管，使用时要特别小心。

⑥ 误吞毒物时，常用的解毒方法是给中毒者服催吐剂（如肥皂水、芥末和水），或以鸡蛋白、牛奶、食用油等缓和刺激，随后用手指伸入喉部引起呕吐。注意：磷中毒的人不能喝牛奶。

2.3.2 防爆

可燃性气体与空气混合，当两者比例达到爆炸极限，受到热源（如电火花）的诱发时，就会引起爆炸。

① 使用可燃性气体时，要防止气体逸出，室内通风要良好。

② 操作大量可燃性气体时，严禁同时使用明火，还要防止产生电火花及其他撞击火花。

③ 有些药品（如叠氮铝、乙炔银、乙炔铜、高氯酸盐、过氧化物等）受震和受热时都易引起爆炸，使用时要特别小心。

④ 严禁将强氧化剂和强还原剂放在一起。

⑤ 久藏的乙醚在使用前应除去其中可能存在的过氧化物。

⑥ 进行容易引起爆炸的实验时，应有防爆措施。

2.3.3 防火

① 许多有机溶剂（如乙醚、丙酮、乙醇、苯等）非常容易燃烧，大量使用时室内不能有明火、电火花或静电放电。实验室内不可存放过多这类药品，用后还要及时回收处理，不可倒入下水道，以免聚集引起火灾。

② 有些物质（如磷、金属钠、钾、电石及金属氢化物等），在空气中易氧化自燃。还有

一些金属（如铁、锌、铝等）粉末，比表面大，也易在空气中氧化自燃。这些物质要隔绝空气保存，使用时要特别小心。实验室如果着火不要惊慌，应根据情况进行灭火，常用的灭火剂有水、沙、二氧化碳灭火器泡沫灭火器和干粉等。人们可根据起火的原因选择使用，以下几种情况不能用水灭火。

a. 金属钠、钾、镁、铝粉、电石、过氧化钠着火，应用干沙灭火。

b. 比水轻的易燃液体（如汽油、苯、丙酮等）着火，可用泡沫灭火器灭火。

c. 有灼烧的金属或熔融物的地方着火时，应用干沙或干粉灭火器灭火。

d. 电器设备或带电系统着火，可用二氧化碳灭火器灭火。

2.3.4 防灼伤

强酸、强碱、强氧化剂、溴、磷、钠、钾、苯酚、冰醋酸等都会腐蚀皮肤，特别要注意防止溅入眼内。液氧、液氮等低温物质也会严重灼伤皮肤，使用时要小心，万一灼伤，应及时治疗。

（1）强酸腐蚀

如果不小心将强酸沾在皮肤上，应先用干抹布擦去，然后用3%～5%碳酸氢钠溶液清洗；如溅到眼睛里，应立即用水清洗，然后用5%碳酸氢钠溶液或2%醋酸淋洗，再请医生处理。

（2）强碱腐蚀

如果不慎将强碱沾在皮肤上，应先用大量水清洗，再涂上硼酸溶液；如溅到眼睛里，应先用水洗净，再用10%硼酸溶液淋洗。无论酸还是碱溅入眼睛，切忌用手揉。

（3）液溴腐蚀

要立即擦去，再用大量有机溶剂（如酒精或甘油）洗涤伤处，最后用水清洗。

（4）烫伤或灼伤

烫伤后切勿用水冲洗，一般烫伤可在伤口上擦烫伤膏或用浓高锰酸钾溶液擦至皮肤变为棕色（也可用95%酒精轻涂伤处，不要弄破水泡），再涂上凡士林或烫伤膏；被磷灼伤后可用硝酸银溶液或硫酸铜溶液、高锰酸钾溶液洗涤伤处，然后进行包扎，切勿用水冲洗；被沥青、煤焦油等有机物烫伤后，可用浸透二甲苯的棉花擦洗，再用羊脂涂敷。

2.3.5 防汞中毒

汞中毒分急性和慢性两种。急性中毒多由高汞盐（如 $HgCl_2$）入口所致，0.1～0.3g即可致死。吸入汞蒸气会引起慢性中毒，症状有食欲不振、恶心、便秘、贫血、骨骼和关节疼、精神衰弱等。汞蒸气的最大安全浓度为 $0.1mg \cdot m^{-3}$，而20℃时汞的饱和蒸气压为0.0012mmHg，超过安全浓度100倍。所以使用汞时必须严格遵守安全用汞操作规定。

a. 不要让汞直接暴露于空气中，在盛汞的容器中，汞面上应加盖一层水。

b. 装汞的仪器下面一律放置浅瓷盘，防止汞滴散落到桌面上和地面上。

c. 一切转移汞的操作，也应在浅瓷盘（盘内装水）内进行。

d. 实验前要检查装汞的仪器是否放置稳固。橡皮管或塑料管连接处要缚牢。

e. 贮汞的容器应为厚壁玻璃器皿或瓷器。用烧杯暂时盛汞时，不可多装以防破裂。

f. 若有汞掉落在桌面上或地面上，应先用吸汞管尽可能将汞珠收集起来，然后用硫黄盖在汞溅落的地方并摩擦，使之生成 HgS；也可用 $KMnO_4$ 溶液使其氧化。

g. 擦过汞或汞齐的滤纸或布必须放在有水的瓷缸内。

h. 盛汞器皿和有汞的仪器应远离热源，严禁把有汞仪器放进烘箱。

i. 使用汞的实验室应有良好的通风设备，纯化汞时应有专用的实验室。

j. 手上若有伤口，切勿接触汞。

2.4 “三废”及其处理

(Three Wastes and the Treatments)

化学实验室经常会产生一些有毒的废气、废液和废渣（称为“三废”），特别是某些剧毒物质，如果直接排出会污染周围的空气和水源，造成环境污染，损害人体健康。因此，为了减少对环境的污染，人们应根据实验室“三废”排放的特点和现状，本着适当处理、回收利用的原则，处理实验室“三废”。

2.4.1 废气

产生少量有毒气体的实验应在通风橱中进行，通过排风设备将少量有毒气体排到室外。产生大量有害气体的实验必须采取必要的吸收处理或防护措施。如氮、硫、磷等酸性氧化物气体以及 H_2S、HF，可用导管通入碱液中，使其大部分被吸收后再排放；CO 可点燃使其生成 CO_2 后排放。

2.4.2 废液

① 废酸液、废碱液：应建立统一的酸碱废液桶，进行中和处理后稀释排放。

② 有机溶剂：实验过程中使用的有机溶剂，一般毒性较大、难处理，从保护环境和节约资源的角度来看，首先考虑根据其性质采取积极措施回收利用。对含高浓度有机溶剂废液（如废丙酮、废甲醇、废酒精、废醋酸、废油等），首先考虑根据其性质尽可能回收，其次，应建立废液桶，集中贮存，桶满后按规定焚烧处理。

③ 含汞、铅、镉、砷、铜等重金属的废液：必须处理达标后才能排放，实验室内少量废液的处理可参照以下方法进行。

a. 含汞废物的处理。若不小心将金属汞洒落在实验室里（如打碎压力计、温度计等，不慎将汞洒落在实验台面或地面上），必须及时清除。用滴管、毛笔或在硝酸汞的酸性溶液中浸过的薄铜片、粗铜丝，将洒落的汞收集于烧杯中，并用水覆盖。对于洒落在地面难以收集的微小汞珠，应立即撒上硫黄粉，使其化合成毒性较小的硫化汞；或喷上用盐酸酸化的高锰酸钾溶液（每升高锰酸钾溶液中加 5mL 浓盐酸），过 1～2h 后再清除；或喷上 20%三氯化铁的水溶液，干后再清除干净。如果室内的汞蒸气浓度超过 $0.01mg\cdot m^{-3}$，可用碘净化，即将碘加热或使其自然升华，碘蒸气与空气中的汞及吸附在墙上、地面上、天花板上和器物上的汞作用生成不易挥发的碘化汞，然后彻底清扫干净。实验中产生的含汞废气可导入高锰酸钾吸收液内，经吸收后再排出。

b. 含铅、镉废液的处理。镉在 pH 高的溶液中能沉淀下来，对含铅废液通常采用混凝沉淀法、中和沉淀法。因此可用碱或石灰乳将废液 pH 调至 9，使废液中的 Pb^{2+}、Cd^{2+} 生成 $Pb(OH)_2$ 和 $Cd(OH)_2$ 沉淀，加入硫酸亚铁作为共沉淀剂，沉淀物可与其他无机物混合进行烧结处理，清液可排放。

c. 含铬废液的处理。铬酸洗液经多次使用后，Cr^{6+} 逐渐被还原为 Cr^{3+}，同时洗液被稀释，酸度降低，氧化能力逐渐降低至不能使用。可在 110～130℃下不断搅拌此废液，加热浓缩，除去水分，之后冷却至室温，边搅拌边缓缓加入高锰酸钾粉末（1L 加入约 10g 高锰酸钾），直至溶液呈深褐色或微紫色，加热至有二氧化锰沉淀出现，稍冷，用玻璃砂芯漏斗过滤，除去二氧化锰沉淀后即可使用。

含铬废液：采用还原剂（如铁粉、锌粉、亚硫酸钠、硫酸亚铁、二氧化硫或水合肼等），在酸性条件下将 Cr^{6+} 还原为 Cr^{3+}，然后加入碱（如氢氧化钠、氢氧化钙、碳酸钠、石灰等），调节废液 pH，生成低毒的 $Cr(OH)_3$ 沉淀，分离沉淀，清液可排放。沉淀经脱水、干燥后，或综合利用；或用焙烧法处理，使其与煤渣和煤粉一起焙烧，处理后的铬渣可填埋。一般认为，使废水中的铬离子形成铁氧体（使铬镶嵌在铁氧体中），则不会有二次污染。

d. 含铜废液的处理。酸性含铜废液，以 $CuSO_4$ 和 $CuCl_2$ 最为常见，一般可采用硫化物沉淀法进行处理（调节 pH 约为 6），也可用铁屑还原法回收铜。

碱性含铜废液，如含铜铵腐蚀废液等，其浓度较低，含有杂质，可采用硫酸亚铁还原法处理，其操作简单、效果较佳。

2.4.3 废渣

有毒的废渣应在指定的地点进行深埋处理。因为有毒的废渣能溶解于地下水，可能会混入饮水中，所以禁止将未处理的废渣进行深埋。有回收价值的废渣应该回收利用。

2.5 常用灭火器介绍

(Introduction of Common Fire Extinguishers)

灭火器是常见的防火设施之一，存放在公共场所或可能发生火灾的地方，不同种类的灭火器内装填的成分不一样，专为不同的火灾而设。使用时必须注意，以免产生反效果及引起危险。

实验室常配备的灭火器按照所充装的灭火剂分为干粉灭火器、二氧化碳灭火器和泡沫灭火器，如图 2-1 所示。

2.5.1 干粉灭火器

干粉储压式灭火器（手提式），简称为干粉灭火器［图 2-1(a)］，其以氮气为动力，将筒体内干粉压出。

2.5.1.1 用途

① 可扑灭一般的火灾，还可扑灭由油、气等燃烧引起的火灾。

② 主要扑救石油、有机溶剂等易燃液体、可燃性气体和电器设备的初期火灾。

③ 还能扑救部分固体火灾。

④ 干粉灭火器不能扑救轻金属燃烧的火灾。

2.5.1.2 使用方法

上下颠倒、摇晃使干粉松动⟶拔掉铅封⟶拉出保险销⟶根据风向，站在上风位置，距离火源2～3m，左手扶喷管，喷嘴对准火焰根部，右手用力压下压把。

2.5.1.3 注意

经常检查灭火器压力阀，指针应指在绿色区域。红色区域代表压力不足，黄色区域代表压力过高。干粉灭火器要放在好取、干燥、通风处。

(a) 干粉灭火器　(b) 二氧化碳灭火器　(c) 泡沫灭火器

图 2-1　灭火器

2.5.2 二氧化碳灭火器

二氧化碳灭火器以高压气瓶内贮存的二氧化碳气体作为灭火剂进行灭火[图 2-1(b)]。

2.5.2.1 用途

① 二氧化碳灭火后不留痕迹，适于扑救贵重仪器设备、图书档案、计算机室内火灾。

② 它不导电，还适于扑救600V以下的低压电器设备初起火灾和油类火灾。

③ 二氧化碳灭火器不可用来扑救钾、钠、镁、铝等物质火灾，以及易燃液体（如醇、酯、醚、酮等）物质火灾。

2.5.2.2 使用方法

① 使用前不得使灭火器过分倾斜，更不可横拿或颠倒，以免两种药剂混合而提前喷出。

② 拔掉安全栓，将筒体颠倒过来，一只手紧握提环，另一只手扶住筒体的底圈。

③ 将射流对准燃烧物，按下压把即可进行灭火。

2.5.2.3 注意

使用二氧化碳灭火器时不要握住喷射的铁杆，以免冻伤手。

2.5.3 泡沫灭火器

化学泡沫或空气泡沫能覆盖在燃烧物的表面，防止空气进入而达到灭火目的［图 2-1 (c)］。

2.5.3.1 用途

① 最适宜扑救液体火灾，比如油制品、油脂等无法用水来施救的火灾。
② 不能扑救水溶性可燃、易燃液体的火灾，如醇、酯、醚、酮等物质火灾。
③ 不能扑救带电设备的火灾。

2.5.3.2 使用方法

使用时先用手指堵住喷嘴，将筒体上下颠倒两次，就有泡沫喷出。对于油类火灾，不能对着油面中心喷射，以防着火的油品溅出，顺着火源根部的周围，向上侧喷射，逐渐覆盖油面，将火扑灭。

2.5.3.3 注意

① 使用时不可将筒底、筒盖对着人体，以防发生危险。
② 筒内药剂一般每半年换一次，最迟一年换一次，冬夏季节要做好防冻、防晒保养。

2.6 实验安全教育考核测试

(Examination of Experimental Safety Education)

学生进入实验室做实验之前，必须通过实验安全教育考核测试，遵循实验室基本要求方能进入实验室做实验。实验安全教育考核测试可通过两种渠道进行，一是纸质版考试，二是学生进入网上授课平台，自己安排时间考试并提交成绩，考试成绩在 90 分以上算合格达标，方可进实验室做实验。

第3章
实验数据处理

Chapter 3
Experimental Data Processing

3.1 有效数字

(Significant Figure)

3.1.1 有效数字的概念

实验过程中常遇到两类数字：一类是表示数目的非测量值，如测定次数、倍数、系数、分数等；另一类是测量值或与测量值有关的计算值，数据的位数与测量的准确度有关，这类数字称为有效数字。有效数字不仅表示数值的大小，而且反映测量仪器的精密程度及数据的可靠程度。有效数字的最后一位是不确定的，是可疑数字，有效数字＝全部确定的数字＋一位可疑数字。

结果	绝对误差	相对误差	有效数字位数
0.60400	±0.00001	±0.002%	5
0.6040	±0.0001	±0.02%	4
0.604	±0.001	±0.2%	3

3.1.2 有效数字的位数

有效数字的位数由测量中仪器的精度确定。有效数字的位数与精密度见表3-1。

表3-1　有效数字的位数与精密度

仪器	精密度	有效数字
分析天平	0.1mg	0.1012g
天平	0.1g	12.1g
滴定管	0.01mL	24.28mL
量筒	0.1mL	24.3mL

① 数字“0”在数据中的作用：0若作为普通数字使用，则是有效数字，如3.180有4

位有效数字；0 若只起定位作用，则不是有效数字，如 0.0318 只有 3 位有效数字，计为 3.18×10^{-2}，指数中，“10” 也不包括在有效数字中。

② 在对数中，有效数字位数由小数部分决定，首数（整数部分）只起定位作用。如：pH=2.68，则 $[H^+]=2.1\times10^{-3}mol\cdot L^{-1}$，有 2 位有效数字。

③ 首位数字是 8、9，可按多一位处理，如：8.76 有 4 位有效数字。

④ 倍数、分数可视为无效多位有效数字。

3.1.3 有效数字的修约规则

修约规则可概括为“四舍六入五留双”，具体内容如下。

① 当多余尾数≤4 时舍去，尾数≥6 时进位。

② 尾数正好是 5 时分以下两种情况。

a. 若 5 后数字不为 0，一律进位，如 0.1067534 ⟶0.1068。

b. 5 后无数或为 0，“奇进偶舍”：

5 前是奇数则将 5 进位，15.0150 ⟶15.02；

5 前是偶数则把 5 舍弃，15.025 ⟶15.02。

注意：有效数字修约时要一次修约到位，不能连续多次地修约，如 2.3457 一次修约为两位，结果为 2.3，而连续修约则为 2.3457 ⟶2.346 ⟶2.35 ⟶2.4，后者修约结果 2.4 是错误的。

3.1.4 有效数字的运算法则

① 在加减法运算中，以绝对误差最大的数为准，即以小数点后位数最少的数为准，确定有效数字中小数点后的位数。

例：12.27+7.2+1.134 中绝对误差分别为 0.01、0.1 和 0.001，以 7.2 小数点后一位小数为准。准确计算值为 12.27+7.2+1.134=20.604，按照修约规则和运算法则保留一位小数，则正确结果为 20.6。

② 在乘除法运算中，以有效数字位数最少的数，即相对误差最大的数为准，来确定结果的有效数字位数。如：

$\frac{4.25\times0.21345}{1.300\times100}$，算式中分子和分母的有效位数分别为 3、5、4 和无限多位，计算得 0.0069781730769，按照修约规则和运算法则保留 3 位小数，则正确结果为 0.00698。

③ 误差、偏差一般取 1～2 位有效数字。

④ 高含量（>10%）测定中，结果一般保留 4 位有效数字；中等含量（1%～10%）测定中，结果一般保留 3 位有效数字；低含量（<1%）测定中，结果一般保留 2 位有效数字。

3.2 实验结果的表示

(Representation of Experimental Results)

3.2.1 定性分析实验结果的表示

有些实验主要进行定性分析，也就是回答“是什么、有什么”的问题。对于无机试样，分析结果通常是离子，应将有关离子合理搭配成有关化合物，报告可能的化合物成分；对于有机试样，通常要分析元素组成、测定分子量以及鉴定官能团等，报告试样中存在什么化合物。

在给出报告时要注意：①得出的结论应能解释全部分析过程所观察到的所有现象，如有矛盾，应分析原因，重新验证，作出解释，求得统一；②检出的物质，须估计其大致的含量。

3.2.2 定量分析实验结果的表示

分析化学实验主要是定量分析，在定性分析的基础上回答各组分“有多少”（相对含量）的问题。根据不同的分析要求，有不同的表示形式。

（1）定量分析被测组分的化学表示形式

① 分析结果通常以试样中被测组分实际存在形式的含量表示。例如测得试样中硫的含量以后，根据实际情况，以 S^{2-}（硫化物）、SO_4^{2-}（硫酸盐）或 S(单质硫）等形式的含量表示分析结果。

② 如果不清楚被测组分的实际存在形式，则分析结果最好以氧化物或元素形式的含量表示。例如矿石、玻璃、水泥等的分析，各组分的含量常以其氧化物形式（如 K_2O、Na_2O、CaO、MgO、Fe_2O_3、Al_2O_3、B_2O_3、SiO_2、SO_3 等）表示；在金属材料和有机试样分析中，常以元素形式（如 Fe、Cu、Mn、Cr、Ni、Mo、W 和 C、H、O）表示。

③ 此外，还可用要求测定的项目的含量来表示。如灰分（%）、水分（%）、酸不溶物（%）、挥发分（%）和烧失量（%）等。

（2）定量分析被测组分含量的表示方法

① 固体试样：其被测组分的含量通常以其质量分数 w_A 表示：

$$w_A=\frac{m_A}{m_S} \tag{3-1}$$

式中，m_S 为试样质量，g；m_A 为被测组分质量，g。但习惯上，被测组分的含量，大多用百分含量来表示，即被测组分 A 的百分含量 $A\%$为（%为 10^{-2}）：

$$A\%=\frac{m_A}{m_S}\times 100 \tag{3-2}$$

例如某高岭土中 SiO_2 的百分含量是 54.55，可以表示为 $SiO_2\%=54.55$，或 $w_{SiO_2}=0.5455$，但写成 $SiO_2\%=54.55\%$就是错误的。

② 液体试样：其中被测组分的含量有各种不同的表示方法，如物质的量浓度、质量浓度和质量分数等。其中最常用的是质量浓度（有时称为体积质量分数），其表示单位体积试液中所含被测组分的质量，以 $g\cdot L^{-1}$、$mg\cdot L^{-1}$、$\mu g\cdot L^{-1}$ 等表示。例如分析某工业废水时，测得每升水中含 0.25g Cl^-、0.80mg F^- 和 0.06mg Cr^{3+}，可表示为 Cl^- 为 0.25$g\cdot L^{-1}$、F^- 为 0.80$mg\cdot L^{-1}$ 和 Cr^{3+} 为 0.06$mg\cdot L^{-1}$。

③ 气体试样：通常以体积分数表示，即被测组分的体积占总体积的百分数。

3.3 实验结果的准确度和精密度

(Accuracy and Precision of the Experimental Results)

3.3.1 准确度

分析结果是否可靠是一个十分重要的问题，不准确的分析结果往往会导致错误的结论。但是在实际测定过程中，即使采用最可靠的分析方法，使用最精密的仪器，由技术最熟练的分析人员进行测定，也不可能得到绝对准确的结果。同一个人在相同的条件下对同一个试样进行多次测定，所得结果也不完全相同。这表明，分析过程中的误差是客观存在的，应根据实际情况正确测定、记录并处理实验数据，使分析结果达到一定的准确度。

实验结果的准确度表示测定值与真实值的接近程度，常用误差（Error）来衡量。误差分为绝对误差和相对误差两种。

① 绝对误差 E 为测定值 x 与真值 x_T 之差：

$$E = x - x_T \tag{3-3}$$

② 相对误差 E_r 是误差在测定值中所占的比例，等于绝对误差与真值之比乘以100%：

$$E_r = \frac{E}{x_T} \times 100\% = \frac{x - x_T}{x_T} \times 100\% \tag{3-4}$$

例如，用分析天平称得某物质 A 的质量为 0.4999g，而该物体的真实质量为 0.5000g。绝对误差 E=0.4999g−0.5000g=−0.0001g。若另一物体 B 的真实质量为 5.0000g，称量结果为 4.9999g，绝对误差仍为−0.0001g。一物体质量是另一物体的十倍，但称量的绝对误差相等，误差在测定结果中所占的比例未能反映出来。上例中相对误差分别为：

$$\frac{-0.0001}{0.5000} \times 100\% = -0.02\%, \qquad \frac{-0.0001}{5.0000} \times 100\% = -0.002\%$$

从以上计算可以看出，绝对误差具有与测定值相同的量纲，相对误差无量纲。上例中两个物体称量的绝对误差相同，但由于被测量物体质量不同，相对误差明显不同。显然，当被测定的质量越大时，相对误差就越小，误差对测定结果准确度的影响就越小。因此相对误差能反映误差在真实结果中所占的比例，能更准确地表示测定结果的准确度。

应该指出，误差必须用“正、负”号表示。上例中误差为负值，表示测定结果小于真值，测定结果偏低；反之，误差为正值，表示测定结果偏高。

3.3.2 精密度

精密度是指在相同条件下对同一试样进行多次重复测定（平行测定），各测定值之间的接近程度。它表示测定结果的重复性和再现性，如果几次重复测定值比较接近，则分析结果的精密度较高。精密度的高低取决于偶然误差的大小，用偏差（deviation）来衡量。如果测定数据彼此比较接近，则偏差小，测定的精密度高；相反，如数据分散，则偏差大，精密度低，表明偶然误差的影响较大。

与误差相似，偏差也有绝对偏差 d_i 和相对偏差 d_{ri} 之分，同样有正负号。

① 绝对偏差 d_i：设 n 次平行测定的数据为 x_1，x_2，…，x_n，其算术平均值是 $\bar{x}$，

则有：

$$d_i = x_i - \bar{x} \qquad (i=1,2,3,\cdots,n) \tag{3-5}$$

且有 $\sum_{i=1}^{n} d_i = 0$

② 相对偏差 d_{ri}

$$d_{ri} = \frac{d_i}{\bar{x}} \times 100\% = \frac{x_i - \bar{x}}{\bar{x}} \times 100\% \tag{3-6}$$

从绝对偏差和相对偏差的计算公式可知，二者只表示个别测定结果与算术平均值 $\bar{x}$ 的接近程度，并不能表示平行测定结果的精密度高低。精密度的量度目前一般采用算术平均偏差和相对平均偏差两种方式。

③ 算术平均偏差：简称平均偏差，用 $\bar{d}$ 表示，常用来表示一组平行测定结果的精密度，其表达式为：

$$\bar{d} = \frac{|d_1| + |d_2| + \cdots + |d_n|}{n} = \frac{\sum_{i=1}^{n} |d_i|}{n} = \frac{\sum_{i=1}^{n} |(x_i - \bar{x})|}{n} \tag{3-7}$$

④ 相对平均偏差 $\bar{d}_r$ 则是：

$$\bar{d}_r = \frac{\bar{d}}{\bar{x}} \times 100\% = \frac{\sum_{i=1}^{n} |d_i|}{n \cdot \bar{x}} \times 100\% = \frac{\sum_{i=1}^{n} |(x_i - \bar{x})|}{n \cdot \bar{x}} \times 100\% = \frac{\sum_{i=1}^{n} |d_{ri}|}{n} \tag{3-8}$$

算术平均偏差和相对平均偏差由于取了绝对值，因而都是正值，没有正负之分。

例如：测定某溶液的浓度，三次测定的结果分别为 $0.1827mol \cdot L^{-1}$、$0.1825mol \cdot L^{-1}$ 和 $0.1829mol \cdot L^{-1}$，则：

$$\bar{x} = 0.1827mol \cdot L^{-1}$$

$$d_1 = 0mol \cdot L^{-1}, d_2 = -0.0002mol \cdot L^{-1}, d_3 = +0.0002mol \cdot L^{-1}$$

$$\bar{d} = \frac{0mol \cdot L^{-1} + |-0.0002| mol \cdot L^{-1} + |+0.0002| mol \cdot L^{-1}}{3} \approx 0.0001mol \cdot L^{-1}$$

$$\bar{d}_r = \frac{0.0001mol \cdot L^{-1}}{0.1827mol \cdot L^{-1}} \times 100\% \approx 0.05\%$$

⑤ 标准偏差：当测定次数 n 无限增多时，各测量值对总体平均值 $\bar{x}$ 的偏离，用总体标准偏差 σ 表示：

$$\sigma = \sqrt{\frac{\sum_{i=1}^{n} (x_i - \bar{x})^2}{n}} \tag{3-9}$$

在一般的分析工作中，只作有限次数的测定，此时用样本标准偏差 s 来代替 σ。样本标准偏差（简称标准偏差）的数学表达式为：

$$s = \sqrt{\frac{\sum_{i=1}^{n} (x_i - \bar{x})^2}{n-1}} \tag{3-10}$$

计算标准偏差时，对单次绝对偏差加以平方，一方面避免了单次绝对偏差相加时正负相互抵消为零的情况，另一方面能显著地表现出大偏差。

例如下列两组数据：

Ⅰ. $x_i-\bar{x}$：+0.11，−0.73，+0.24，+0.51，−0.14，0，+0.30，−0.21

$n=8$ $\bar{d}_{\mathrm{I}}=0.28$ $s_{\mathrm{I}}\approx0.38$

Ⅱ. $x_i-\bar{x}$：+0.18，+0.28，−0.26，−0.25，−0.37，+0.32，+0.31，−0.27

$n=8$ $\bar{d}_{\mathrm{II}}=0.28$ $s_{\mathrm{II}}=0.30$

第一组数据包含两个较大的偏差（−0.73和+0.51），分散程度明显大于第二组数据，精密度低，但二者的平均偏差均为0.28，无法区别。然而按标准偏差公式计算，所得分别为0.38和0.30，可见第二组数据的精密度高。

第 4 章
悦读——化学家之精神

Chapter 4
Enrichment Reading——Spirits of the Chemists

4.1 “国宝”侯德榜——“勤奋、拼搏是我一生的座右铭”

(“National Treasure” Debang Hou——“Diligence, hard work are my mottos all the Life”)

侯德榜(1890—1974),名启荣,号致本,1890年8月9日生于福建省闽侯县一个普通农家。1911年,他考入北平清华留美预备学堂,1913年被保送入美国麻省理工学院化工科学习,1921年获博士学位;著名科学家,杰出的化工专家,“侯氏制碱法”(图4-1)的创始人,中国重化学工业的开拓者,近代化学工业的奠基人之一,世界制碱业的权威。

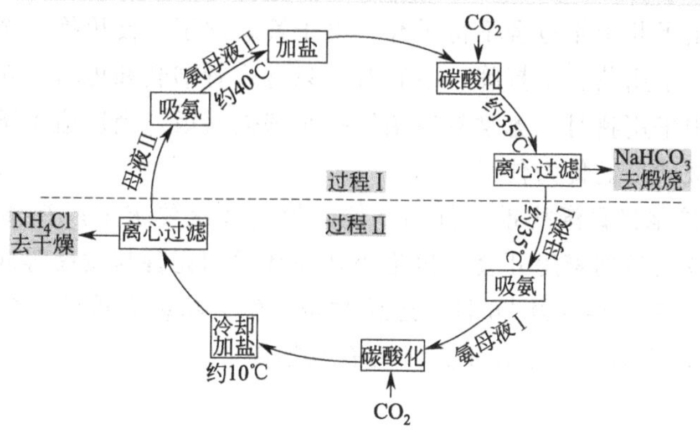

图 4-1 侯氏制碱法

侯德榜于二十世纪二十年代突破了氨碱法制碱技术，主持建成亚洲第一座纯碱厂；三十年代领导建成了我国第一座合成氨、硝酸、硫酸和硫酸铵的联合企业；四五十年代又发明了连续生产纯碱和氯化铵的联合制碱新工艺，以及碳化法合成氨流程制碳酸氢铵化肥新工艺，并使之在六十年代实现了工业化和大面积推广。他还积极传播、交流科学技术，培育了很多科技人才，为发展科学技术和化学工业作出了卓越贡献。

治学严谨

侯德榜曾言："勤能补拙，勤俭立业。"这是他一生为人、工作和生活的写照。

侯德榜出生于一个农民家庭，自幼半耕半读，勤奋好学，经常在劳动之余刻苦读书。即使在水车上双脚不停地车水，他也不忘读书，留下了"挂车攻读"的典故。13岁时，侯德榜在姑妈的资助下进入美国教会学校——英华书院求学。这段求学经历也成为侯德榜人生旅途的重要转折点。期间，他目睹外国工头蛮横欺凌我码头工人，耳闻美国旧金山的种族主义者大规模迫害华侨、驱除华工等令人发指的消息，产生了强烈的爱国心，并积极参加反帝爱国的罢课示威。对洋人宣扬的自由、平等、博爱产生了怀疑，同时也确立了对祖国深厚的感情，更加坚定了走科技救国之路的决心。

侯德榜深信"处处留意皆学问"，强调在实践中学习。他倡导"寓创于学"，既强调认真学习，又不盲从照搬，要在融会贯通的基础上，结合具体情况改进、创新。他坚持科学态度，严谨认真，遇到疑难问题，总爱说："down to root（追到底）"，直到问题被弄清解决为止。在学术讨论中，他坚持民主，鼓励和引导深入争论，相互取长补短，共同提高。

爱才简朴

侯德榜钟爱勤于学习的青年。1936年进厂的姜圣阶，在工厂跟英籍工程师一起安装锅炉。安装工程完毕后，英国工程师向侯汇报工作时提到："姜圣阶工作负责，又能吃苦，是个好青年。"侯德榜听后很高兴，经过亲自观察得到证实后，重点加以培养，后来又送姜圣阶去美国进修。姜圣阶进修期满后回国，侯德榜又委以重任。

侯德榜生活十分俭朴。他的那把计算尺是学生时代开始使用的，一直用到1943年才更换。他的收音机，用了几十年也舍不得丢弃，电子管老化了，便更换一个又继续使用。侯德榜不喝酒、不抽烟、不用茶、不打牌、不看戏，只喜欢看书刊和思考问题。有一次，他因思考塔器计算参数，中午用膳时，竟拿着盛菜用的小碟去盛饭。当饭盛不下时，才发现自己拿错了餐具。这些都被同仁们传为佳话。

1972年以后，侯德榜日渐病重，行动不便，但仍多次要求下厂视察，帮助解决技术问题，还多次邀请科技人员到家里开会，讨论小联碱技术的完善与发展等问题，呕心沥血，直到生命的最后一息。1974年8月26日，这位勤奋一生、功绩卓著的科学家与世长辞，在北京逝世，终年84岁。今天，北京化工大学内有其塑像。

4.2 “科学疯子”诺贝尔——“我看不出我应得到任何荣誉，我对此也没有兴趣”

(“Science Maniac” Nobel—— “I don’t see any credit I deserve and I’m not interested in it”)

诺贝尔 (Nobel)，瑞典化学家，1833 年 10 月 21 日出生于斯德哥尔摩，1859 年诺贝尔开始研究硝化甘油，但在 1864 年工厂发生爆炸。为了防止以后再发生意外，诺贝尔将硝化甘油吸收在惰性物质中，以便使用比较安全。诺贝尔称它为达纳炸药，并于 1867 年获得专利。

1875 年诺贝尔将火棉（纤维素六硝酸酯）与硝化甘油混合起来，得到胶状物质，也称为炸胶，其比达纳炸药有更强的爆炸力，于 1876 年获得专利，1887 年诺贝尔发明了无烟炸药。他还有许多其他的发明，在橡胶合成、皮革及人造丝等方面都获有专利。

诺贝尔一生致力于炸药的研究，共获得技术发明专利 355 项，并在欧美等五大洲 20 个国家开设了约 100 家公司和工厂，积累了巨额财富。诺贝尔于 1896 年 12 月 10 日逝世，逝世时将大部分遗产作为基金，将每年的利息分为 5 份，设立物理学、化学、生理学或医学、文学与和平 5 种奖项（即诺贝尔奖），授予世界各国在这些领域对人类作出重大贡献的人，于 1901 年第一次颁发。

诺贝尔小时候主要受家庭教师的教育，16 岁成为化学家，能流利使用英、法、德、俄、瑞典等国语言。受父亲的影响，诺贝尔从小就表现出顽强勇敢、百折不挠的性格。经过长期的研究，他终于发现了一种非常容易引起爆炸的物质，成功地解决了炸药的引爆问题，发明了雷管。它是诺贝尔在科学道路上的一次重大突破。

“金钱这东西，只要能够一人的生活就行了，若是多了，它会成为遏制人才能的祸害”

诺贝尔是一位名副其实的亿万富翁，他的财产累计达 30 亿瑞典币。但是他与许多富豪截然不同，他一贯轻视金钱和财产，当他母亲去世时，他将母亲留给他的遗产全部捐献给了慈善机构，只是留下了母亲的照片，以作为永久的纪念。他说：“金钱这东西，只要能够一人的生活就行了，若是多了，它会成为遏制人才能的祸害。有儿女的人，父母只要留给他们教育费用就行了，如果给予除教育费用以外的多余的财产，那就是错误的，那就是鼓励懒惰，那会使下一代不能发展个人的独立生活能力和聪明才干。”

“我更关心生者的肚皮，而不是以纪念碑的形式对死者的缅怀”

1896 年 12 月 10 日，诺贝尔在意大利的桑利玛去世，终年 63 岁。诺贝尔的墓碑是一座高约 3 米的灰色尖顶石碑，看上去很普通。石碑正面刻有“Nobel”几个金字和诺贝尔的生卒年月，墓碑两侧刻有诺贝尔 4 位亲人的名字和生卒年月。墓碑右侧的地上，插着编号牌

170/1678。周围是 10 棵一人多高的柏树。碑上没有诺贝尔的肖像（据说诺贝尔生前只有一张画像），没有浮华的雕饰，没有关于他在人类历史上写下的辉煌！每一个知道诺贝尔的人，站在他的墓前，都会感到这种朴素带给人的心灵震撼。

4.3 “现代无机化学的开拓者”亨利·陶布——“一名科学家必须有好奇心，有动力，而且执着”

（“Pioneer of Modern Inorganic Chemistry” Henry Taube—— “A scientist must be curious，motivated and persistent”）

亨利·陶布（Henry Taube，1915—2005），美国无机化学家，世界公认的当代无机机理研究的创始人，1915 年出生于加拿大，1937 年移居美国。1940 年陶布在加利福尼亚大学获得化学博士学位，之后他曾任康奈尔大学助理教授，芝加哥大学教授和化学系主任，1962 年成为斯坦福大学无机化学教授。

亨利·陶布长期从事无机化学的基础研究，研究领域十分广泛，曾有 18 项重大发现，并获得多项科学奖励，近 20 年发表论文 200 多篇。陶布在研究工作中，特别注意采用新的实验技术，开发新的实验方法来解决一些特殊的问题。他用周密的实验，确切地阐明了配位化合物电子结构和活性的关系。他对无机氧化还原反应深入研究所取得的成果，改变了人们原有的概念。正是由于其在无机氧化还原反应机理领域的开拓性研究，特别是对金属配位化合物电子转移机理研究方面取得的重要成果，从而获得了 1983 年诺贝尔化学奖。

陶布语录：

学习是我们的责任。

教师应该将诚实的品质传达给学生。

一名科学家必须有好奇心，有动力，而且执着。

需要获取的知识实在太多了，你们必须学会锻炼大脑，使学习成为真正的乐趣，使自己成为一名终生的学生。

4.4 “神童”威廉·拉姆齐——“多看、多学、多试验”

（“Child Prodigy” William Ramsay——“More reading，more learning，more experiments”）

威廉·拉姆齐（William Ramsay），英国化学家。1852年出生于格拉斯哥，1872年在帝宾根大学获博士学位，1880—1887年任伦敦大学化学教授，1888年当选为英国皇家学会会员。拉姆齐因发现了空气中的稀有气体元素并确定了它们在元素周期系中的位置而获得了1904年的诺贝尔化学奖。

在1894年以前，人们一直认为空气只是氮气和氧气的混合物。1894年，瑞利和拉姆齐在对气体密度进行测定的工作中，发现在对不同来源的N_2进行测定时，出现不能消除的微小误差，而这误差是由空气中微量的、化学性质不活泼的氩气造成的。1898年，拉姆齐及其助手让百余吨的液态空气慢慢蒸发，又从液态空气中分离出和氩气性质相似的3种元素（Ne、Kr、Xe）。1900年，F. E. Dorn在放射性镭的蜕变产物中发现了Rn。至此，稀有气体He、Ne、Ar、Kr、Xe、Rn全部被发现，其构成了周期系中的零族元素。

拉姆齐自从上学开始，成绩一直都保持在全优的水平，他的名气越来越大，被人们称为“神童”。据说有一天，拉姆齐像往常一样去上学。到了学校，就有一位同学告诉他：“老师让你去一趟他的办公室”。拉姆齐急忙跑向老师的办公室。“拉姆齐，请进来。”老师温和地请他过来。“有什么事吗？”“拉姆齐，以后我们不能经常相处了。”“为什么？”拉姆齐愣住了。“是一个好消息，拉姆齐，我们接到了格拉斯哥学院的通知，他们已正式决定，破格录取你升入他们学院就读。”“真的？”拉姆齐高兴极了。“当然是真的，拉姆齐，向你表示祝贺，我们会想念你的。”“谢谢，我也会想念您的。”这个十四岁的大学生高高兴兴地回家了，把喜讯告诉给他亲爱的爸爸妈妈。

升入大学后，拉姆齐继续刻苦钻研。这时他已对化学产生了浓厚的兴趣，虽然学院里还没有开这门课，但这并不妨碍他进行各种各样有趣的化学试验。他的同班同学菲夫后来这样回忆拉姆齐刚入大学时的情形：“拉姆齐刚入大学时，才十四岁，我们还没学化学，但他一直在家中做各种实验。实验是在卧室中做的，他的卧室四处都放着药瓶，瓶里装着酸类、盐类、汞等。那时我们刚刚认识，印象中他对买化学药品和化学仪器很在行。下午，我们常在我家会面，一起做实验。如制取氢、氧，由糖制草酸等。拉姆齐是制造玻璃仪器的专家，当时除了烧瓶外，所有的仪器都是自制的。”

1904年，因为发现空气中的惰性气体元素，并确定它们在元素周期表中的位置，威廉·拉姆齐被授予诺贝尔化学奖。拉姆齐在科学上作出了重大贡献，成为一名举世闻名的化学家。同时他还是一位优秀的语言学家，由于从小认真学习，他精通英、法、意、德、荷等多种语言，被誉为“科学界中最优秀的语言学家”。他谈吐十分诙谐，幽默，妙趣横生。一次他外出旅行，车厢里的旅伴是三个律师，他们一路上不停地聒噪，惹得拉姆齐烦心不已，回来后，他谈起这次旅行，说道：“我和旅伴们成了一个可怕的化合物，一不小心就会发生爆炸。你想，三个无事生非的律师，再加上我这个危险的化学家，这不是三氯化氮吗？随时都会发生爆作的！”

拉姆齐也曾告诫他的学生，做学问应当多看、多学、多试验，如果取得成果，绝不炫耀。学习和研究中要顽强努力，一个人如果做不到“三多”，而是“两怕”（怕费时，怕费事），则将一事无成。

拉姆齐不仅是一位科学家，而且还是一位学识渊博的语言文学家。他既精通英国语言文学，也能用纯熟的德语演讲；他既可以用法语侃侃而谈，也可以用意大利语交流。

拉姆齐于 1912 年退休，但是仍然在家中进行科学研究，直到 1916 年 7 月 23 日在英格兰白金汉郡病逝，享年 64 岁。

4.5 “奇才”斯万特·奥古斯特·阿伦尼乌斯——“一切自然科学知识都是从实际生活需要中得出来的”

“Wizard” Svante August Arrhenius—— “All natural science knowledge from real life need to come out”

斯万特·奥古斯特·阿伦尼乌斯(Svante August Arrhenius)，瑞典化学家。1859 年出生于瑞典乌普萨拉附近的维克城堡，电离理论的创立者。阿伦尼乌斯应用物理学的方法研究稀溶液中化学电解分离问题，提出了一个新学说——电离理论。

他认为：酸是在水溶液中电离产生的阳离子全部是 H^+ 的物质，碱是在水溶液中电离产生的阴离子全部是 OH^- 的物质，酸碱反应的实质是 H^+ 和 OH^- 结合生成水的过程；电解质是溶于水能形成导电溶液的物质，这些物质在水溶液中时，一部分分子解离成离子，溶液越稀，解离度就越大。由于阿伦尼乌斯首先给酸碱赋予了科学的定义，提高了人们对酸碱本质的认识，对化学的发展起到了很大的作用，1903 年其成为无机化学领域第一位获得诺贝尔奖的化学家。

阿伦尼乌斯通过研究温度对化学反应速度的影响，得出著名的阿伦尼乌斯公式，其还提出了等氢离子现象理论、分子活化理论和盐的水解理论。

阿伦尼乌斯聪明、好学、精力旺盛，进入中学后，他各门功课都名列前茅，特别喜欢物理和化学。聪明的人总喜欢多想一些为什么，遇到疑难的问题他从不放过，经常与同学们争论一番，有时候也和老师辩个高低。1876年，他以优异的成绩考入乌普萨拉大学。他选择了物理专业，但仍然保持着对化学的兴趣。1878年他比通常期限提前几年通过了候补博士学位的考试，被校方认为是奇才。

阿伦尼乌斯的最大贡献是1887年提出电离学说：电解质是溶于水中能形成导电溶液的物质，这些物质在水溶液中时，一部分分子离解成离子，溶液越稀，离解度越大。这一学说是物理化学发展初期的最大发现。他是一位多才多艺的学者，除了化学外，在物理学方面，他致力于电学研究；在天文学方面，他从事天体物理学和气象学研究，在医学上，他最先对血清疗法的机理做出化学上的解释，他在1896年发表了“大气中的二氧化碳对地球温度的影响”的论文，还著有《天体物理学教科书》；在生物学研究中，他写作出版了《免疫化学》及《生物化学中的定量定律》等书。作为物理学家，他对祖国的经济发展也作出了重要贡献。他亲自参与了对国内水利资源和瀑布水能的研究与开发，使水力发电网遍布于瑞典。他的智慧和丰硕成果，得到了国内人民广泛的认可与赞扬，就连一贯反对他的克莱夫教授都提议选举阿伦尼乌斯为瑞典科学院院士。由于阿伦尼乌斯在化学领域的卓越成就，1903年他荣获了诺贝尔化学奖，成为瑞典第一位获此科学大奖的科学家。1905年以后，他一直担任瑞典诺贝尔研究所所长，直到生命的最后一刻。他还多次荣获国外的其他科学奖章和荣誉称号。

1927年10月2日，这位68岁的科学巨匠与世长辞。阿伦尼乌斯科学的一生，给后人以很大的思想启迪。首先，在哲学上他是一位坚定的自然科学唯物主义者。他终生不信宗教，坚信科学。当19世纪的自然科学家们还在深受形而上学束缚的时候，他却能打破学科的局限，从物理与化学的联系上去研究电解质溶液的导电性，因而能冲溃传统观念，独创电离学说。其次，他知识渊博，在自然科学的各个领域都学有所长，早在学生时代就已精通英、德、法和瑞典语等多种语言，这对他进行学术交流起了重大作用。另外，他对祖国的热爱，为报效祖国而放弃国外的荣誉和优越条件，在当今仍不失为科学工作者的楷模。

4.6 “现代科学界的偶像”玛丽·居里——“弱者坐待时机；强者制造时机”

(“Idols of Modern Science” Marie Sklodowska Curie——“The loser awaits the opportunities, while the winner creates them”)

玛丽·居里（Marie Sklodowska Curie, 1867—1934)，1867年出生于华沙，世称“居里夫人”，法国著名波兰裔物理学家、化学家。1903年居里夫妇和贝克勒尔由于对放射性的研究而共同获得诺贝尔物理学奖，1911年因发现元素钋和镭，再次获得诺贝尔化学奖。这位伟大的女科学家，以自己的勤奋和天赋，在物理学和化学领域都作出了杰出的贡献，并因此而成为唯一一位在两个学科领域、两次获得诺贝尔奖的著名科学家。

居里夫人的成就包括开创了放射性理论，发明了分离放射性同位素技术及发现了两种新元素——钋和镭。1896年，居里夫妇在沥青铀矿中发现两种新的放射性元素；1898年，根据放射性在富集了的硫化铋中证实了放射性元素的存在，它的放射性远比铀的放射性大得多。为了纪念祖国波兰，玛丽将新元素命名为Polonium（钋）。5个月后，居里夫妇又根据放射性在富集的氯化钡晶体中发现了放射性元素Radium（镭），混有镭的晶体的放射性比铀的放射性竟大900倍。放射性元素的发现和研究，有力地冲击了原子不可分、质量不可变的传统物质概念。

在她的指导下，人们第一次将放射性同位素用于治疗癌症。由于长期接触放射性物质，居里夫人于1934年7月3日因恶性白血病逝世。

1891年24岁的玛丽到巴黎大学的索尔本理学院学习，她靠着不多的奖学金，过着清贫的生活，为了筹集昂贵的学杂费，课余时间还要干杂活求得一些补贴。但是，她学习十分勤奋，物理学成绩名列第一，受到物理学家普恩卡莱的赞赏。1896年，玛丽在物理学家贝克勒研究“放射性”的启发下，对当时已知的80种元素逐个进行了“放射性”实验，证实了铀的放射性，还发现了钍的放射性，发现了镭，完成了化学元素发现史上最艰巨的伟大壮举。诺贝尔官方推特发布了一条科普公告，公告称居里夫人自1899年至1902年在实验室中使用的笔记本仍具放射性，并将持续1500年。由于她的一些书籍和论文仍具有强烈放射性，必须放在铅盒中保存。这也说明，居里夫人留下的科学遗产实际上是无法触及的。诺贝尔奖官网称她为“现代科学界的偶像”。

爱因斯坦在悼念居里夫人说：“第一流人物对于时代和历史进程的意义，在其道德方面，也许比单纯的才智成就方面还要大。即使后者，它们取决于品格的程度，也远超过通常所认为的那样。”爱因斯坦说：“在所有的世界名人当中，玛丽·居里是唯一没有被盛名宠坏的人。”

玛丽把一生都献给了科学事业，科学院院长晓发尔：玛丽·居里，您是一个伟大的学者，一个竭诚献身工作和为科学牺牲的伟大妇女，一个无论在战争中还是在和平中始终为份外的责任而工作的爱国者，我们向您致敬。您在这里，我们可以从您那儿得到精神上的益处，我们感谢您；有您在我们中间，我们感到自豪。您是第一个进入科学院的法国妇女，也是当之无愧。

玛丽·居里语录

弱者坐待时机；强者制造时机。

如果能随理想而生活，本着正直自由的精神，勇敢直前的毅力，诚实不自欺的思想而行，一定能臻于至美至善的境地。

在成名的道路上，流的不是汗水而是鲜血，他们的名字不是用笔而是用生命写成的。

我以为人们在每一时期都可以过有趣而有用的生活。我们应该不虚度一生，应该能够说，“我们已经做了我能做的事”，人们只能要求我们如此，而且只有这样我们才能有一点快乐。

我们波兰人，当国家遭到奴役的时候，是无权离开自己祖国的。

我们每天都愉快地过着生活，不要等到日子过去了才找出它们的可爱之处，也不要把所有特别合意的希望都放在未来。

科学的基础是健康的身体。

我要把人生变成科学的梦，然后再把梦变成现实。

我们不得不饮食、睡眠、浏览、恋爱，也就是说，我们不得不接触生活中最甜蜜的事情，不过我们必须不屈服于这些事物。

生活中没有什么可怕的东西，只有需要理解的东西。

人必须要有耐心，特别是要有信心。

使生活变成幻想，再把幻想化为现实。

人类看不见的世界，并不是空想的幻影，而是被科学的光辉照射的实际存在。尊贵的是科学的力量。

在科学上重要的是研究出来的“东西”，不是研究者“个人”。

第5章
基本操作及常用仪器介绍

Chapter 5
Introduction of Fundamental Operation and Common Instruments

5.1 玻璃仪器的洗涤与干燥

(Washing and Drying of Glass Instruments)

5.1.1 玻璃仪器的洗涤

在化学实验中，使用不干净的仪器，会影响实验效果，甚至让实验者观察到错误现象，归纳、推理出错误结论。因此，化学实验中使用的玻璃仪器必须洗涤干净。洗涤仪器的方法很多，应根据实验要求、污物性质、污染程度以及仪器类型和形状，“对症下药”，选用适当的洗涤剂和洗涤方式进行洗涤。

5.1.1.1 选择合适的洗涤方式

（1）用水刷洗

如玻璃仪器的表面只沾附灰尘、可溶性物质以及沾得不牢的不溶物质，可用毛刷（如试管刷、瓶刷、滴定管刷）等直接刷洗，之后用水冲干净即可。

（2）用去污粉、肥皂或合成洗涤水刷洗

市售的餐具洗涤灵是以非离子表面活性剂为主要成分的中性洗液，可配制成1%～2%的水溶液，也可用5%的洗衣粉水溶液，它们都有较强的去污能力，可用来刷洗仪器（特指无精确刻度的仪器，如烧杯、锥形瓶和量筒等）内壁沾有的不溶性污物，必要时可温热或短时间浸泡。具体操作为：用试管刷蘸取合成洗涤剂，伸入已润湿的试管或量筒内，转动或上下来回刷洗，直至除去玻璃表面的污物，移动试管刷时，须用力适当，避免损坏仪器或划伤皮肤；然后用自来水冲洗至没有洗涤剂的泡沫；最后用少许蒸馏水冲洗仪器3次，洗去自来水带来的杂质。

（3）用铬酸洗液洗

对一些构造比较精细、复杂，准确度要求较高的玻璃仪器，或因仪器口径小、管细长等不便刷洗附着物的仪器，可用铬酸洗液清洗。铬酸洗液的配制方法见表5-1，刚配制的铬酸洗液呈深红棕色，具有酸性强、氧化性强、去油污和有机物能力较强的特性。用铬酸洗液清洗时，先往仪器内注入少量洗液，倾斜并缓慢转动仪器，让仪器内壁全部被洗液润湿。再转动仪器，使洗液在内壁流动，转动几圈后，把洗液倒回原瓶[不可倒入水池或废液桶，铬酸洗液变暗绿色即失效，不能再使用，由于Cr（Ⅵ）有毒，不能随意倒入下水道]。对顽固污渍，可用洗液浸泡一段时间，或者用热洗液洗涤。注意：用洗液洗涤时，切不可将毛刷放入洗液中，倾出洗液后，再用水冲洗或刷洗，最后用蒸馏水淋洗。

（4）选用适当的试剂

对于一些不溶于水的沉淀、垢迹，需根据污物的化学性质选用适当的试剂进行洗涤，如利用酸碱中和反应将生成的难溶氢氧化物、碳酸盐等用盐酸处理生成可溶氯化物；利用氧化还原反应将银镜反应中沾附的银及沉淀的硫化银加硝酸生成易溶的硝酸银；利用配位反应将沉积在器壁上的银盐用硫代硫酸钠溶液洗涤，转化成易溶配合物；等等。

5.1.1.2 洗涤干净的标准

玻璃仪器是否洗涤干净，可通过器壁是否挂水珠来判断。将洗净后的仪器倒置，水流出后，器壁透明，形成一层均匀的水膜，不挂小水珠，也不成股流下时，表明已洗净。洗净后的仪器，不可用布或纸擦拭，应选用合适的方法（如晾干、烘干等）进行干燥。

5.1.1.3 洗涤注意事项

（1）实验结束，及时洗涤

有些化学实验，如不及时倒去反应后的残液而搁置一段时间，则挥发性溶剂逸去，残留物附着到仪器内壁，使洗涤变得困难；还有一些物质，能与仪器本身发生反应，若不及时洗涤将使仪器受损，甚至报废。学生实验中和滴定中的所有碱式滴定管，使用后搁置时间一般较长，如不及时洗涤干净，残存的碱液与玻璃管及乳胶管作用，使乳胶管变质开裂，不能再使用，而且乳胶管黏附到玻璃管和玻璃尖嘴根部，很难剥离更换，这时用化学试剂除掉它，是很费力的，把这部分泡在热水里加热，乳胶管多数能剥离。

（2）科学洗涤，避免危险

a. 切不可盲目地将各种试剂混合作为洗涤剂使用，也不可随意使用各种试剂来洗涤玻璃仪器。这样不仅浪费药品，而且容易出现危险。

b. 使用各种性质不同的洗涤液时，一定要把上一种洗涤液除去后再用另一种，以免相互作用，导致生成更难洗净的产物。

c. 仪器无法洗净时，直接报废或另作他用。某些化学实验，如氢气还原氧化铜，反应后光亮的铜有时会嵌入试管的玻璃中，即使用硝酸并加热处理，也无法洗去。遇到这样的情况，则不必浪费药剂和时间，可考虑将试管另作他用。

d. 铬酸洗液有毒，在使用时要注意不能溅到身上，以防“烧”破衣服和损伤皮肤。第一次用少量水冲洗刚浸洗过的仪器后，废水不要倒在水池和下水道里，长久以后会腐蚀水池和下水道，应将其倒在废液缸中及时回收处理。

5.1.1.4 常用洗涤液的配制方法及使用

常用洗涤液的配制方法及使用见表 5-1。

表 5-1 常用洗涤液的配制方法及使用

洗涤液	配制方法	使用方法
铬酸洗液	研细的重铬酸押 20.0g 溶于 40mL 水中，然后慢慢加入 360mL 浓硫酸	用于去除器壁残留油污，用少量洗液刷洗或浸泡一夜，洗液可重复使用。洗液颜色变为暗绿时即失效，应重新配制
盐酸洗液	浓盐酸或等体积的水与盐酸混合液	用于洗去碱性物质及大多数无机物残渣
碱性洗液	10%氧氧化钠水溶液或乙醇溶液	水溶液加热（可煮沸）使用时，去油效果较好。注意：煮的时间太长会腐蚀玻璃，碱-乙醇洗液不要加热
NaOH-$KMnO_4$ 洗液	将 10g $KMnO_4$ 溶于少量水中，然后向该溶液中注入 100mL 10% NaOH 溶液	洗涤油污或其他有机物，洗后容器沾污处有褐色二氧化锰析出，再用浓盐酸或草酸洗液、硫酸亚铁、亚硫酸钠等还原剂去除
草酸洗液	5～10g 草酸溶于 100mL 水中，然后加入少量浓盐酸	洗涤应用高锰酸钾洗液后产生的二氧化锰，必要时加热使用
碘-碘化钾洗液	1g 碘和 2g 碘化钾溶于水中，然后用水稀释至 100mL	洗涤用过硝酸银滴定液后留下的黑褐色沾污物，也可用于擦洗沾过硝酸银的白瓷水槽
有机溶剂	苯、乙醚、二氯乙烷等	可洗去油污或可溶于该溶剂的有机物质，使用时要注意其毒性及可燃性。用乙醇配制的指示剂干渣、比色皿，可用盐酸-乙醇(1∶2)洗液洗涤
乙醇与浓 HNO_3 混合液	注意：不可事先混合	用一般方法很难洗净的少量残留有机物，可用此法：于容器内加入不多于 2mL 的乙醇和 10mL 浓硝酸，静置即发生激烈反应，放出大量热及二氧化氮，反应停止后再用水冲，洗涤操作应在通风橱中进行，不可塞住容器，作好防护

5.1.2 玻璃仪器的干燥

5.1.2.1 干燥方法

玻璃仪器中水的存在除了影响化学反应的速度或产率外，甚至会使化学反应无法进行，因此，洗净的玻璃仪器必须进行充分的干燥。用于不同实验的玻璃仪器对干燥有不同的要求，一般定量分析中的烧杯、锥形瓶等仪器洗净即可使用，而用于有机化学实验或样品分析的仪器很多是要求干燥的，有的要求无水迹，有的要求无水，人们应根据不同要求来干燥仪器。常见的干燥方法有以下几种。

(1) 晾干

不急用，要求一般干燥的，可在纯水涮洗后，在无尘处倒置晾干，然后自然干燥。可用安有斜木钉的架子和带有透气孔的玻璃柜放置仪器。

(2) 烘干

洗净的仪器控去水分，放在电热干燥箱（也叫烘箱）中烘干，烘箱温度为 105～120℃，烘 1h 左右。放置仪器时，应注意使仪器的口朝下（倒置后不稳定的仪器，如量筒等，则应平放）。可以在烘箱的最下层放一个搪瓷盘，以接收从仪器上滴下来的水珠，防止水滴到电热丝上，损坏电热丝。

(3) 热(冷)风吹干

对急于干燥的或不适合放入烘箱的较大仪器以及小口容器，可用吹风机直接吹干。通常可先将少量乙醇、丙酮（或最后再用乙醚）倒入已控去水分的仪器中摇洗，控净溶剂（溶剂要回收），然后用吹风机吹。开始用冷风吹1～2min，当大部分溶剂挥发后，吹入热风至完全干燥，再用冷风吹残余的蒸气，使其不再冷凝在容器内。此法要求通风好，防止中毒；不可接触明火，以防有机溶剂爆炸。

(4) 烤干

烧杯、试管、蒸发皿等能直接加热的仪器，可以放在石棉网上用小火烤干。烘烤试管时，用试管夹夹住试管，管口向下略倾斜，以免水珠倒流而炸裂试管，并不时地来回移动试管，烤到不见水珠后，将管口朝上继续烘烤少许，以便把水汽赶尽。

(5) 有机溶剂干燥

有些有机溶剂可以和水互相混溶，并形成沸点较低的共沸溶液，利用这个特点，可用有机溶剂带走仪器中的水分，实现干燥的目的。最常用的溶剂是乙醇和丙酮。在仪器内加入少量乙醇或丙酮，把仪器倾斜，转动仪器，器壁上的水即与乙醇或丙酮混合，然后将溶剂倒出。仪器内的剩余溶剂挥发后，仪器即可干燥。此法适用于有刻度的不能加热的计量仪器，因为加热会影响这些仪器的精密度。

5.1.2.2 干燥注意事项

① 量器不可放于烘箱中烘干。

② 称量瓶等烘干后要放在干燥器中冷却和保存。

③ 带实心玻璃塞的厚壁仪器烘干时，要注意慢慢升温并且温度不可过高，以免烘裂。

④ 烘干或烤干仪器时，应将仪器口向下，以免水珠倒流而引起炸裂，烘或烤到无水珠时，把仪器口向上以赶尽水汽。

⑤ 移液管、滴定管、容量瓶等定量分析仪器不能使用溶剂法进行干燥，因为这会使容器产生严重的挂壁现象，影响实验结果。

⑥ 不能用布或纸擦干仪器，以防将纤维附着在器壁上而弄脏洗净的仪器。

5.2 加热与冷却

(Heating and Cooling)

5.2.1 加热

加热是化学实验中常用的基本实验操作之一，许多过程都需要加热，如溶解、灼烧、蒸发、蒸馏、回流等。加热装置有很多，下面主要介绍在无机及分析化学实验中常用到的酒精灯、电热板、微波炉和马弗炉、恒温水浴锅等加热装置。加热方式有直接加热、水浴、油浴和砂浴等。

5.2.1.1 加热装置与使用方法

（1）酒精灯

酒精灯是实验室最常见的加热装置，由灯帽、灯芯、灯壶三部分组成，如图 5-1 所示；其火焰可分为焰心、内焰和外焰三部分，如图 5-2 所示。

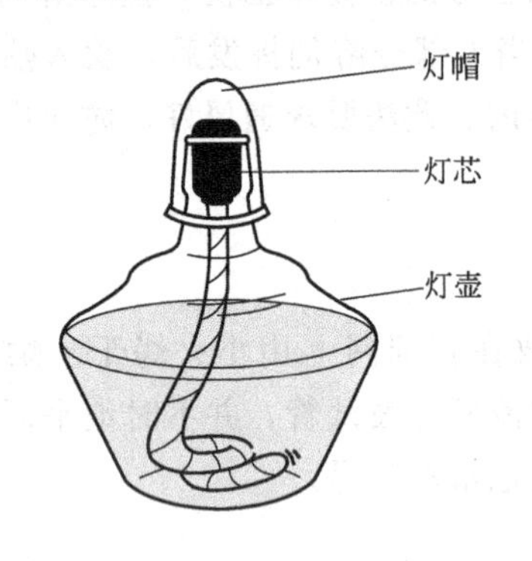

图 5-1 酒精灯的结构

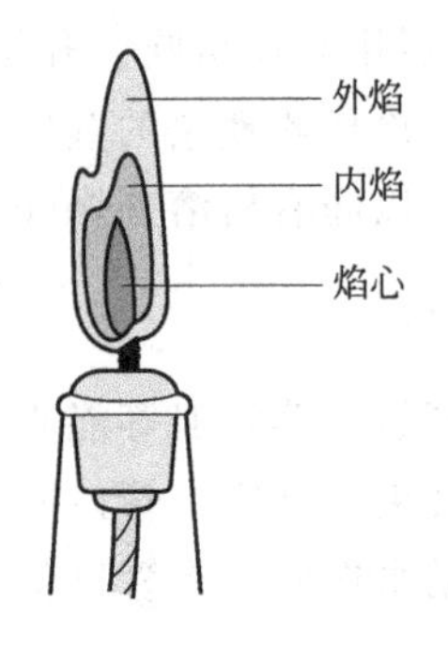

图 5-2 酒精灯的火焰

酒精灯常用于 400～500℃的实验，酒精灯为玻璃制品，且酒精为易燃品，易挥发，其蒸气易燃、易爆，因此正确且小心使用酒精灯显得尤其重要。

① 检查灯芯并修整：灯芯宜松不宜紧，当灯芯不齐或被烧焦时，可用剪刀剪齐或将烧焦处剪掉。

② 添加酒精：用漏斗将酒精加入酒精壶中，加入量为灯壶体积的 1/2～2/3。

③ 点燃酒精灯：点燃酒精灯之前，应先将灯内的酒精蒸气排出，防止灯壶内酒精蒸气因燃烧受热膨胀而将瓷管连同灯芯一并弹出，引发燃烧事故。接着取下灯帽，擦燃火柴，从侧面移向灯芯点燃，切不可用燃着的酒精灯去引燃另一盏酒精灯，如图 5-3 所示。

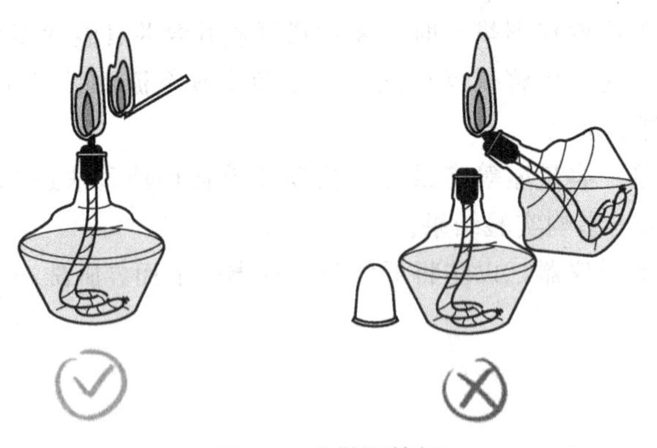

图 5-3 点燃酒精灯

④ 加热：加热试管中的液体时，液体不超过试管容积的 1/3；要用试管夹夹在试管中上部，试管应稍微倾斜，试管口向上，不要对着他人或自己；加热前将外壁擦干，先不时地来回移动试管使液体均匀受热，然后集中对准药品部位加热。

⑤ 熄灭：灭火时应将灯帽从火焰侧面轻轻罩上，而不是从高处将灯帽扣下，也不能用口吹灭，如图 5-4 所示。

使用酒精灯时必须注意安全，万一不小心打翻酒精灯而引发燃烧，可用湿布或石棉布扑灭。

图 5-4 熄灭酒精灯

(2) 电热板

酒精灯因在使用中经常会让人有刺眼、呛鼻等不适感，因此通常用电热板或电炉来取代酒精灯进行加热操作，非常方便。电热板如图 5-5 所示。

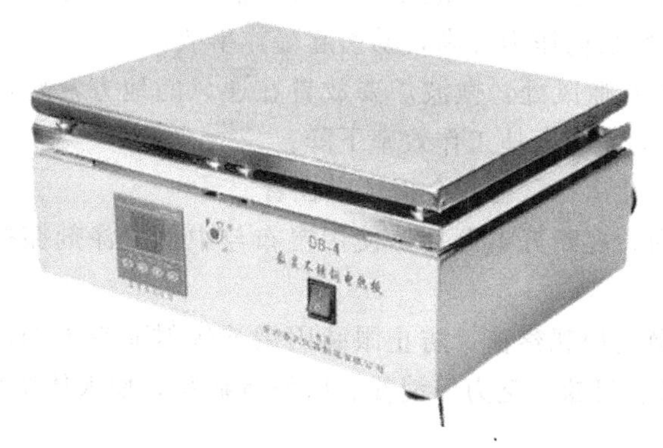

图 5-5 电热板

电热板的使用方法：

① 检查各接线是否连接好；

② 连接电源，并打开电源；

③ 按温度设置按钮，设定至所需温度；

④ 电热板开始加热，直至数字显示为设定温度；

⑤ 使用完毕，关闭电源，让电热板自然冷却至室温。

电热板的优点：

① 工作面板温度均匀，且可直接将烧杯等一些器皿放在电热板上面进行加热；

② 升温快且均匀，加热功率可根据需要进行调节和设定；

③ 数显加热板具有数字显示屏，更加清晰；

④ 可设定加热时间。

电热板操作注意事项：

① 电热板没有明火，加热结束后切记不能直接用手触摸电热板，避免烫伤；

② 在加热过程中，电源线必须远离加热面板，否则容易烫坏电源线而引发漏电事故；

③ 在加热过程中，确保电热板周围 10cm 干净无物，也不能让电热板紧挨实验柜架。

(3) 微波炉

微波炉加热顾名思义就是用微波来进行加热，它不同于酒精灯的明火加热，也不同于电热板的电加热。微波炉的“心脏”是磁控管，其能辐射出 2450MHz 的微波（具有很强的穿透性，通常能穿透待加热物体达 5cm 之深），使分子间相互碰撞、挤压、摩擦而产生热量，从而将电磁能转变为热能，使待加热物体温度升高，这就是微波炉加热的原理。

微波炉加热的优点：

① 加热速度快，最快可在几秒内完成；

② 能量利用率高；

③ 被加热物体受热均匀；

④ 便于自动化和连续化操作。

微波炉加热注意事项：

① 忌用金属器皿：因为微波具有反射性，若炉内放入铁、铝、不锈钢、搪瓷等器皿，微波炉在加热时会与之产生电火花并反射微波，既损伤炉体又起不到充分加热的作用。

② 忌使用封闭容器：加热液体时应使用广口容器，因为在封闭容器内，加热试样产生的热量不容易散发，使容器内压力过高，易引起爆炸事故。

③ 应将微波炉放置在通风处：微波炉要放置在通风的地方，附近不要有磁性物质，以免干扰炉腔内磁场的均匀状态，使工作效率下降。

④ 不可使微波炉空载运行，否则会损坏磁控管。

⑤ 炉内应清洁干净，在断开电源后，使用湿布与中性洗涤剂擦拭，不要冲洗，勿让水流入炉内电器中。

⑥ 不宜把脸贴近微波炉观察窗，防止眼睛因微波辐射而受损伤。也不宜长时间受到微波照射，以防引起头晕、目眩、乏力、消瘦、脱发等症状，使人体受损。

（4）马弗炉

马弗炉是一种用电热丝、硅-碳棒或硅-钼棒加热的密封炉子，又叫箱式电炉，有个长方形的炉膛，温度可调，一般，电热丝炉温度可达 950℃，硅-碳棒炉温度可达 1300℃，硅-钼棒炉温度可达 1500℃。马弗炉属于高温炉，主要用于高温灼烧或进行高温反应。由于其炉膛由特种陶瓷纤维材料制成，因此升温速度快，保温效果好（图 5-6）。

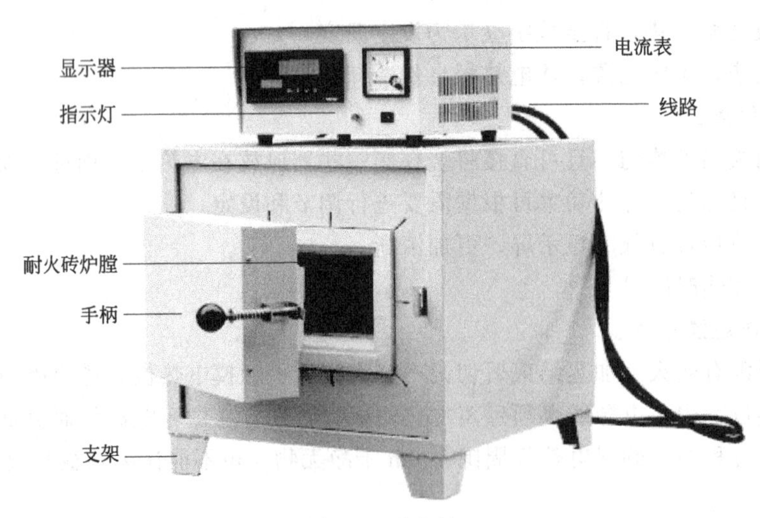

图 5-6　马弗炉

马弗炉的使用方法：

① 接通电源；

② 称好试样放于炉内，关闭炉门，打开电炉开关；

③ 将控制器上的开关拨至“设定”位置，设定实验温度；

④ 设定完成后将开关拨回至“测量”位置，电炉开始升温工作，此时仪表绿指示灯亮；

⑤ 到达工作时间后，关掉电炉开关，待冷却后取出样品。

马弗炉使用注意事项：

① 装、取样时一定要切断电源，以防触电；

② 装、取样时要戴手套，以防烫伤；

③ 使用马弗炉时，待加热的物质不可直接放在炉膛内，必须放在耐高温的坩埚中；

④ 加热时不得超过最高允许温度；

⑤ 马弗炉内不允许加热液体和其他易挥发的腐蚀性物质。

（5）恒温水浴锅

许多化学反应需要严格地控制温度，平稳加热，实验室常用水浴加热来满足反应要求。水浴加热是化学实验室中以水作为传热介质的一种加热方法，将盛放被加热物质的器皿放入热水中进行加热。水浴加热的优点是：避免直接加热造成的过度、剧烈程度及温度的不可控性，物体受热均匀，并保持恒温，便于观察。常用恒温水浴锅来进行水浴加热。

恒温水浴锅中，水平放置着U形管状的加热设施，水槽内放置带有孔的铝制搁板。水浴锅外表面的上盖设置了各种口径的套圈组合，以便适应相应口径的烧瓶或烧杯等。恒温水浴锅的左端设置放水管，右端设置电器箱，电器箱的前面板安装电源开关、温控仪表。电器箱的内部安装了传感器与电热管（图5-7）。

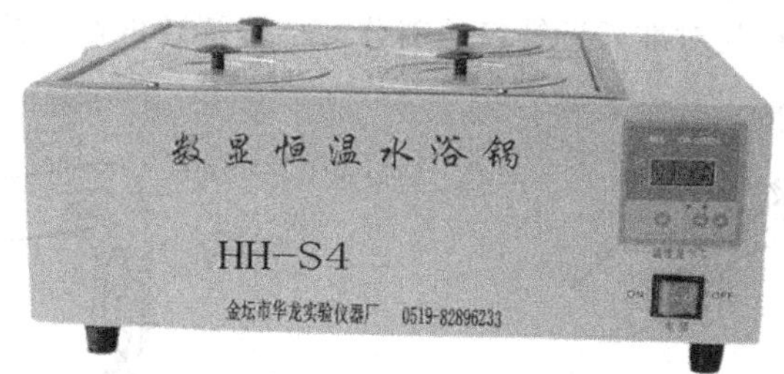

图5-7 恒温水浴锅

传感器把水浴锅中的水温，转化成相应的电阻值，通过集成放大系统的放大、对比，将控制的信号输出，以便对电加热管加热的平均功率进行有效控制，让水浴锅中的水维持恒温状态。这就是恒温水浴锅的工作原理。

恒温水浴锅的使用方法：

① 将恒温水浴锅放在平整的工作台上；

② 加注清水：先关闭放水阀门，向水浴锅内注入清水，有条件的可用蒸馏水，至适当的深度，一般不超过水浴锅容量的2/3；

③ 开启电源开关；

④ 设定温度：调节调温按钮至设定温度，温控仪表的绿灯亮，恒温水浴锅开始加热，水浴加热的温度一般不能超过100℃；

⑤ 温控仪表的红绿灯开始交替亮灭，进入加热阶段，直至恒温，然后进入保温状态；

⑥ 实验结束，关闭电源，切断设备电源，并将水槽内的水放净。

恒温水浴锅使用注意事项：

① 先加水后通电，严禁干烧；

② 水位一定保持不低于电热管，否则会立即烧坏电热管；

③ 实验结束，排净水浴锅中的水，并用软布将其擦干；

④ 使用时应随时注意水箱是否有渗漏现象；

⑤ 随着加热的进行，要记得及时补充水。

5.2.1.2 加热方式及操作要领

（1）直接加热

直接加热适用于较高温度下加热不分解的固体、溶液或纯液体。试管、坩埚和蒸发皿等可直接加热，烧杯、烧瓶等必须垫加石棉网或铁丝网。

① 直接加热试管中液体的方法（图 5-8）

a. 用试管夹夹在试管中上部，切忌用手拿试管加热。

b. 加热时，试管应稍微倾斜，管口向上。

c. 液体不超过试管容积的 1/3，加热前需要擦干外壁，防止炸裂。

d. 试管应缓慢接近火焰高温区。

e. 为使液体受热均匀，应不时地上下移动试管，以免集中加热引起暴沸。

f. 试管口不对人。

② 直接加热试管中固体的方法（图 5-9）

a. 试管口要略微向下倾斜，防止水倒流引起试管炸裂。

b. 试管要先预热，受热均匀后再固定在药品部位。

c. 固体量较多时，应先对准靠近管口的部分，待熔解后再将酒精灯往后移。

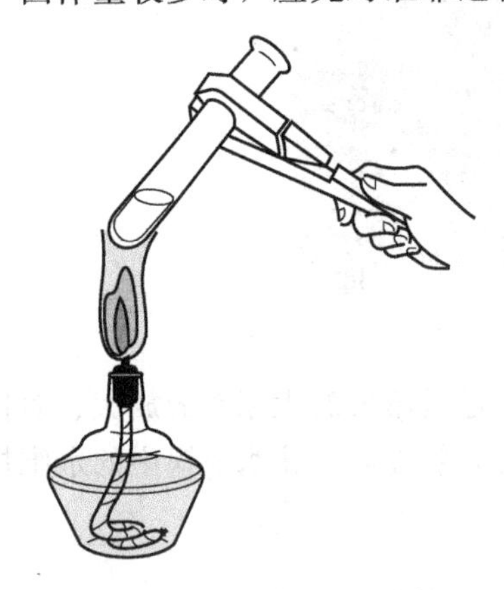

图 5-8 加热试管中的液体

图 5-9 加热试管中的固体

③ 坩埚的加热方法（图 5-10）

a. 在铁架台上安放一个铁圈。

b. 将泥三角放在铁圈上。

c. 将坩埚架在泥三角的中心。

d. 使酒精灯外焰正对坩埚的底部。

e. 用玻璃棒不断搅动液体，防止暴沸溅出。

f. 加热完毕后熄灭酒精灯，用坩埚钳取下坩埚。此时，坩埚底部较热，不能直接放到实验台上，须垫一个石棉网。

④ 烧杯的加热方法（图 5-11）

a. 不能直接加热烧杯，要垫上石棉网，以均匀供热。

b. 加热时，烧杯外壁须擦干。

c. 烧杯中溶液的体积一般不要超过容积的 2/3。

d. 加热腐蚀性药品时，可将一表面皿盖在烧杯口上，以免液体溅出。

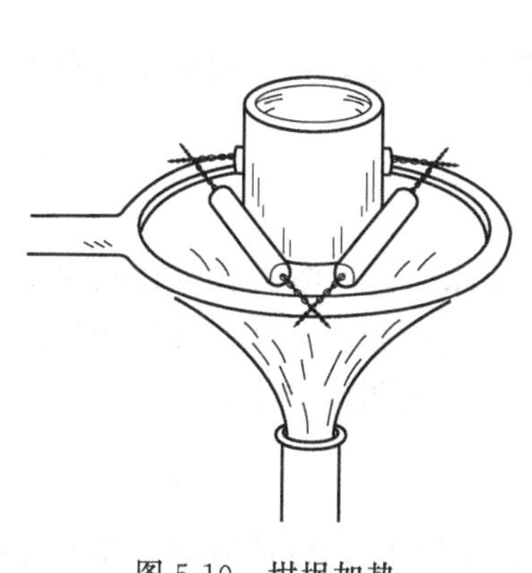

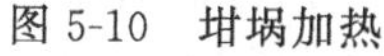

图 5-10　坩埚加热

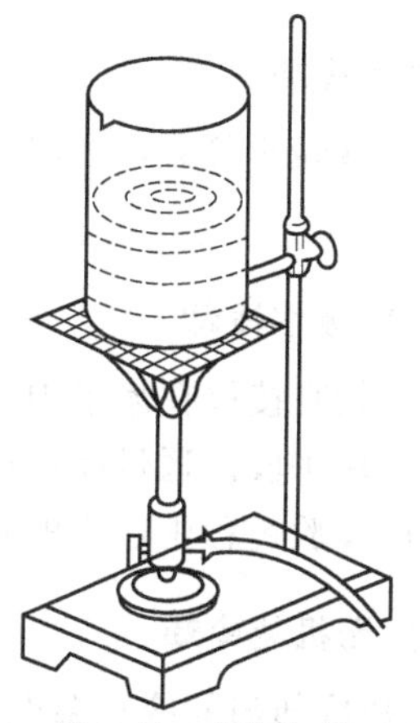

图 5-11　烧杯加热

（2）水浴

当加热的温度不超过 100℃时，最好使用水浴加热。水浴加热是以水作为热浴物质的加热方法，先在一个大容器（如恒温水浴锅）里加上水，接着加热盛水的大容器，然后将反应器放在大容器的热水中，用热水对容器内的反应物间接加热。这种加热方式保证反应器受热均匀、温度稳定易控，要注意的是，因为大容器中的水会不断蒸发，加热过程中要及时加水，防止干烧。

（3）油浴

油浴就是以油作为热浴物质的加热方法。油浴常用的介质有豆油、棉籽油、石蜡油和硅油等。油浴最高温度比水浴高，一般为 100～250℃，反应物的温度一般低于油浴液 20℃左右。油浴操作方法与水浴相同，不过进行油浴时要特别小心。

① 防止着火，当油受热冒烟时，应立即停止加热。油浴中应挂一支温度计，便于观察油浴的温度和有无过热现象，便于调节火焰、控制温度。

② 不要让水溅入油中。

③ 油量不能过多，防止油外溢或油浴升温过高，引起火灾。

④ 加热完毕取出反应器时，用铁夹夹住反应器使其离开液面，悬置片刻，待容器壁上附着的油滴完后，用纸和干布擦干。

（4）砂浴

砂浴是以砂、石为热浴材料的一种加热方法。砂浴通常采用黄沙，砂温很高，可达 350℃。砂浴操作方法与水浴基本相同，但由于沙子对水和油的传热性能差，所以必须将沙浴容器用沙子埋到容器的一半，周围的沙子厚，底部薄。砂浴温度分布不均匀，传热慢，温度不易控制。砂浴中应插入一支温度计，温度计水银球应靠近反应器。

5.2.2 冷却

某些化学反应在特定的低温条件下才有利于产物的生成，如重氮化反应一般在0～5℃时进行；有些放热反应，为了避免反应温度升高过快，导致反应剧烈，需要将反应器浸没在冷水或冰水中；有些制备操作（如结晶、液态物质的凝固）也需要冷却才能完成。根据不同的要求，选用不同的冷却技术。

（1）流水冷却

需冷却到室温的溶液，可用流水冷却法，其是最简单的方法，直接用流动的自来水将被冷却物冷却。

（2）冰或冰水冷却

将需冷却物直接放在冰水中，可冷却至0℃，也称为冰浴。冰浴是有机合成实验和生化实验的一种常用手段。通过冰浴可以对生化实验中的样本进行保护，防止样本变质；还可以减少有机合成实验过程中产生的热，防止副反应的发生，得到最大产率。

（3）冰-无机盐冷却

冰-无机盐冷却剂的冷却温度为－40～0℃。制作该冷却剂时先将盐研细、冰粉碎，再将细盐与碎冰按不同比例混合，能得到不同的制冷温度。如 NaCl∶碎冰＝1∶1时，最低温可达－22℃；NaCl∶碎冰＝1∶3时，最低温为－20℃；NH_4Cl∶碎冰＝1∶2时，最低温为－17℃；NH_4Cl∶碎冰＝1∶4时，最低温为－15℃。

（4）低沸点的液态气体冷却

利用低沸点的液态气体，可获得更低的温度，如液态氮（一般放在铜制、不锈钢或铝合金的杜瓦瓶中）可达到－195.8℃，而液态氦可达到－268.9℃。液氨也是常用的冷却剂，可达－33℃，液态氨有强烈的刺激作用，冷却操作应在通风橱中进行。使用低沸点的液态气体时，为了防止低温冻伤，必须戴皮或棉手套和护目镜。

（5）干冰-有机溶剂冷却

干冰（固体二氧化碳）与冰不一样，不能与被制冷容器的器壁有效接触，所以常与凝固点低的有机溶剂（作为热的传导体，如丙酮、乙醇、正丁烷、异戊烷等）一起使用。将干冰与有机溶剂混合，可获得－70℃以下的低温，如干冰与乙醇混合可达－72℃，与乙醚、丙酮或氯仿混合可达－78℃。

5.3 试管与滴管操作

(Operation of Test Tube and Dropper)

5.3.1 试管的使用

试管是化学实验中常用的仪器，它可用于溶液间的反应或固体与液体间的反应，可用来收集少量气体，也可用来暂时盛放药剂。试管可以直接加热，可用于加热液体和固体药品，操作要领见图 5-8 和图 5-9。

5.3.2 滴管的使用

胶头滴管又称胶帽滴管，它是一种用于吸取或滴加少量液体试剂的仪器。胶头滴管由胶帽和玻璃滴管组成。

5.3.2.1 胶头滴管的使用方法

（1）夹持

用右手中指和无名指夹住玻璃部分，切记不能用拇指和食指（或中指）夹持，以防胶头脱落。

（2）吸液

先用大拇指和食指挤压橡皮胶头，赶走滴管中的空气，再将玻璃尖嘴伸入液体试剂中，放开拇指和食指，液体试剂便被吸入，然后将滴管提起。禁止在试剂内挤压胶头，以免试剂被空气污染而含杂质。一般的滴管一次可取 1mL，约 20 滴。

（3）滴加

将吸有试剂的胶头滴管垂直悬空于试管等反应器上方 0.5cm 处，拇指和食指挤压橡皮胶头挤出溶液，滴加时胶头滴管不能伸入容器，更不能接触容器（图 5-12）。

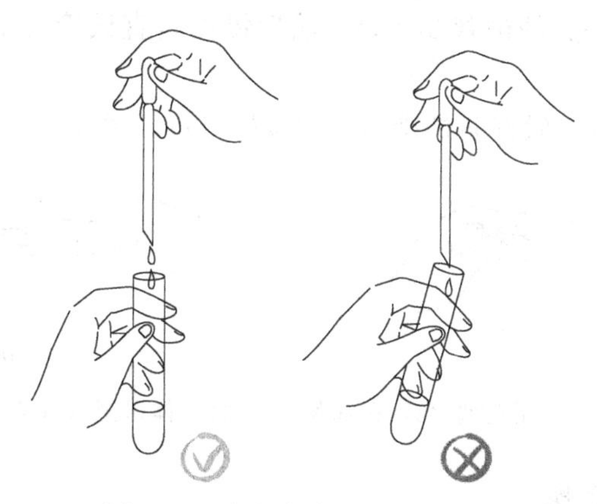

图 5-12　胶头滴管滴取少量溶液

5.3.2.2 胶头滴管的注意事项

① 握持方法是：用中指和无名指夹住玻璃部分以保持稳定，用拇指和食指挤压胶头以控制试剂的吸入或滴加量；

② 加液时，胶头滴管不能伸入容器和接触容器，应垂直悬空于容器上方 0.5cm 处；

③ 吸完液体后，胶头必须向上，不能平放和倒置，以免胶头被腐蚀；也不能随意放置在实验桌上，以免沾污滴管；

④ 滴管用完之后，立即用水洗净，未清洗的滴管不能吸取别的试剂；

⑤ 如果滴瓶上配有滴管，则这个滴管是滴瓶专用，不能吸取其他液体，不能交叉使用，也不可用清水冲洗；

⑥ 胶帽与玻璃滴管要结合紧密，不漏气，若胶帽老化，要及时更换；

⑦ 胶头滴管常与量筒配套使用。

5.4 试剂的取用与称量

(Taking and Weighing of Reagents)

5.4.1 试剂的取用

取用固体试剂需用清洁、干燥的药匙；药匙两端为大小两个匙，取大量固体时用大匙，取少量固体时用小匙，取用的固体要放入小试管时，也必须用小匙。

5.4.1.1 固体试剂的取用规则

① 药匙要干净、干燥。用过的药匙必须洗净和擦干后才能使用，以免沾污试剂。

② 取用试剂后应立即盖紧瓶盖，防止试剂与空气中的氧气等起反应。

③ 称量时遵循“少量多次”的原则，取多的药品，不能倒回原瓶。

④ 一般的固体试剂可以放在干净的纸或表面皿上称量。具有腐蚀性、强氧化性或易潮解的固体试剂不能在纸上称量，应放在玻璃容器内称量。氢氧化钠有腐蚀性，又易潮解，最好放在烧杯中称取，否则容易腐蚀天平。

⑤ 往试管（尤其是湿的试管）中加入粉末状的固体时，可将药匙或对折的纸片（取出的药品放在上面），伸进平放的试管 2/3 处，然后慢慢竖直试管，使药品滑入试管底部（图 5-13）。

⑥ 取用有毒的药品时要做好防护措施，如戴好口罩、手套等。

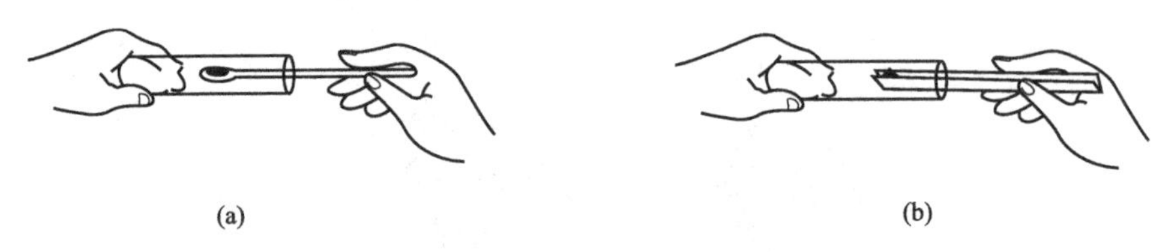

图 5-13 用药匙（a）和纸条（b）将固体送至试管 2/3 处

5.4.1.2 液体试剂的取用规则

取用液体试剂时一般用量筒或滴管，如需更准确地量取液体试剂，则要用移液管或吸量管等，为更方便地量取液体试剂，人们还使用移液器取用液体试剂。

（1）量筒

量筒有 5mL、10mL、50mL、100mL、500mL 和 1000mL 等多种规格。

从细口瓶中取出液体试剂时，用倾注法将液体试剂倒入量筒或试管中（图 5-14）。取液时，先将瓶塞取下，反放在桌面上。一手拿量筒或试管，一手握试剂瓶（注意：试剂瓶的标签向着手心），逐渐倾斜瓶子，让试剂沿着洁净的内壁流入量筒或试管中，取出所需量后，不要立即竖直试剂瓶，应将瓶口在量筒或试管上靠一下，再慢慢竖直（以免遗留在瓶口的液滴沿试剂瓶外壁流下）。读数时，使量筒内液体凹面最低处与视线保持水平（图 5-15），然后读出量筒上所对应的刻度，即液体的体积。

将细口瓶中的试剂倒入烧杯中时，先取下瓶塞反放在桌上，右手握试剂瓶，左手拿玻璃棒，玻璃棒的下端斜靠在烧杯中，瓶口靠在玻璃棒上，使试剂沿着玻璃棒缓慢流入烧杯中（图5-16）。

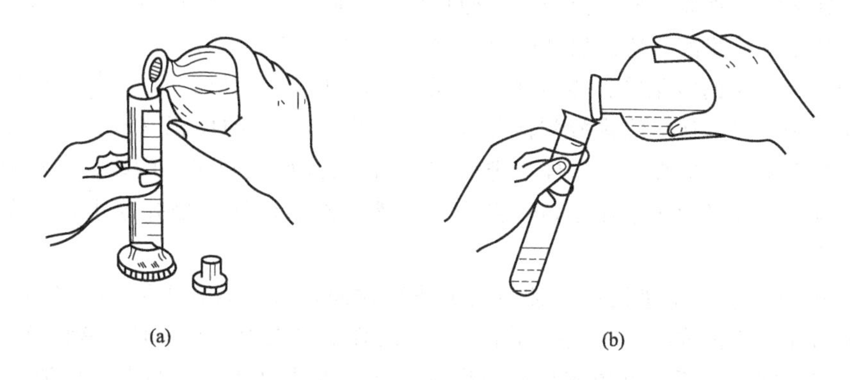

图5-14 往量筒（a）和试管（b）中倒入试剂（倾注法）

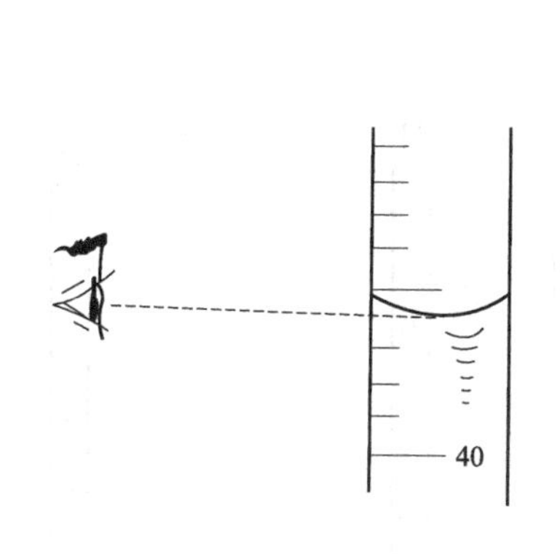

图5-15 量筒的读数

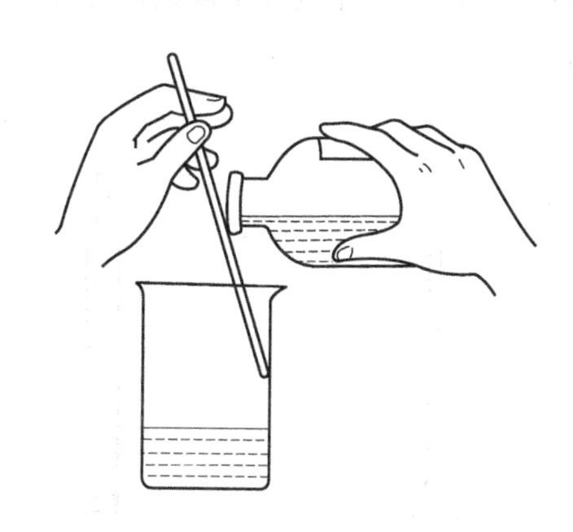

图5-16 往烧杯中倒入试剂

（2）移液管与吸量管

准确移取一定体积的溶液时就需要用到移液管或吸量管。移液管是一种量出式玻璃量器，只用来测量它所放出溶液的体积。它的中间有一膨大部分，称为球部，球部上下均为较细窄的管径，上面管径上有一刻度线，称为标线（图5-17），是所取准确体积的标志，其下端为尖嘴状。

吸量管的全称是分度吸量管，又称刻度移液管，它是带有分度线的量出式玻璃量器，用于移取非固定量的小体积溶液，其准确度不如移液管。

根据所移取溶液的体积和要求选择合适规格的移液管，在滴定分析中准确移取溶液时一般使用移液管；反应需控制试液加入量时一般使用吸量管。

① 规格。移液管的常用规格有1mL、2mL、5mL、10mL、25mL和50mL等；吸量管的常用规格有1mL、2mL、5mL、10mL等。接下来重点介绍吸量管的分类。

② 吸量管的分类

a. 不完全流出式吸量管：均为零点在上形式，最低分度线为标称容量[图5-18(a)]。这类吸量管任一分度线相应的容量定义为：20℃时，从零线排放到该分度线所流出 20℃水的体积（mL）。

b. 完全流出式吸量管：有零点在上和零点在下两种形式[图 5-18(b)]，其任一分度线相应的容量定义为：20℃时，从分度线排放到流液口时所流出 20℃水的体积（mL），液体自由流下，直到确定弯月面已降到流液口并静止后，再脱离容器（指零点在下式）；或者从零线排放到该分度线或流液口所流出 20℃水的体积（指零点在上式）。

c. 规定等待 15s 的吸量管：零位在上，完全流出式[图 5-18(c)]，其任一分度线相应的容量定义为：20℃时，从零线排放到该分度线所流出 20℃水的体积（mL）。当液面降到该分度线以上几毫米时，应按紧管口停止排液 15s，再将液面调到该分度线。在量取吸量管的全容量溶液时，排放过程中水流不应受到限制，液面降至流液口处并静止后，要等待 15s，再移走吸量管。

d. 吹出式吸量管：流速较快，且不规定等待时间，有零点在上和零点在下两种形式，均为完全流出式。吹出式吸量管任一分度线相应的容量定义为：20℃时，从该分度线排放到流液口（指零点在下）所流出的或从零线排放到该分度线（指零点在上）所流出的 20℃水的体积（mL）。使用过程中液面降至流液口并静止时，应随即将最后一滴残留的溶液一次吹出。

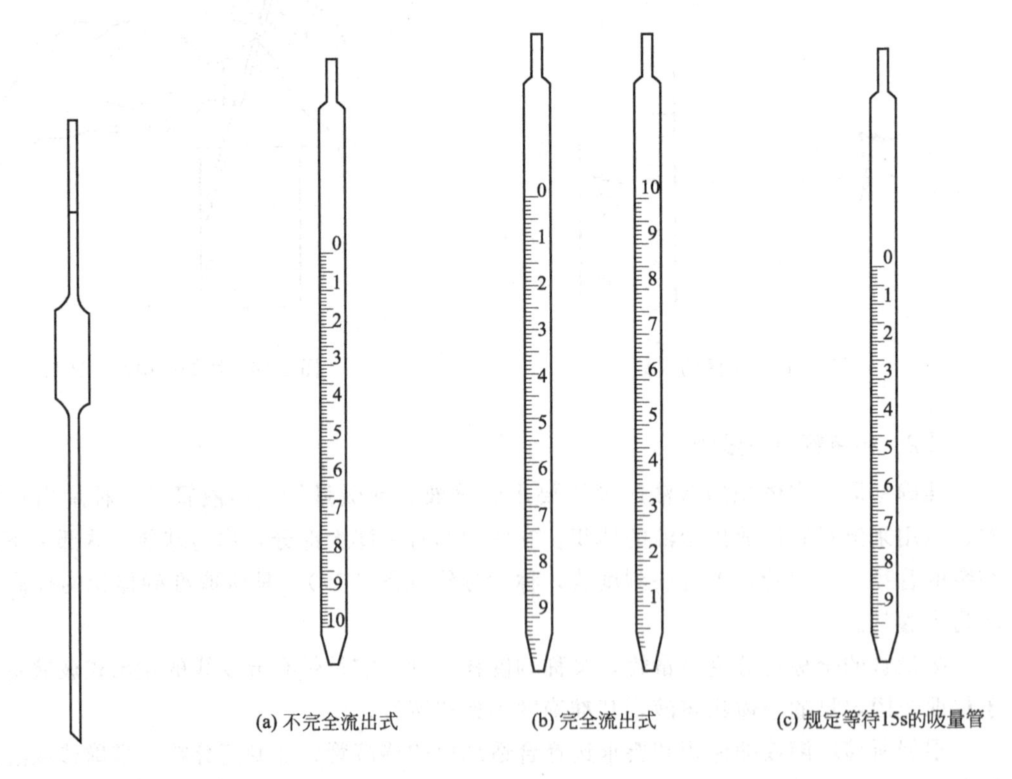

图 5-17 移液管

图 5-18 吸量管

另外，市场上还有一种标“快”字的吸量管，其容量精度与吹出式吸量管相似。吹出式及快流速吸量管的精度低、流速快，适用于在仪器分析实验中加试剂，最好不用其移取标准溶液。

③ 使用方法

a. 检查：使用前先弄清移液管的规格、刻度标线的位置，检查移液管是否有破损，要特别注意管口的检查；对吸量管，还应熟悉它的分刻度等，然后进行洗涤。

b. 洗涤：吸取自来水冲洗一次，内壁应不挂水珠，否则需用铬酸洗液洗涤。操作方法如下：右手拿移液管上端标线以上的位置，食指靠近管上口，中指和无名指张开握住移液管外侧，拇指在中指和无名指中间位置握在移液管内侧，小指自然放松；左手拿洗耳球，持握拳式，将洗耳球握在掌中，尖口向下，握紧洗耳球，排出球内空气，将洗耳球尖口插入或紧接在移液管上口，注意不能漏气。将移液管伸入溶液液面以下 1～2 cm（注意：不应伸入太浅，以免液面下降后造成吸空，也不应伸入太深，以免移液管外壁附有过多的溶液，应使管尖端随液面下降而下降），慢慢松开左手手指，将洗涤液慢慢吸入管内，直至刻度线以上部分，移开洗耳球，迅速用右手食指堵住移液管上口（图 5-19）。等待片刻后，将洗液放回原瓶，并把洗液瓶盖好，必要时也可用洗液浸泡一会儿。然后用自来水冲洗移液管内、外壁至不挂水珠，再用蒸馏水洗涤 2 ～3 次，控干水备用。

c. 待吸液润洗：摇匀待吸溶液，倒一小部分待吸液于一洗净并干燥的小烧杯中，用滤纸将清洗过的移液管尖端内外的水分吸干，并插入小烧杯中吸取溶液，当吸至移液管容量的 1/3 时，立即用右手食指按住管口，取出，横持并转动移液管，使溶液流遍全管内壁，然后将溶液从下端尖口处排入废液杯内。如此操作，润洗 3～4 次后即可吸取溶液。

d. 吸取溶液：将用待吸液润洗过的移液管插入待吸液液面下 1～2 cm 处，用洗耳球按上述操作方法吸取溶液（注意：移液管不能插入太深，并要边吸边往下插，始终保持此深度）。当管内液面上升至标线以上 1～2 cm 处时，迅速用右手食指堵住管口（此时若溶液下落至标准线以下，应重新吸取），将移液管提离待吸液面，并使管尖端接触待吸液容器内壁片刻后提起，用滤纸擦干移液管下端粘附的少量溶液（在移动移液管时，移液管应保持垂直，不能倾斜）。

e. 调节液面：左手另取一干净小烧杯，将移液管的管尖紧靠小烧杯内壁，小烧杯保持倾斜，移液管保持垂直，刻度线和视线保持水平（左手不能接触移液管）。稍稍松开食指（可微微转动移液管），使管内溶液慢慢从下口流出，液面将至刻度线时，按紧右手食指，停顿片刻，再按上法将溶液的弯月面底线放至与标线上缘相切，此时立即用食指压紧管口。将尖口处紧靠烧杯内壁，向烧杯口移动少许，去掉尖口处的液滴。将移液管内溶液小心移至承接溶液的容器中。

f. 放出溶液：将移液管直立，接受器倾斜，管下端紧靠接受器内壁，放开食指，让溶液沿接受器内壁流下（图 5-20），管内溶液流完后，保持放液状态 15s，将移液管尖端在接受器靠点处靠壁前后小距离滑动几下，或将移液管尖端靠接受器内壁旋转一周，移走移液管（残留在管尖内壁处的少量溶液，不可用外力强使其流出，因校准移液管时，已考虑了尖端内壁处保留溶液的体积。管身上标有“吹”字的，则必须用洗耳球吹出，不允许保留）。

吸量管的使用方法和移液管相同，只是刻度线代替了标线，放出溶液时仍轻轻按住管口，当液面与所需的刻度相切时，按住管口，这时第二刻度线与第一刻度线的差即所移取溶液的体积。

g. 清洗仪器：洗净移液管（吸量管），放置在移液管架上。

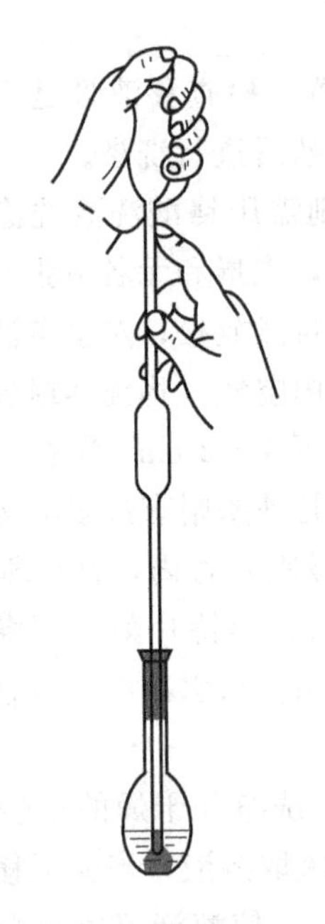

图 5-19 吸取溶液

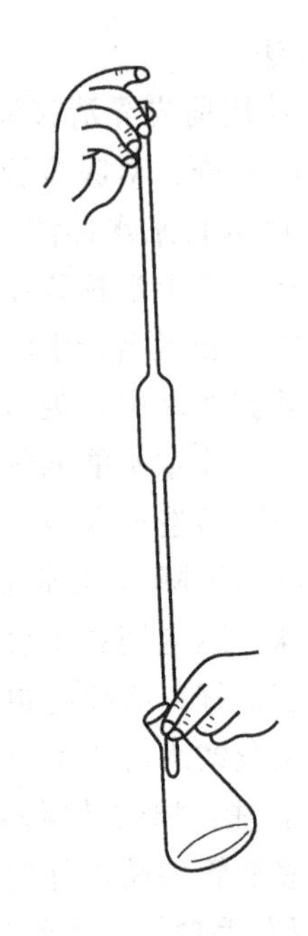

图 5-20 放出溶液

④ 注意事项

a. 移液管、吸量管不能在烘箱中烘干；

b. 长期保存的待吸液，应先用烧杯分取，再行移取；

c. 整个过程中，移液管、吸量管始终保持垂直；

d. 同一实验中应尽可能使用同一支移液管或吸量管；

e. 吸取溶液时要把移液管或吸量管插入溶液，避免吸入空气而使溶液从上端溢出；

f. 使用完毕后，应立即用自来水及蒸馏水冲洗干净，并置于移液管架上；

g. 在使用吸量管时，为了减少测量误差，每次都应以最上面刻度（0 刻度）处为起始点，往下放出所需体积的溶液，而不是需要多少体积就吸取多少体积；

h. 移液管有老式和新式两种，老式管身标有“吹”字样，需要用洗耳球吹出管口残余液体。新式的没有，注意千万不要吹出管口残余，否则导致量取液体过多。

（3）移液器

① 移液器的构造原理。移液器也叫移液枪，是一种取液量连续可调的精密计量器具，是实验室做生化分析、仪器分析及微量化学分析时定量取样和加液必不可少的工具，具有使用稳定、操作简便、快速、精确度高、重复性好等特点。移液器有多种规格，常见的有 1000～5000μL、100～1000μL、10～200μL、1～20μL、0.1～2μL 等。其外形如图 5-21 所示。

② 移液器的使用方法

a. 选择合适量程的移液器。如移取 15μL 的液体，最好选择最大量程为 20μL 的移液器，如选择 50μL 及以上量程的移液器，则都不够准确，给实验造成较大误差。

b. 设定移液体积。调节移液器的移液体积控制旋钮进行移液量的设定。调节移液量时，应视体积大小而旋转刻度至超过设定体积的刻度，再回调至设定体积，以保证移取的最佳精确度。

c. 装配吸头。将可调式移液器的嘴锥对准吸头管口，轻轻用力垂直下压使之装紧即可。

d. 移液。将吸头套在移液器上后，用右手拇指轻按其按钮使达第一阻力位，将吸头插入液面下 2～3mm（严禁将吸头全部插入溶液中），缓慢、均匀放松拇指，被吸液即进入吸头，待吸头吸入溶液后静置 2～3s，并斜贴在容器壁上使吸头外壁多余的液体流走，取出，将液体放于另一容器中（轻按按钮使达第二阻力位，停留数秒后即可）。使用完毕后退掉吸嘴放于存放杯内。

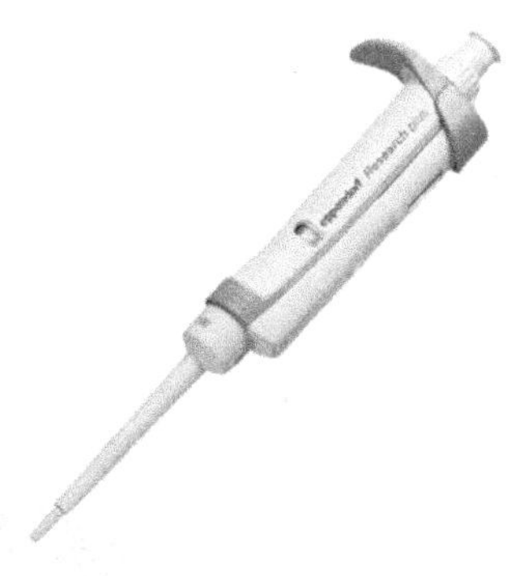

图 5-21 移液器

③ 注意事项

a. 在调节移液器的过程中，旋钮不可转动太快，也不能超出其最大或最小量程，否则易导致量取不准确，并且易卡住内部机械装置而损坏移液器。

b. 在装配吸头的过程中，用移液器反复强烈撞击吸头反而会拧不紧，长期如此操作，会导致移液器中零件松散，严重时会导致调节刻度的旋钮卡住。

c. 当移液器吸头里有液体时，切勿将移液器水平放置或倒置，以免液体倒流而腐蚀活塞弹簧。

5.4.2 试剂的称量

化学实验中最常用的称量仪器是天平，根据称量对象和称量精度要求的不同，以及称量要求和称量物质的不同，结合实验室的自身情况可选用不同的称量天平和称量方法。接下来主要介绍精密度为 0.1g 和 0.0001g 电子天平的使用。

5.4.2.1 称量仪器

在无机化学实验中，常用的称量仪器是精密度为 0.1g 的电子天平，其基本结构和外形如图 5-22(a) 所示。在分析化学实验中，精密度要求更高时，常使用精密度为 0.0001g 的电子天平，最大载荷为 100～200g，其外形如图 5-22(b) 所示。

(1) 称量步骤

① 天平应该处于水平状态；

② 认识操作界面：“ON/OFF” 开关键，“TARE” 去皮键，“CAL” 调校键，“CF” 清除键；

③ 预热天平：按机后电源开关键，显示全 8，预热 30min 以上；

④ 天平显示器稳定地显示零位（否则应按 “TARE” 去皮键清零），即可开始称量；

⑤ 称量完毕，清洁称量盘，关闭电源。

(2) 注意事项

① 天平应放于水平且稳定的工作台上，避免震动、阳光照射及气流；

② 严禁对秤盘进行冲击或过载，使用完毕后应用软布清洁；

③ 电子天平使用前应按要求进行预热；

④ 干燥的固体药品称量时应放在称量纸上；易挥发的药品称量时要盛放在密闭的容器

(a) 电子天平(0.1g)

(b) 电子天平(0.0001g)

图 5-22　称量仪器

内；易潮解、具有腐蚀性的药品称量时，必须放在玻璃器皿里，以免腐蚀和损坏电子天平；

⑤ 不得将湿的容器（如烧杯、锥形瓶和容量瓶等）直接放在称量盘上称量；

⑥ 如果样品洒落在天平内，应及时用天平刷清除干净；

⑦ 天平室内温度和湿度应恒定，温度应在 20℃，湿度应在 50%左右；

⑧ 如长时间不用，应该拔掉电源。

5.4.2.2　称量方法

电子天平的称量方法有直接称量法、增量法和减量法三种。

（1）直接称量法

将某一物体直接放在天平上进行称量，从而获得该物体准确质量的方法，称为直接称量法。

（2）增量法

增量法又称固定质量称样法，在称量盘上放一干净表面皿或称量纸，称量、去皮。用药匙往表面皿或称量纸里逐渐加入样品（具体操作是：将药匙柄端顶在掌心，用拇指和中指拿稳药匙后将其伸向表面皿或称量纸中心部位上方，将药匙微微倾斜，并用食指轻轻弹动药匙柄使试样慢慢落下，如图 5-23 所示），至与所需质量相近（过多时可取出，但不能再放回试剂瓶中），准确读数。注意，用增量法称量时，样品绝不可落在托盘上，否则要重称。

增量法适于称量不易吸湿，且不与空气作用的、性质稳定的粉末状样品。用直接法配制指定浓度的标准溶液时，可采用此法称量。

（3）减量法

减量法又称差减称样法，用小纸条套住装有所需试样的称量瓶[图 5-24(a)]，将其从干燥器中取出，放入天平中，称量、去皮。取出称量瓶，置于试样接收器上方，用称量瓶盖轻敲瓶口外缘，将样品缓缓加入接收器[图 5-24(b)]。至接近所需质量时，继续轻敲瓶口外

图 5-23　增量法称量

缘，同时逐渐竖直瓶身、盖好盖子，放入天平中，关好天平的侧门，待读数稳定后，天平所显示的负读数即所称样品的质量。

用减量法称量时，若倾出样品不够，可重复上述操作；若倾出样品过多，需要重称。

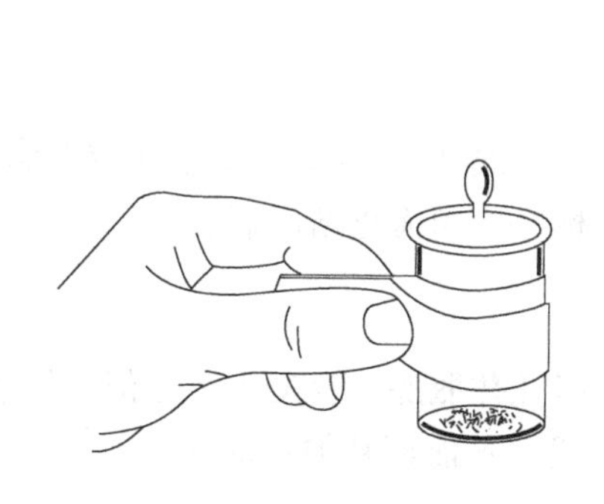

(a) 用纸条套住称量瓶

(b) 将样品加入接收器

图 5-24　减量法称量

5.5　容量瓶的使用

(Usage of Volumetric Flask)

容量瓶是一种常见的化学仪器，细颈、梨形、平底，带有磨口玻璃塞，颈上有标线，其主要用途是配制准确浓度的标准溶液或定量地稀释溶液。容量瓶有多种规格，包括 5mL、25mL、50mL、100mL、250mL、500mL、1000mL、2000mL。

5.5.1　容量瓶的使用方法

(1) 检查

使用容量瓶之前，应先检查以下各项。

① 容量瓶的体积与要配制溶液的体积是否一致，标线位置距离瓶口是否太近（太近易造成最后混合不匀，不宜使用）；

② 瓶口与瓶塞是否配套，瓶塞是否系在瓶颈上；

③ 容量瓶是否漏水，检测方式为：在容量瓶内装入半瓶水，塞紧瓶塞，用右手食指按住塞子，其余手指拿着瓶颈标线以上部位，另一只手五指托住容量瓶底，将瓶倒立 2min，然后用干滤纸片沿瓶口缝隙处检查有无水渗出；如果不漏水，将容量瓶直立，旋转瓶塞

180°，塞紧，再倒立 2min，如果仍不漏水则可使用。

（2）洗涤

检验不漏水的容量瓶应洗涤干净。先用洗液洗，再用自来水冲洗，最后用蒸馏水洗涤 2～3 次。洗涤原则是：少量多次，且每次需多次振荡及尽量流尽残余的水。

（3）转移

先把准确称量好的固体溶质放在干净的烧杯中，接着用少量溶剂溶解（如果放热，要放置使其降到室温）；再将烧杯内的溶液沿玻璃棒小心转入一定体积的容量瓶中（图 5-25）。

（4）洗涤

为保证溶质能全部被转移到容量瓶中，要用适量蒸馏水洗涤烧杯及玻璃棒 2～3 次，然后将洗涤液转入容量瓶，振荡，使溶液混合均匀。

（5）定容

继续小心地往容量瓶中加水，直到液面距离标线 2～3cm，此时改用胶头滴管小心滴加，使溶液的弯月面与标线正好相切。若加水超过标线，则需重新配制。

（6）摇匀

盖好瓶塞，用食指顶住瓶塞，另一只手五指托住瓶底，反复上下颠倒，使溶液混合均匀（图 5-26）。注意：摇匀后，若发现液面低于标线，不能再补加蒸馏水。

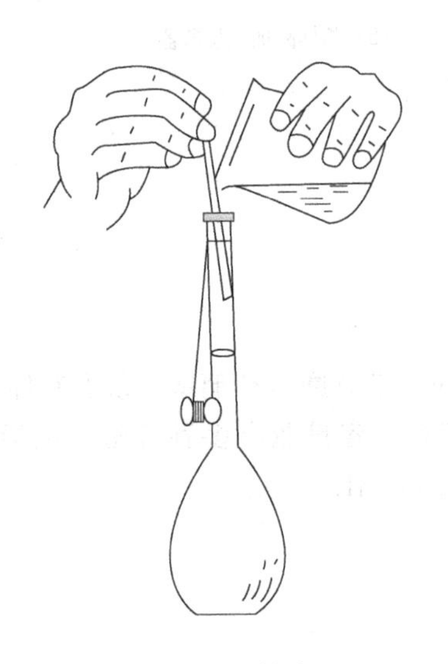

图 5-25　转移

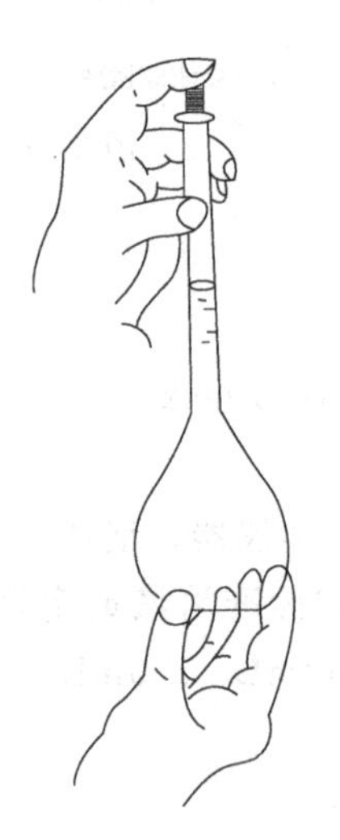

图 5-26　摇匀

5.5.2　容量瓶的使用注意事项——“六忌”

① 忌用容量瓶进行溶解（体积不准）；

② 忌直接往容量瓶中倒溶液（会洒到外面）；

③ 忌加水超过标线（浓度偏低）；

④ 忌仰视或俯视读数（仰视使浓度偏低，俯视使浓度偏高）；

⑤ 忌不洗涤玻璃棒和烧杯（浓度偏低）；

⑥ 忌用容量瓶长时间或长期贮存溶液（容量瓶是量器，不是容器）。

5.6 溶液的配制

(Preparation of Solution)

在化学实验中，用化学物品和溶剂（一般是水）配制成所需浓度溶液的过程叫配制溶液。

5.6.1 一般步骤

(1) 计算

计算出固体溶质的质量或液体溶质的体积。

(2) 称量

用电子天平称取固体溶质的质量，用量筒或移液管量取所需液体溶质的体积。

(3) 溶解

将固体或液体溶质倒入烧杯中，加入适量的蒸馏水，用玻璃棒搅拌使之溶解，并冷却到室温。

(4) 转移至容量瓶中定容

将烧杯内的溶液沿玻璃棒小心转入一定体积的容量瓶中（玻璃棒的上端不能靠在容量瓶口，而下端则应靠在容量瓶标线下的内壁上，即“下靠上不靠，下端靠线下”）。用适量蒸馏水洗涤烧杯及玻璃棒2～3次，将洗涤液转入容量瓶，小心地加水至液面距离标线2～3cm处，接着改用胶头滴管定容。

(5) 摇匀

盖好瓶塞，用食指顶住瓶塞，另一只手五指托住瓶底，反复上下颠倒，使溶液混合均匀。注意：摇匀后，若发现液面低于标线，不能再补加蒸馏水。

(6) 贴好标签

最后将配制好的溶液倒入试剂瓶中，贴好标签，备用。

5.6.2 注意事项

① 溶液要用带塞的试剂瓶盛装，见光易分解的溶液要装于棕色瓶中，挥发性试剂瓶的瓶塞要严密，见空气易变质及放出腐蚀性气体的溶液也要盖紧，必要时用蜡封住，浓碱液应用塑料瓶盛装；

② 每瓶试剂必须标明溶液名称、规格、浓度和配制日期、配制人等；

③ 配制硫酸、磷酸、硝酸、盐酸等溶液时，注意是“酸入水”，即必须将酸缓慢加入到

水中，并不断搅拌；

④ 用有机溶剂配制溶液时，有些有机物溶解较慢，应不时搅拌，也可以在热水浴中温热搅拌，不可直接加热，避免火灾；

⑤ 不可用手接触带腐蚀性或剧毒的溶液，剧毒废液必须经解毒处理，不可直接倒入下水道；

⑥ 一般溶液的保存时间不可超过 6 个月，如果试剂发生浑浊、变质，必须废弃，不得使用。

5.7 固液分离

(Liquid-Solid Separation)

溶液与沉淀的分离方法有 3 种：倾析法、过滤法和离心分离法。

5.7.1 倾析法

当沉淀的颗粒较大或密度较大，静置后能沉降至容器底部时，可用倾析法进行沉淀的分离或洗涤。具体做法是：把沉淀上部的溶液缓慢倾入另一容器内，然后往盛着沉淀的容器内加入少量洗涤液，充分搅拌后，沉降，倾去洗涤液，如图 5-27 所示。如此重复操作 3 遍以上，即可把沉淀洗净，使沉淀与溶液分离。

5.7.2 过滤法

分离溶液与沉淀最常用的操作方法是过滤法。过滤时沉淀留在过滤器上，溶液通过过滤器而进入容器中，所得溶液叫作滤液。过滤方法共有 3 种：常压过滤、减压过滤和热过滤。

图 5-27 倾析法

5.7.2.1 常压过滤

(1) 所需仪器

所需仪器为滤纸、漏斗、烧杯、玻璃棒、铁架台等。

① 滤纸

a. 滤纸的分类。滤纸在实验室中很常见，顾名思义，它的主要用途是过滤，另外，实验室中常用定性滤纸来擦干容器外壁的水。按用途分类，滤纸可分为定性滤纸和定量滤纸；按孔隙大小分类，滤纸可分为“快速”“中速”和“慢速”三种，其一般都会有对应的孔径，“快速”一般对应 20～25μm、“中速”对应 8～11μm；“慢速”对应 2.5～5μm；按直径大小分为 7cm、9cm、11cm 等。

b. 滤纸的选择。如果实验中需要称重，一般就需要定量滤纸，反之就用定性滤纸。还可根据沉淀的性质选择滤纸的类型，比如 $BaSO_4$ 细晶形沉淀，应选择“慢速”滤纸，NH_4MgPO_4 粗晶形沉淀，宜选用“中速”滤纸，而 $Fe_2O_3 \cdot nH_2O$ 为胶状沉淀，最好选用“快速”滤纸。根据沉淀量的多少以及漏斗的大小选择不同直径的滤纸，一般要求沉淀的体积不超过滤纸锥体高度的 1/3，滤纸折叠后其上沿以低于漏斗上沿 0.5～1cm 为宜。

注意：滤纸的主要成分是纤维素，一些强酸性、强碱性、腐蚀性的溶液由于能够溶解纤维素，所以不能用滤纸过滤，而要采用玻璃砂芯滤器过滤。

c. 滤纸的折叠和使用方法。将滤纸对折两次，折叠成四层（即四折法，图5-28），把叠好的滤纸，按一边三层、另一边一层打开，呈漏斗状。三层滤纸边外层撕下一小角，以便其内层滤纸紧贴漏斗。撕下的滤纸角保存在洁净而干燥的表面皿上（以备在重量分析中擦拭烧杯壁和玻璃棒上残留的沉淀）。将滤纸放入漏斗中，三层的一边应放在漏斗出口较短的一边，用食指按住三层一边，用洗瓶吹入少量蒸馏水将滤纸润湿。轻压滤纸，使它紧贴在漏斗壁上，并赶走气泡。加入蒸馏水后，漏斗颈内能保留水柱而无气泡，则说明漏斗准备完好。

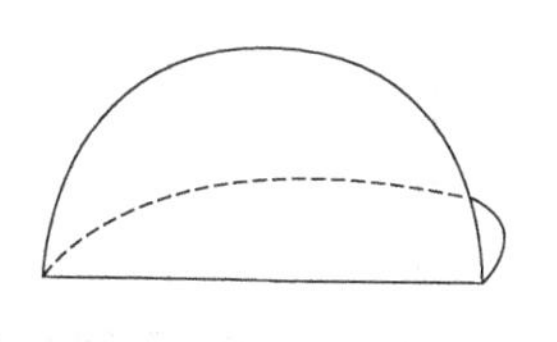 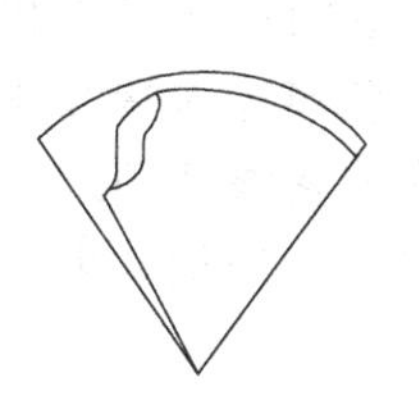 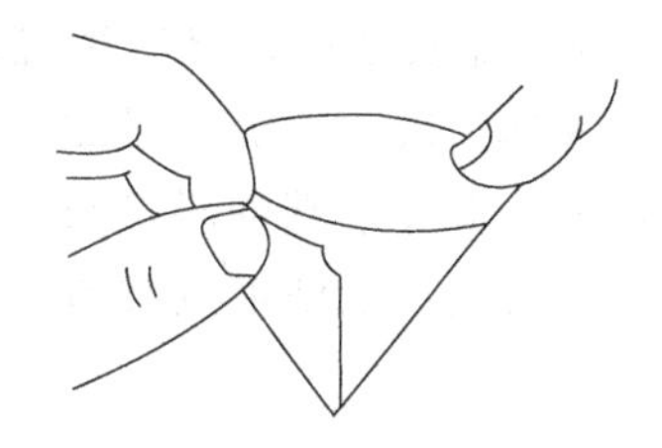

图5-28 滤纸四折法

② 漏斗。化学上主要应用的漏斗有普通漏斗、长颈漏斗和分液漏斗，如图5-29所示。

a. 普通漏斗：过滤实验中不可缺少的漏斗就是普通漏斗，颈长15～20cm，颈直径一般为3～5cm，圆锥角为60°，出口处磨成45°，投影图为三角形，故又称三角漏斗[图5-29(a)]。

b. 长颈漏斗：颈很长，主要安装在气体发生装置上，不能用于过滤。安装时长颈漏斗要插入液面以下，防止气体从长颈漏斗逸出[图5-29(b)]。

c. 分液漏斗：形状与长颈漏斗相似。不同处：分液漏斗颈处安有活塞。分液漏斗主要用于分液和萃取。其也可以安装在气体发生装置上，但与长颈漏斗不同，可以不插入液面下，关闭活塞，其就是一个气体密闭装置[图5-29(c)]。用分液漏斗可以逐滴加入酸，能随时发生和停止反应，能用加入的试剂量控制反应速度，操作简便，节省药品。

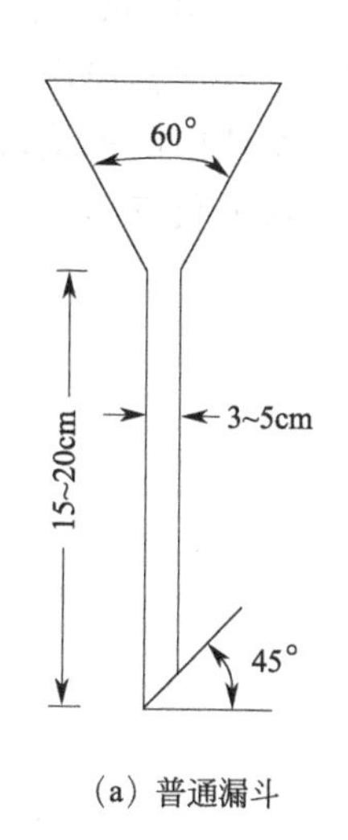

(a) 普通漏斗

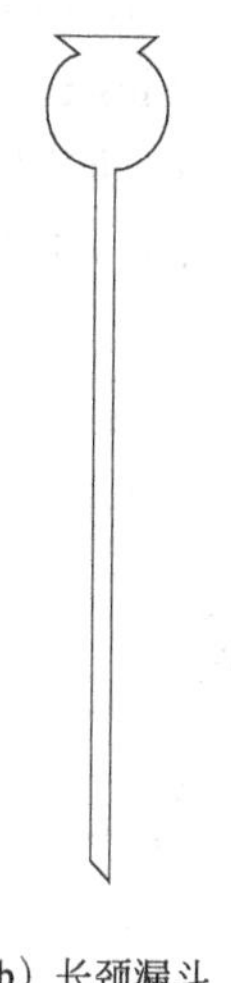

(b) 长颈漏斗

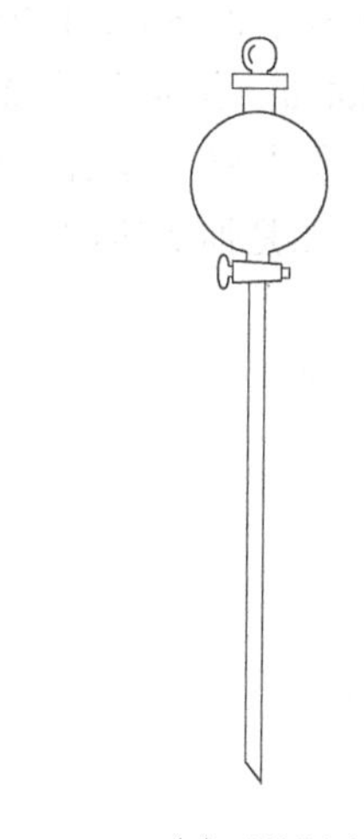

(c) 分液漏斗

图5-29 漏斗

（2）操作要点

常压过滤是最为简便和常用的过滤方法，适用于胶体和细小晶体的过滤。其缺点是过滤速度较慢。一般使用普通漏斗结合滤纸进行过滤。其操作步骤可总结为“一贴”“二低”和“三靠”（图 5-30），详述如下：

①“一贴”为折叠好的滤纸要和漏斗的角度相符，紧贴漏斗壁，然后再用水将其润湿；

②“二低”是滤纸的边缘须低于漏斗口 5mm 左右，漏斗内液面又要略低于滤纸边缘，以防固体混入滤液；

③“三靠”是过滤时，盛有待过滤液的烧杯嘴要和玻璃棒相靠，液体沿玻璃棒流进过滤器；玻璃棒末端和滤纸三层部分相靠；漏斗下端的斜口与用来装盛滤液的烧杯内壁相靠；以使过滤后的清液成细流沿漏斗颈和烧杯内壁流入烧杯中。

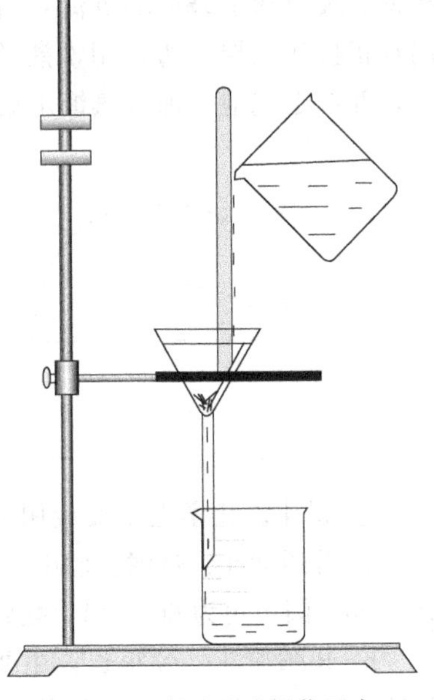

图 5-30 常压过滤操作要点

5.7.2.2 减压过滤

减压过滤又称抽滤、吸滤，适用于颗粒较小的沉淀，其是利用抽气泵或真空泵将抽滤瓶中的空气抽走而产生负压，加快过滤速度以达到固液分离的目的的。其装置由布氏漏斗、抽滤瓶、胶管、真空泵、滤纸等组装而成。

（1）所需仪器

所需仪器为布氏漏斗、抽滤瓶、胶管、真空泵、滤纸等。

① 布氏漏斗，由化学家 Ernst Büchner 于 1907 年发明，瓷质，扁圆筒状，圆筒底面瓷板上开有很多小孔，下连一个狭长的筒状出口（图 5-31）。其规格很多，大小不等，常用的规格有 60mm、80mm、100mm、120mm、150mm、200mm、250mm、300mm 等。

② 抽滤瓶，又叫布氏烧瓶（Büchner Flask）(图 5-31)，常和布氏漏斗配套使用。形状类似锥形瓶，但与锥形瓶有两点不同，一是在抽滤瓶的管口处多开了一个侧向的连接口，与真空泵连接；二是抽滤瓶的壁比锥形瓶的要厚，主要是为了抗衡真空造成的负气压。

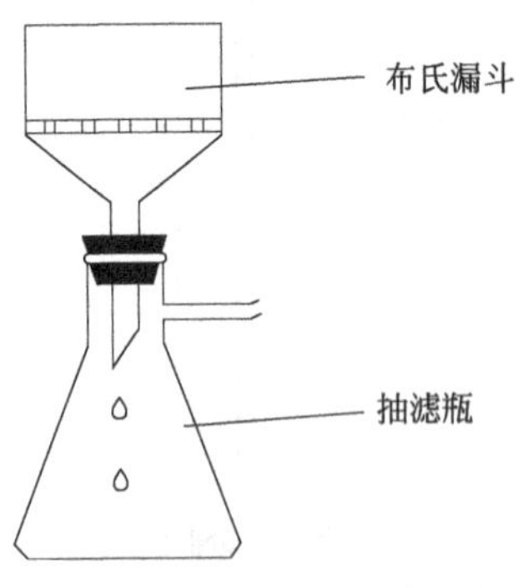

图 5-31 布氏漏斗和抽滤瓶

③ 循环水式真空泵，采用射流技术产生负压，以循环水作为工作流体，是新型的真空

抽气泵（图 5-32）。面板上有开关、指示灯、真空度指示表，真空吸头Ⅰ、Ⅱ（可供两套过滤装置使用）。后板上有进出水的下口、上口，循环冷凝水的进水口、出水口。

图 5-32 循环水式真空泵

使用前，先打开台面加水，或将进水管与水龙头连接，加水至进水管上口的下沿，真空吸头处装上橡皮管。将橡皮管连接到吸滤瓶支管上，打开开关，指示灯亮，真空泵开始工作。过滤结束时，先缓缓拔掉吸滤瓶上的橡皮管，再关开关，以防倒吸。

（2）操作要点

① 选择合适的滤纸。滤纸比漏斗内径略小，但又能把全部瓷孔盖住。如滤纸过大，滤纸的边缘不能紧贴漏斗而产生缝隙，过滤时沉淀穿过缝隙，造成沉淀与溶液不能分离；空气穿过缝隙，吸滤瓶内不能产生负压，使过滤速度慢，沉淀抽不干。若滤纸过小，不能盖住所有的瓷孔，则不能过滤。因此选裁一张合适的滤纸是减压过滤成功的关键。

② 贴紧滤纸。将滤纸平整地放在漏斗内，用少量水润湿，再用干净的手或玻璃棒轻压滤纸除去缝隙，使滤纸贴在漏斗上。将漏斗插入抽滤瓶内，塞紧塞子。注意漏斗尖端的斜口应对着抽滤瓶侧面的支管（图 5-31）。打开循环水式真空泵的开关，接上橡皮管，滤纸便紧贴在漏斗底部。

③ 倒入固液混合物，进行抽滤。转移溶液时，用玻璃棒引流，倒入溶液的量不要超过漏斗总容量的 2/3。先用玻璃棒将晶体转移至烧杯或蒸发皿的底部，再尽量转移到漏斗中。如转移不干净，可加入滤瓶中的少量滤液，一边搅动，一边倾倒，让滤液带出晶体，继续抽吸直至晶体干燥。

④ 过滤结束，先拔抽滤瓶接管，后关真空泵开关。

⑤ 转移晶体。取晶体时，用玻璃棒掀起滤纸的一角，用手取下滤纸，连同晶体放在称量纸上，检查漏斗，如漏斗内有晶体，则尽量转移出。如盛放晶体的称量纸较湿，则用滤纸压在上面吸干，或转移到两张滤纸中间压干。如称量纸过湿，则重新过滤，抽吸干燥。

⑥ 转移滤液。将抽滤瓶侧面的支管朝上，从瓶口倒出滤液。如支管朝下或在水平位置，则转移滤液时，部分滤液会从支管处流出而损失。注意：支管只用于连接橡皮管，不是溶液出口。

⑦ 洗涤晶体。若要洗涤晶体，则在晶体抽吸干燥后，拔掉橡皮管，加入洗涤液润湿晶体，再接真空泵橡皮管，让洗涤液慢慢透过全部晶体。最后接上橡皮管抽吸干燥。如需洗涤

多次，则重复以上操作，直至达到要求。

5.7.2.3 热过滤

如果溶液在温度下降时容易析出大量晶体，而人们又不希望它在过滤过程中留在滤纸上，这时就要进行热过滤。热过滤，与趁热过滤有一定的区别。趁热过滤指对温度较高的固液混合物直接使用常规过滤操作进行过滤；热过滤指使用区别于常规过滤的仪器，保持固液混合物温度在一定范围内的过滤过程。采用热过滤法，即将短颈玻璃漏斗放置于铜质的热滤漏斗内，热漏斗内装有热水以维持溶液的温度。内部的玻璃漏斗的颈部要尽量短，以免过滤时溶液在漏斗颈内停留过久，散热降温，析出晶体而堵塞装置。

5.7.3 离心分离法

离心分离是指借助离心力的作用将液体与固体颗粒分离开来的方法，当被分离的固体的量很小时，可把固体沉淀和溶液放在离心管内（注意其与普通试管的区别），将离心管插到电动离心机（图 5-33）中进行离心分离。

图 5-33　电动离心机

5.7.3.1 电动离心机的正确使用

① 离心管要对称放置：将盛有沉淀的、质量近似相等的两根离心管对称放入离心机的试管套内，如管为单数不对称，应再加一管装相同质量的水调整对称；

② 盖上离心机的盖子，确保工作安全；

③ 设置转速和时间；

④ 按下 start，离心机开始启动并逐渐加速，当发现声音不正常时，要停机检查，排除故障（如离心管不对称，质量不等，离心机未水平放置或螺帽松动等）后再工作；

⑤ 到达离心时间后，离心机开始逐渐减速，直至自动停止，此时不要用手强制停止（离心机未完全停止转动时，不要强行打开离心机的盖子）；

⑥ 离心机的套管要保持清洁，管底应垫上橡皮、玻璃毛或泡沫塑料等物，以免试管破碎。

5.7.3.2 使用注意事项

① 不要用普通试管代替离心管；

② 离心管内的溶液量不得超过其体积的 1/2；

③ 启动离心机时不能过猛，也不能强制停止（切忌“快开强停”）；

④ 离心机转速一般保持在中速（3000r/min 以内）；

⑤ 先停机，再开盖。

5.8 蒸发与结晶

(Evaporation and Crystallization)

蒸发是指物质从液态转化为气态的相变过程，结晶是指物质从液态（溶液或熔融状态）或气态形成晶体的过程。在化学中，蒸发就是用加热的方法减少溶液中的水分，使溶质从溶液中析出的操作，加热蒸发又叫浓缩。结晶是指溶液中的溶质达到过饱和而析出晶体的过程。在化学中，蒸发和结晶经常是在一起的，因为蒸发的目的就是让溶液中的溶剂挥发出来，从而使溶液中某种溶质达到过饱和，促使其形成晶体而析出。

5.8.1 蒸发

蒸发，化工领域的重要操作之一，使用的主要仪器是蒸发皿，因为它的表面积较大，有利于水分的蒸发。蒸发的操作方法是：将经过过滤除掉了不溶性杂质的溶液倒入蒸发皿中，根据需要可用直接加热（图 5-34）或水浴加热（图 5-35）等，使溶剂水不断蒸发，溶质晶体析出。

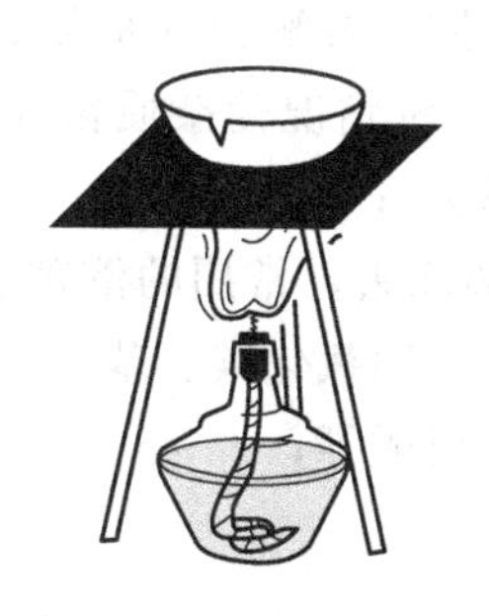

图 5-34 直接加热

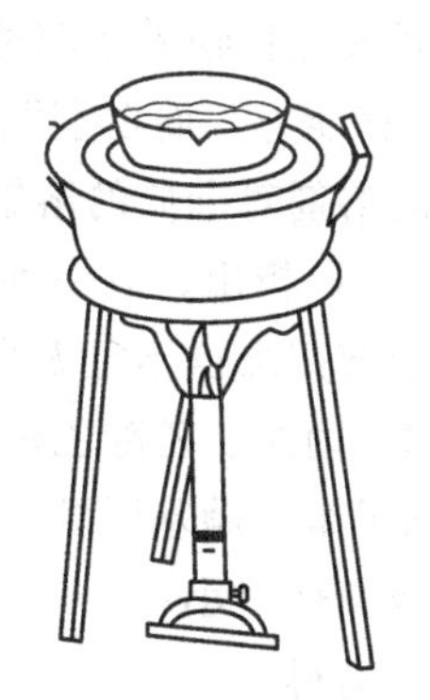

图 5-35 水浴加热

蒸发操作注意事项：

① 蒸发皿一般应放在石棉网上隔火加热；

② 用蒸发皿进行蒸发的液体必须是水溶液，不能蒸发有机溶剂；

③ 注入蒸发皿中的溶液不得超过蒸发皿总容积的 2/3，否则加热时溶液容易溅出；

④ 当溶液中溶质的溶解度大时，应加热至溶液表面有晶膜出现再停止加热；当溶质的溶解度较小或高温溶解度较大而室温溶解度较小时，则不需要蒸至液面出现晶膜即可冷却；

⑤ 蒸发结束后，蒸发皿应自然冷却，不能骤冷，以防炸裂。

5.8.2 结晶

结晶是制备纯物质的有效方法。结晶过程具体来说就是将过饱和溶液冷却、蒸发，或投入晶种使溶质结晶析出。析出晶体的颗粒大小及纯度与冷却速度有关。

① 迅速冷却热溶液或进行搅动时，得到的是纯度较高的细小晶体。有时溶液已达过饱和状态，仍无晶体析出，在这种情况下，可以往溶液中加入一小粒晶体作为“种子”，来促进晶体的生成。摇动容器或用玻璃棒摩擦容器壁，也可达到同样效果。

② 将溶液慢慢冷却或静置，可以得到晶形规则、颗粒较大的晶体，但晶体的纯度不高，这是因为大颗粒晶体的间隙中可能包有母液或别的杂质。

5.8.3 重结晶

重结晶是提纯物质（晶体）的一种方法。一般，第一次结晶所得到晶体的纯度往往不符合要求，需要进行纯制。重结晶就是用少量溶剂使含有杂质的晶体溶解，然后再进行蒸发和结晶的过程。

重结晶利用被提纯物质与杂质在溶剂中溶解度不同的原理，当一种物质（被提纯物质或杂质）还在溶液中时，另一种物质已从溶液中析出，从而达到两者分离的目的。由此可见，进行重结晶时选择合适的溶剂至关重要，是关系到纯化质量和回收率的关键。选择溶剂时应注意以下几个问题：

① 溶剂应不与被纯化物质起化学反应，例如醇类化合物不宜用作酯类化合物重结晶的溶剂，也不宜用作氨基酸盐酸盐重结晶的溶剂；

② 溶剂对被纯化物质溶解度的温度敏感性高，选择的溶剂对被纯化物质在较高温度时具有较大的溶解能力，而在室温或更低的温度时对被纯化物质的溶解能力大大减小；

③ 选择的溶剂对杂质的溶解能力非常大或非常小（前一种情况使杂质留在母液中，不随被纯化晶体一同析出；后一种情况使杂质在热过滤时被滤去）；

④ 选择的溶剂沸点不宜太高，应易蒸发，易与晶体分离除去，常用的溶剂有水、甲醇、乙醇、异丙醇、丙酮、乙酸乙酯、氯仿、冰醋酸、二氧六环、四氯化碳、苯、石油醚等，此外也经常用到甲苯、硝基甲烷、乙醚、二甲基甲酰胺、二甲亚砜等；

⑤ 无毒或毒性很小；

⑥ 廉价、易得。

5.9 滴定

(Titration)

滴定管是滴定时可以准确测量滴定剂消耗体积的玻璃仪器，它是一根具有精密刻度、内径均匀的细长玻璃管，可连续地根据需要放出不同体积的液体，并能够通过它准确读出液体体积。

滴定管总体积最小为 1mL，最大为 100mL，常量分析用的滴定管容积为 25mL 和 50mL，最小刻度为 0.1mL，读数可估计到 0.01mL，一般读数误差为±0.02mL。另外，还有容积为 1mL、2mL、5mL 和 10mL 的微量滴定管。

滴定管分为具塞和无塞两种，也就是习惯上所说的酸式滴定管和碱式滴定管。酸式滴定管又称具塞滴定管[图 5-36(a)]，它的下端有玻璃旋塞开关，用来装酸性、中性与氧化性溶液，但不宜装碱性溶液（如 NaOH 等），因为碱性溶液能腐蚀玻璃，时间久了，旋塞便无法转动。

碱式滴定管又称无塞滴定管[图 5-36(b)]，下端连接一个软乳胶管，内放一个玻璃珠，用来控制溶液的流速，乳胶管下端再连一个尖端玻璃管。其一般用来装碱性溶液及无氧化性的溶液，凡是能与乳胶管起反应的溶液（如 $KMnO_4$、I_2 和 $AgNO_3$ 等）都不能装入碱式滴定管。

5.9.1 使用前的准备

洗涤──→检漏及涂凡士林──→润洗──→装液──→排气泡──→读数。

5.9.1.1 洗涤（自来水──→洗液──→自来水──→蒸馏水）

根据滴定管的沾污程度，可采用不同的洗涤方法。当滴定管没有被明显污染时，可以直接用自来水冲洗，或用滴定管刷蘸上肥皂水或洗涤剂刷洗，不能用去污粉，如果用肥皂水或洗涤剂不能洗干净，则可用铬酸洗液（5～10mL）清洗。

（1）洗涤酸式滴定管

预先关闭旋塞，倒入洗液后，一手拿住滴定管上端无刻度部分，另一手拿住旋塞上部无刻度部分，边转动边将滴定管放平，使洗液流经全管内壁（图 5-37），洗净后将一部分洗液从管口放回原洗液瓶，然后将滴定管竖起，打开旋塞使洗液从下端放回原瓶，必要时可加满洗液进行浸泡。

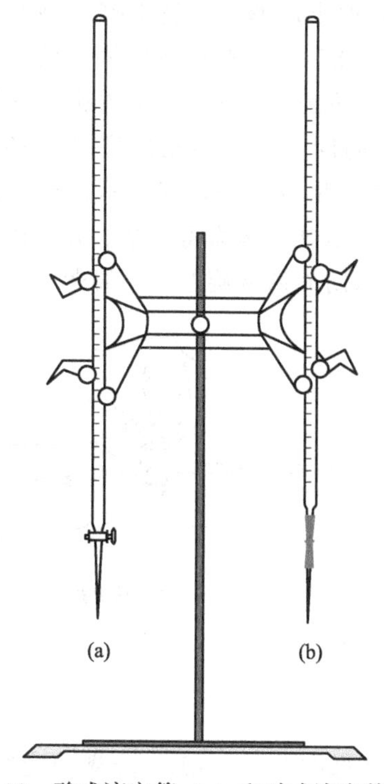

图 5-36 酸式滴定管（a）和碱式滴定管（b）

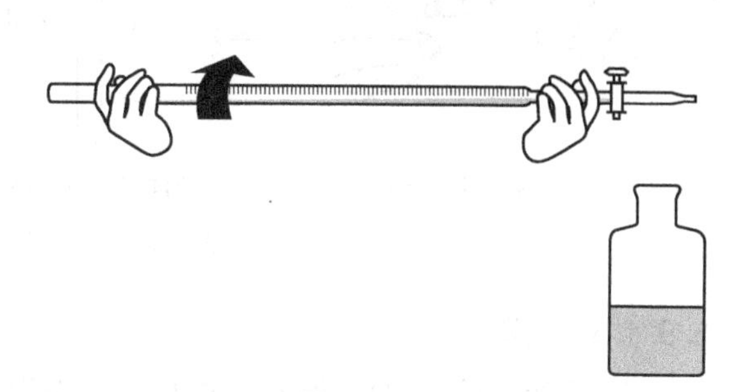

图 5-37 滴定管的洗涤操作

（2）洗涤碱式滴定管

先去掉下端的乳胶管和细嘴玻璃管，然后用塑料胶头堵塞碱式滴定管下口进行洗涤。洗涤方法同酸式滴定管。

无论是酸式滴定管还是碱式滴定管，无论用哪种方法洗涤后都需用自来水清洗干净，再用蒸馏水荡洗3次（每次10mL蒸馏水）。每次加入蒸馏水后，要边转动边将管口倾斜，使水布满全管内壁，然后将酸式滴定管竖起，打开旋塞，使水流出一部分以冲洗滴定管的下端，接着关闭旋塞，将其余的水从管口倒出。对于碱式滴定管，从下端放水时，要用拇指和食指轻轻往一边挤压玻璃球，使溶液从管口流出。然后检查滴定管是否洗净，滴定管的外壁亦应保持清洁。

5.9.1.2 检漏及涂凡士林

（1）检漏

用自来水洗涤后，应检查滴定管是否漏水。具体操作如下。

酸式滴定管：先关闭旋塞，装水至“0”线以上，直立约2min，仔细观察有无水滴滴下，然后将旋塞转180°，再直立2min，观察有无水滴滴下。如发现有漏水或旋塞转动不灵活的现象，则需将旋塞拆下重涂凡士林。

碱式滴定管：滴定前应检查乳胶管是否老化、变质，检查玻璃珠大小是否适当。玻璃珠过大，则不便操作；过小，则会漏液，如不符合要求，应立即更换。还应将碱式滴定管装水，直立2min，观察是否漏水。如发现漏水，则需要更换玻璃珠和乳胶管。

（2）涂凡士林

具体操作如图5-38所示：把滴定管平放在桌面上，取下旋塞，用滤纸擦干旋塞和旋塞槽内壁，用手指取少量凡士林，擦在旋塞粗的一端[图5-38(a)]，然后在旋塞孔的两边沿圆周涂一薄层（凡士林不宜涂得太多，尤其在孔的两边，以免堵塞小孔）；接着把旋塞插入槽中，插入时旋塞孔应与滴定管平行[图5-38(b)]；最后向同一方向转动旋塞[图5-38(c)]，直到从外面观察时全部呈现透明。如果发现旋转不灵活或出现纹路，则表示凡士林涂得不够；如果有凡士林从旋塞缝隙溢出或被挤入旋塞孔，则表示凡士林涂得太多。凡出现上述情况，都必须重新涂凡士林。旋塞装好后套上小橡皮圈，以防旋塞从旋塞套中脱落。

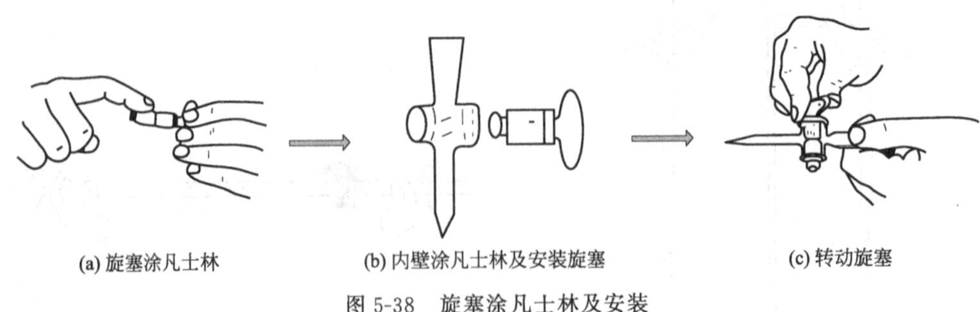

(a) 旋塞涂凡士林　(b) 内壁涂凡士林及安装旋塞　(c) 转动旋塞

图5-38　旋塞涂凡士林及安装

5.9.1.3 润洗

为保证滴定管内的溶液不被稀释，应先用待装液（每次5～10mL）洗涤滴定管3次，其洗涤方法同蒸馏水荡洗，第一次润洗后，大部分润洗液由上口倒出；第二、三次润洗后溶液可从管尖放出。

5.9.1.4 装液

先将试剂瓶中的溶液摇匀，然后左手前三指持滴定管上部无刻度处，使滴定管倾斜，右手拿住试剂瓶的颈部往滴定管中倒溶液［不得用其他容器（如烧杯、漏斗等）来转移］，直至零刻度线以上。

5.9.1.5 排气泡

将待装溶液装入滴定管后，如下端留有气泡或有未充满的部分，就需要排气泡。

（1）酸式滴定管排气泡

右手拿住滴定管上部无刻度处，将滴定管倾斜 30°，左手迅速打开旋塞使溶液快速冲出（下接一个烧杯），将气泡带走，使溶液布满滴定管下端。

（2）碱式滴定管排气泡

碱式滴定管的气泡一般在乳胶管和出口玻璃管内存留，对着光检查时很容易看出。排出气泡时，将滴定管装满溶液，右手拿住滴定管上端无刻度处，并使管身倾斜，左手拇指和食指拿住乳胶管玻璃珠部位，并使乳胶管向上弯曲；然后在玻璃珠部位往一旁轻轻捏乳胶管，使溶液从管尖喷出（图 5-39），接着一边继续挤压乳胶管，一边把乳胶管慢慢放直，等到乳胶管放直后，再轻轻松开拇指和食指，否则末端仍会有气泡；最后，用干净的滤纸片将滴定管外壁擦干。

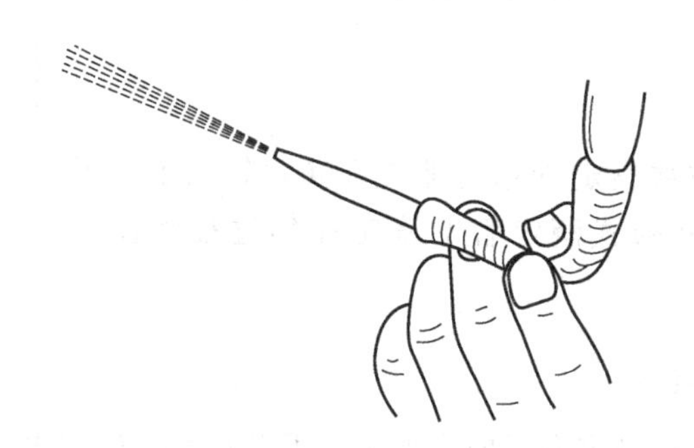

图 5-39 碱式滴定管排气泡

5.9.1.6 读数

为便于准确读数，在滴定管装满或放出溶液后，必须等 1 ～2min，以使附着在内壁的溶液流下来。读数时应遵循下列原则。

① 读数时应将滴定管竖直地夹在滴定管架上，或用右手大拇指和食指拿住滴定管上部无刻度处让其自然下垂，否则会造成读数误差。

② 将一小烧杯放在滴定管下，按操作法（见滴定操作部分），使液面缓慢下降，调整液面与零刻度线相平，等 1～2min 后再检查液面有无改变，如果没有改变，则记下读数，作为滴定管的“初读 0.00mL”（滴定管最好是在零或接近零的任一刻度开始，并且每次都从上端开始，以消除因上下刻度不匀所造成的误差）。另外，读数时要估读一位，保留两位小数。

③ 无色或浅色溶液的弯月面比较清晰，读数时，视线应与弯月面下缘线最低点水平相切[图 5-40(a)]，读弯月面下缘实线的最低点；有色或深色溶液（如 $KMnO_4$、I_2 等），其弯月面不够清晰，读数时视线应与液面两侧的最高点相切[图 5-40(b)]。

④ 用“蓝带”滴定管滴定无色溶液时，滴定管上有两个弯月面，并且相交于蓝线的中线处，读数时即读交点的刻度；如为有色溶液，则仍读液面两侧最高点的刻度[图 5-40(c)]。

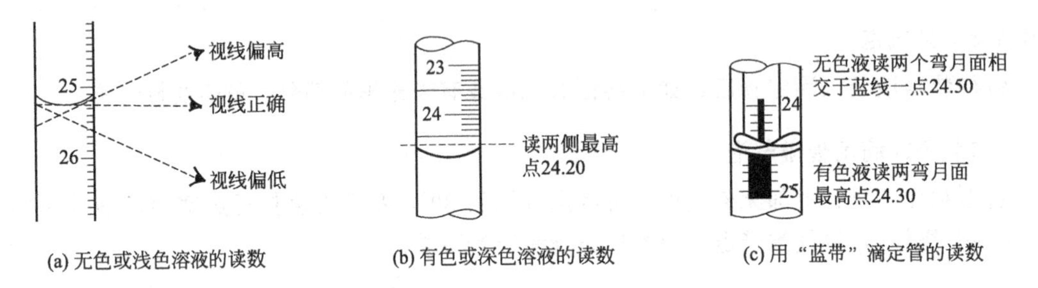

图 5-40 滴定管的读数

⑤ 为了帮助人们准确读出弯月面下缘的刻度，可在滴定管后面衬一张黑白两色的读数卡，读数卡就是贴有黑纸或涂有黑色长方形（约 3cm×1.5cm）的白纸板。读数时，将读数卡放在滴定管背后，使黑色部分在弯月面下约 1mm 处，弯月面的反射层全部为黑色，然后读取弯月面下缘的最低点。对有色溶液，读其两侧最高点时，需用白色卡作为背景（图 5-41）。

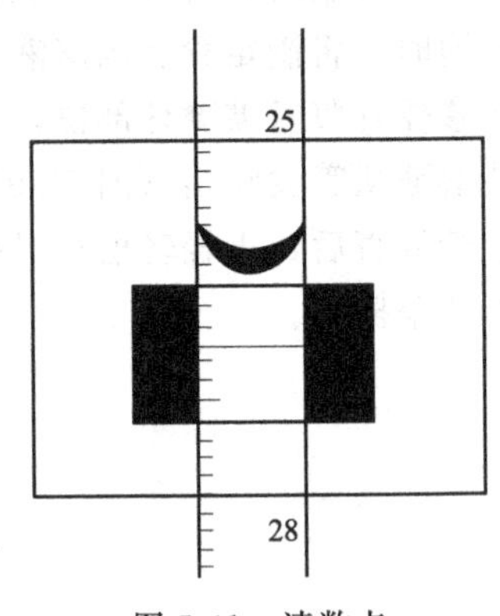

图 5-41 读数卡

5.9.2 滴定操作

进行滴定操作时，应将滴定管垂直地夹在滴定管架上。下面详细介绍酸式滴定管和碱式滴定管的滴定操作过程和注意事项。

5.9.2.1 酸式滴定管的操作

将旋塞柄向右，左手从滴定管后向右伸出，无名指和小指向手心弯曲，轻轻地贴着出口管，拇指在滴定管前，食指及中指在滴定管后，三指平行地拿住旋塞柄，轻轻转动旋塞（图 5-42）。注意：不要向外用力，以免推出旋塞；同时也不能过分往里扣，以免造成旋塞转动困难，不能自如操作。

5.9.2.2 碱式滴定管的操作

左手拇指在前，食指在后，无名指和小指夹住出口管，拇指和食指捏住乳胶管中玻璃珠的上方，使其与玻璃珠之间形成一条缝隙，溶液即可流出（图 5-43）。注意：不要捏玻璃珠下方的乳胶管，也不可使玻璃珠上下移动，否则空气进入形成气泡；停止滴加时，应先松开拇指和食指，最后才松开无名指和小指。

5.9.2.3 锥形瓶的操作

滴定操作可在锥形瓶或烧杯内进行。在锥形瓶中进行滴定时，用右手的拇指、食指和中指拿住瓶颈，其余两指辅助在下侧，使瓶底离滴定台2～3cm，滴定管下端深入瓶口内约1cm。左手控制滴定速度，右手运用腕力顺时针方向摇动锥形瓶，边滴加边摇动（图5-44）。

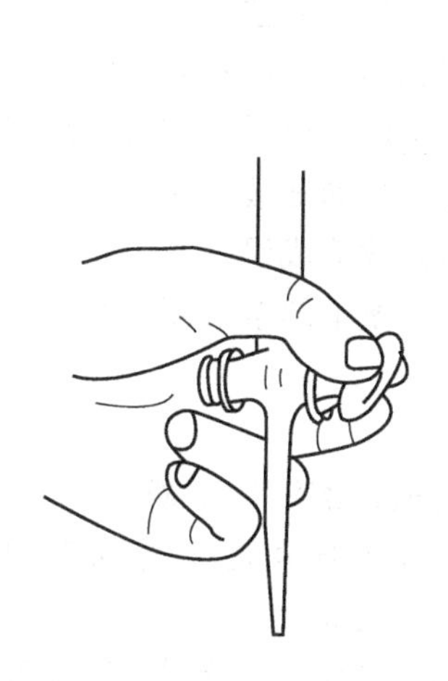

图5-42 酸式滴定管的操作

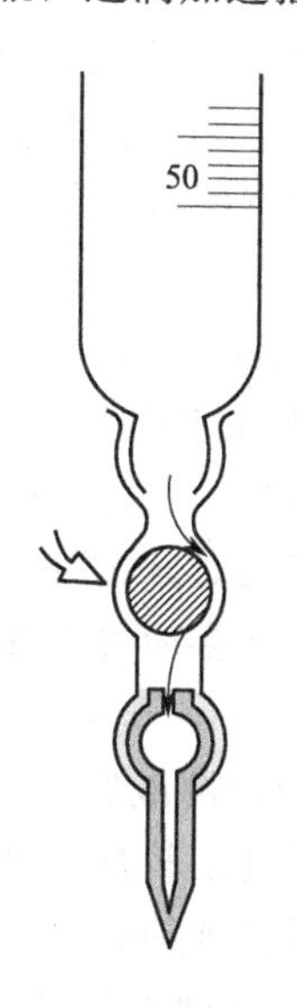

图5-43 碱式滴定管的操作

图5-44 边滴加边摇动锥形瓶

5.9.3 滴定操作的注意事项

① 滴定时，最好每次都从0.00mL开始，或从0.00mL附近的某一固定刻度开始，这样可减小误差。

② 滴定时，左手不能离开旋塞任溶液自流。

③ 摇瓶时，应转动腕关节，使溶液沿顺时针方向做圆周运动。不能前后振动，以免溶液溅出。摇动还要有一定的速度，一定要使溶液旋转出现一个漩涡，不能摇得太慢，以免影响化学反应的进行。

④ 滴定时，注意观察滴落点周围颜色的变化，而不是去看滴定管中溶液对应刻度的变化。

⑤ 滴定速度控制方面

a. 连续滴加：开始可稍快，呈“见滴成线”，即每秒 3～4 滴左右。注意不能滴成“水线”。

b. 间隔滴加：接近终点时，应改为一滴一滴地加入，即加一滴摇几下，再加再摇。

c. 半滴滴加：最后是每加半滴，摇几下锥形瓶，直至溶液出现明显的颜色，最后使一滴悬而不落，沿器壁流入瓶内，用蒸馏水冲洗瓶颈内壁后，再充分摇匀。

⑥ 加半滴溶液的方法：用酸式滴定管滴加半滴溶液时，应微微转动旋塞，使溶液悬挂在出口管嘴上，形成半滴，用锥形瓶内壁将其沾落，再用洗瓶以少量蒸馏水吹洗瓶壁。用碱式滴定管滴加半滴溶液时，应先松开拇指和食指，将悬挂的半滴溶液沾在锥形瓶内壁上，再放开无名指与小指。这样可以避免出口管尖出现气泡，给读数造成误差。

滴入半滴溶液时，也可采用倾斜锥形瓶的方法，将附于壁上的溶液涮至瓶中，这样可以避免因吹洗次数太多而过度稀释被滴物。

⑦ 读数

a. 装满或放出溶液后，必须等 1～2min，使附着在内壁的溶液流下来后，再进行读数。如果放出溶液的速度较慢（例如滴定到最后阶段，每次只加半滴溶液），等 0.5～1min 即可读数。每次读数前要检查一下管壁是否挂水珠，管尖是否有气泡。

b. 必须读到小数点后第二位，即要求估读到 0.01mL。注意，估读时，应该考虑到刻度线本身的宽度。

c. 读取初读数前，应将管尖悬挂着的溶液除去。滴定至终点时应立即关闭旋塞，并注意不要使滴定管中的溶液有少许流出，否则终读数便包括流出的半滴液。因此，在读取终读数前，应注意检查出口管尖处是否悬挂溶液，如有，则此次读数不能用。

⑧ 滴定结束后，应弃去滴定管内剩余的溶液，不得将其倒回原瓶，以免沾污整瓶操作溶液。随即洗净滴定管，并用蒸馏水充满全管，备用。

5.10 常见试纸

(Common Test Paper)

5.10.1 常见试纸的种类

无机及分析化学实验中常用的试纸包括 pH 试纸、石蕊试纸、酚酞试纸、淀粉-碘化钾试纸、醋酸铅试纸等。

5.10.1.1 pH 试纸

pH 试纸包括广泛 pH 试纸和精密 pH 试纸两类，用来检验溶液的 pH。

广泛 pH 试纸的变色范围是 pH=1～14，用于粗略测定溶液的 pH（准确度为 1）。精密 pH 试纸可以较精确地测定溶液的 pH，根据其变色范围可分为多种。如 pH=3.8～5.4 和 pH=8.2～10 等。

根据待测溶液的酸碱性，选用处于某一变色范围的试纸。

5.10.1.2 石蕊试纸

用石蕊试纸检验溶液酸碱性是最古老的方式之一，石蕊试纸分为红色和蓝色两种。碱性溶液使红色石蕊试纸变蓝，因此红色石蕊试纸常用来检验碱性的溶液或气体；酸性溶液使蓝色石蕊试纸变红，因此蓝色石蕊试纸常用于检验酸性的溶液或气体。

a. 红色石蕊试纸的制备方法：用 50 份热的乙醇溶液浸泡 1 份石蕊 24h，倾去浸出液，按 1 份存留石蕊加 6 份水的比例煮沸，并不断搅拌，片刻后静置 24h，滤去不溶物得紫色石蕊溶液，若溶液颜色不够深，则需加热浓缩，然后向此石蕊溶液中滴加 $0.05mol \cdot L^{-1}$ H_2SO_4 溶液至刚呈红色，然后将滤纸浸入，充分浸透后取出，在避光、干燥、无酸碱蒸气的环境中晾干即成。

b. 蓝色石蕊试纸的制备方法：用与上述相同的方法制得紫色石蕊溶液，然后向其中滴加 $0.1mol \cdot L^{-1}$ NaOH 溶液至刚呈蓝色，然后将滤纸浸入，充分浸透后取出，用与上述相同的方法晾干即成。

c. 保存方法：在干燥、洁净的广口瓶里，用洁净的镊子夹取试纸，用完后盖严广口瓶。

5.10.1.3 酚酞试纸

酚酞试纸为白色，润湿的酚酞试纸遇氨气变红，因此酚酞试纸的主要作用是检测氨气（NH_3）。

配制方法：将 1.0g 酚酞溶于 100mL 95%的乙醇中，边振荡边加入 100mL 水配制成溶液，然后将滤纸浸在其中，浸透后在洁净、干燥的空气中晾干即可。

5.10.1.4 淀粉-碘化钾试纸

淀粉-碘化钾试纸是由滤纸浸入含有碘化钾的淀粉溶液中经晾干而成的白色试纸，用来检验氧化性、还原性气体（如 Cl_2、Br_2 等）。当氧化性气体遇到润湿的淀粉-碘化钾试纸后，试纸上的 I^- 被氧化成 I_2，I_2 立即与试纸上的淀粉作用变成蓝色；如气体的氧化性很强，而且浓度大时，还可以进一步将 I_2 氧化成 IO_3^-，使试纸的蓝色褪去。使用时须仔细观察试纸颜色的变化，否则会得出错误的结论。

制备方法：称取 1.0g 淀粉溶于 200g 水中，加热煮沸 3min，待溶液冷却至 30～40℃时，加入 1.0g 碘化钾，搅拌均匀，就制成淀粉-碘化钾溶液；将滤纸剪成长 5cm、宽 2.5cm 的纸条，浸入淀粉-碘化钾溶液半分钟后取出，在 45℃的烘箱中烘干，用订书钉将烘干的纸条订起来，就可以制得淀粉-碘化钾试纸。

5.10.1.5 醋酸铅试纸

醋酸铅试纸用来定性检验 H_2S 气体或溶液中的 S^{2-}。当含有 S^{2-} 的溶液被酸化时，逸出的 H_2S 气体遇到润湿的醋酸铅试纸后，即与试纸上的醋酸铅反应，生成褐色的 PbS 沉淀，使试纸呈褐黑色，并有金属光泽。当溶液中 S^{2-} 浓度较小时，则不易被检出。

制备方法：将滤纸浸入 3%的醋酸铅溶液中，浸透后取出，在无 H_2S 的环境中晾干。

5.10.2 常见试纸的使用方法

① 用试纸检验气体性质：将试纸用蒸馏水润湿后粘在玻璃棒的一端，然后将试纸靠近气体（导管口或集气瓶口附近），观察颜色变化以判断气体的性质。

② 用试纸检验溶液性质：先把一小块试纸放在表面皿或玻璃片上，用沾有待测溶液的玻璃棒点试纸的中部，观察颜色变化以判断溶液的性质。

③ 用 pH 试纸测溶液的 pH：先把一小块试纸放在表面皿或玻璃片上，用沾有待测溶液的玻璃棒点试纸的中部，待其变色后，与标准比色卡对照，读出 pH。

5.11 pH 计的使用

(Useage of pH Meter)

pH 计又叫酸度计，是测定溶液 pH 的常用仪器。一对电极在不同 pH 溶液中产生不同的直流电动势（mV），其中一支电极是参比电极，其电极电位与被测溶液的 pH 无关；另一支电极为指示电极，其电极电位随着被测溶液 pH 的变化而变化。酸度计是把测得的电动势用 pH 表示出来，因而通过酸度计可以直接读出溶液的 pH。

酸度计的型号很多，但基本原理、操作步骤大致相同。现以 pHS-2C 型数字酸度计和梅特勒 pH 计为例来说明其使用方法和注意事项。

5.11.1 pHS-2C 型数字酸度计

pHS-2C 型数字酸度计以甘汞电极为参比电极（图 5-45）、玻璃电极为指示电极（图 5-46），对被测溶液中氢离子浓度（实际应为活度）产生的不同直流电动势进行 pH 换算，通过前置放大器输入到 A/D 转换器，以达到直读 pH 的目的。仪器除用于测定水溶液的 pH 外，也可用于测量各种电池的电动势及电极电势。仪器操作简便，数字清晰、直观。

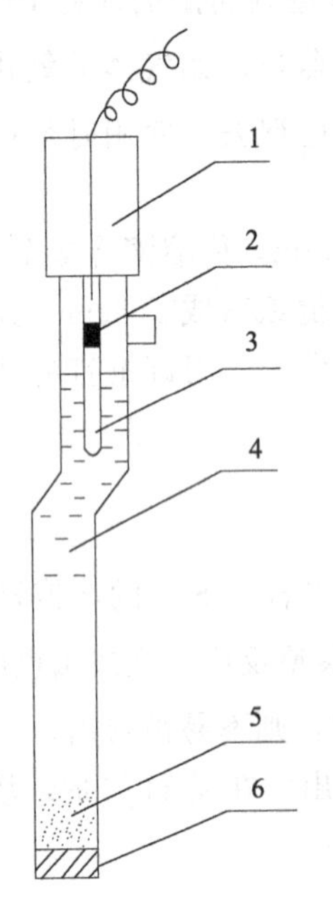

图 5-45 甘汞电极

1—导线；2—Hg；3—$Hg+Hg_2Cl_2$；4—KCl 饱和溶液；5—KCl 晶体；6—素瓷塞

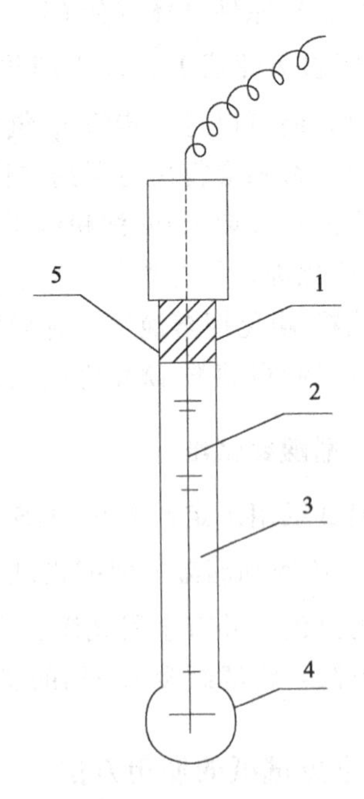

图 5-46 玻璃电极

1—玻璃管；2—铂丝；3—缓冲溶液；4—玻璃膜；5—Ag+AgCl

（1） pH 的测定

① 电极准备：在使用前，玻璃电极要提前 24h 浸泡在去离子水或蒸馏水中。

② 开机：打开仪器电源开关，显示屏即有显示。

③ 选择：把 pH-mV 测量选择开关扳到 pH 挡，预热 10min。

④ 清洗电极并吸干：将电极从塑料套管中取出，并放好套管（注意：KCl 溶液不要倾洒），用去离子水或蒸馏水冲洗电极，并用滤纸条吸干。

⑤ 标定：将电极插入 pH=6.86 的标准缓冲溶液中，稍加振荡；调节温度补偿器至与被测液温度相同，调节定位调节器使所显示的 pH 与该标准缓冲溶液在此温度下的 pH 相同；然后将电极从 pH=6.86 的标准缓冲溶液中取出，用去离子水冲洗并用滤纸条吸干，插入 pH=4.00 的标准缓冲溶液中，稍加摇动，调节“斜率”旋钮，使仪器显示的 pH 与该标准缓冲溶液在该温度下的 pH 相同，经过以上过程，仪器的标定即可完成。经过标定的仪器其定位、斜率不应再有任何变动。

⑥ 测量：将电极从标准缓冲溶液中取出洗净、吸干，插入被测溶液中，稍加振荡，待读数稳定后，仪器上显示的 pH 即被测液的 pH。

（2）原电池电动势的测定

pH 计还可以用来测量原电池的电动势，步骤如下。

① 开机：接通电源，打开电源开关，预热 10min。

② 选择：把 pH-mV 测量选择开关扳到 mV 挡，此时温度补偿旋钮和定位旋钮均不起作用。

③ 连接电极：接上各种适当的离子选择电极或电极转换器，如氟离子选择性电极。

④ 用去离子水清洗电极并用滤纸条吸干。

⑤ 把电极插在被测液内，即可读出该离子选择电极或电池的电极电势（电池电动势）。

5.11.2 梅特勒 pH 计

（1）开机

短按“退出”键，开启电源。

（2）设置

① 按“模式”键，选择 pH 模式（数字右上角显示）。

② 长按“读数”键，选择自动模式（出现$\sqrt{A}$）。

③ 按“设置”键，通过∧∨调温度，按“读数”键确认（此电极自带温度传感器，不用手动调）。

④ 按“设置”键，通过∧∨选“缓冲液套系”（1～4），右下角闪烁的数字即当前所处的套系，此处选“4”，按“读数”键确认。

（3）校准——两点校准法

① 将复合电极用去离子水冲洗干净，接着用滤纸条吸干水分，插入第一个缓冲液中，让电极头部浸入溶液中。

② 按“校准”键（右下角数字为“1”，表示第一点标定），待 pH 数字稳定即小数点不

闪烁（出现$\sqrt{A}$）后，再按“校准”键，第一点标定完成。

③ 取出电极，用去离子水冲洗干净，接着用滤纸条吸干水分，插入第二个缓冲液中，让电极头部浸入溶液中。

④ 按“校准”键（右下角数字为“2”，表示第二点标定），待 pH 数字稳定即小数点不闪烁（出现$\sqrt{A}$）后，再按“读数”键完成标定。

（4）测量

取出电极，用去离子水冲洗干净，用滤纸条吸干水分，插入待测液中，让电极头部浸入溶液中。按“读数”键，小数点不闪烁，出现$\sqrt{A}$，即可读数。

（5）关机

长按“退出”键，关闭电源。

5.11.3 注意事项

① 仪器不用时，要拔出电极插头，关掉电源开关；

② 甘汞电极不用时，要用橡皮套将下端套住，用橡皮塞将上端小孔塞住，以防饱和 KCl 溶液流失；

③ 保护好玻璃电极，注意不要擦伤玻璃电极的玻璃泡，玻璃电极不用时，应将玻璃电极浸泡在饱和 KCl 溶液中；

④ 玻璃电极玻璃泡有裂缝或老化时，应及时更换电极；

⑤ 新玻璃电极或久置不用的玻璃电极在使用前应用去离子水或蒸馏水中浸泡 24～48h；

⑥ 电极插入溶液前，不能选扳“测量选择”至 pH；电极从溶液中取出前，应先扳“测量选择”至“0”或中间位置；

⑦ 复合电极使用后应用纯水清洗，然后放在装有保护液（饱和 KCl 溶液）的塑料套管中拧紧。

5.12 分光光度计

（Spectrophotometer）

5.12.1 仪器工作原理

分光光度计是基于物质对单色光的选择性吸收来测量物质含量的仪器。其工作原理是当一束平行的单色光通过均匀、透明的有色溶液时，一部分光被吸收，一部分光透过溶液，一部分光被容器表面反射，如图 5-47 所示。设入射光强度为 I_0，吸收光强度为 I_a，透射光强度为 I_t，反射光强度为 I_r，则：

$$I_0 = I_a + I_r + I_t$$

在光度测量中，入射光垂直地射到表面十分光滑的吸收池（比色皿）上，反射光强度 I_r 可以忽略不计。即当入射光强度一定的单色光通过溶液时，如不考虑反射光的影响，则 I_t 仅与 I_a 有关：

$$I_0=I_a+I_t$$

透射光强度 I_t 与入射光强度 I_0 的比值称为透光度（Transmittance），以 T 表示：

$$T=\frac{I_t}{I_0}$$

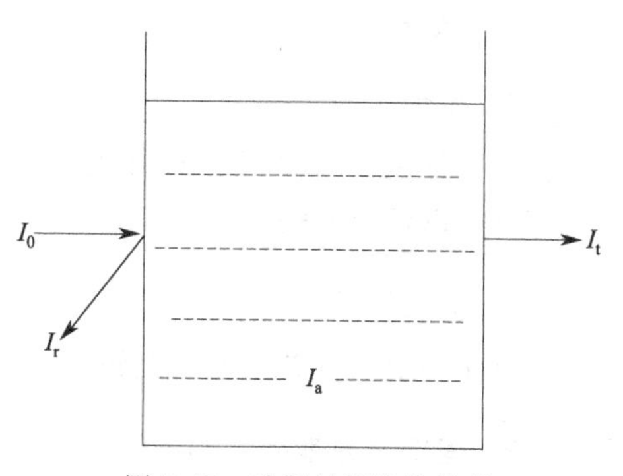

图 5-47 光通过溶液的情况

溶液的透射光强度越大，表示它对光的吸收越小；反之亦然。若 $I_t=I_0$，则 $T=1$，溶液对这束单色光完全不吸收；当 $I_t=0$ 时，则 $T=0$，溶液对这束单色光全部吸收。一般，有色溶液的透光度通常小于1，故常用百分数（$T\%$）表示，所以也把透光度称为透光率。

透光度的负对数称为吸光度（Absorptivity），符号为 A，表示物质对光的吸收程度。即：

$$A=\lg\frac{1}{T}=-\lg T=\lg\frac{I_0}{I_t}=\varepsilon cb$$

溶液的吸光度与吸光物质浓度和液层厚度的乘积成正比。式中，ε 为摩尔吸光系数，$L\cdot mol^{-1}\cdot cm^{-1}$，它表示摩尔浓度为 $1mol\cdot L^{-1}$、液层厚度为1cm时溶液的吸光度；c 为溶液浓度，$mol\cdot L^{-1}$；b 称为光程距离，cm。吸光度和透光度一样，表示溶液对某一波长光线的吸收程度，而且其比透光度更直观地描述溶液的吸收程度。$A=0$，完全不吸收，A 越大吸收越多，$A=\infty$ 时，溶液对光束全部吸收。

5.12.2 722型分光光度计的使用

5.12.2.1 构造原理

722型分光光度计由光源室、单色器、吸收池、检测器及数字显示器等部件组成。光源为钨-卤素灯，波长范围为330～800nm。单色器中的色散元件为光栅，可获得波长范围狭窄的接近于一定波长的单色光。其外部结构如图5-48所示。

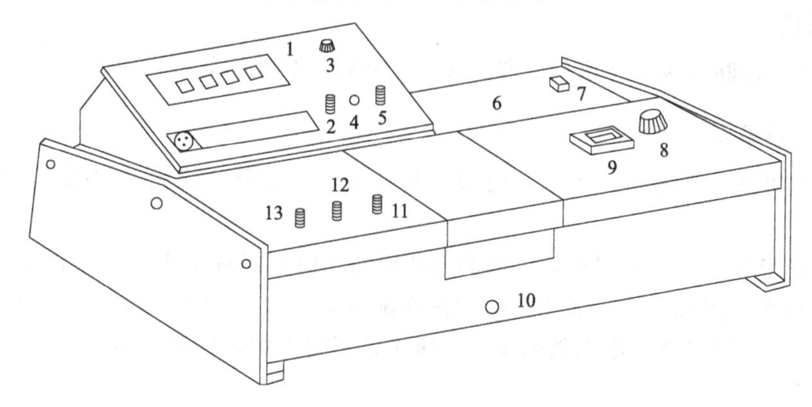

图 5-48 722型分光光度计外部结构

1—数字显示器；2—吸光度调零旋钮；3—选择开关；4—斜率电位器；5—浓度旋钮；6—光源室；7—电源开关；8—波长旋钮；9—波长刻度盘；10—样品架拉杆；11—100%T 旋钮；12—0%T 旋钮；13—灵敏度调节旋钮

5.12.2.2 使用方法

(1)预热仪器

将选择开关置于“T”，打开电源开关，先预热20min；预热仪器和不测定时应将样品室盖打开，以切断光路。

(2)选定波长

根据实验要求，转动波长旋钮，调至所需要的单色波长。

(3)固定灵敏度挡

在能使空白溶液很好地调到“100%T”的情况下，尽可能采用灵敏度较低的挡。使用时，首先调到“1”挡，灵敏度不够时再逐渐升高。但换挡改变灵敏度后，须重新校正“0%T”和“100%T”。选好的灵敏度，实验过程中不要再变动。

(4)调节 T= 0%

将黑体放入样品架的第一格内，轻轻旋动“0%T”旋钮，使数字显示为“000.0”（此时样品室是打开的）。

(5)调节 T= 100%

将盛蒸馏水或空白溶液、纯溶剂的比色皿放入样品架的第二格内，把样品室盖子轻轻盖上，拉动样品架拉杆，对准光路，调节透过率“100%T”旋钮，使数字正好显示为“100.0”。

(6)测定吸光度

将选择开关置于“A”，盖上样品室盖子，将空白溶液置于光路中，调节吸光度调零旋钮，使数字显示为“.000”。将盛有待测溶液的比色皿放入样品架的其他格内，盖上样品室盖，轻轻拉动样品架拉杆，使待测溶液进入光路，此时数字显示值即该待测溶液的吸光度值。读数后，打开样品室盖，切断光路。

(7)关机

实验完毕，切断电源，将比色皿取出洗净，并将样品架用软纸擦净。

5.12.2.3 注意事项

① 为了防止光电管疲劳，不测定时必须将样品室盖打开，使光路切断，以延长光电管的使用寿命。

② 取拿比色皿时，手指捏住比色皿的毛玻璃面，而不能碰比色皿的光学表面。

③ 比色皿不能用碱溶液或氧化性强的洗涤液洗涤，也不能用毛刷清洗。比色皿外壁附着的水或溶液应用擦镜纸或细而软的吸水纸吸干，不要擦拭，以免损伤它的光学表面。

第6章 无机化学实验

Chapter 6 Inorganic Chemistry Experiment

6.1 实验仪器清单

(List of Experimental Instruments)

实验仪器清单如表6-1所示。

表6-1 实验仪器清单

每组学生领到的仪器		
名称	规格	数量
烧杯	500mL	1个
	250mL	1个
	5～10mL	1个
量筒	10mL	1个
普通试管	10mL	3～6支
点滴板	白瓷(6孔)	1个
洗瓶	250mL	1个
蒸发皿		1个
泥三角		1个
石棉网		1个
普通漏斗		1个
酒精灯		1个
三脚架		1个
玻璃棒		1根
定性滤纸		数张
pH试纸	广泛pH试纸	数条
试管夹		1个
试管架		1个
公用仪器		
pH计、减压过滤装置、电动离心机、电子天平、恒温水浴锅、火柴等		

6.2 基本原理和物质性质实验

(Experiments on Basic Principles and Material Properties)

温习：试管、滴管、电动离心机、酸度计的相关操作和注意事项。

实验1　酸碱解离平衡与缓冲溶液

(Exp 1　Acid-base dissociation equilibrium and buffer solution)

一、实验目的

① 进一步理解和巩固酸碱解离平衡的有关概念和原理（如同离子效应、盐类的水解及其影响因素）。

② 进一步学习试管实验的基本操作。

③ 掌握缓冲溶液的配制及其 pH 的测定，加深对缓冲溶液缓冲作用的理解。

④ 学习酸度计的使用方法。

二、实验原理

1. 酸碱解离平衡

弱酸、弱碱在水溶液中发生部分解离，当解离出来的离子与未解离的分子处于平衡状态时，叫解离平衡。以 HA 表示一元弱酸：

$$HA(aq)+H_2O(l)\rightleftharpoons H_3O^+(aq)+A^-(aq)$$

简写成：$HA(aq)\rightleftharpoons H^+(aq)+A^-(aq)$，其解离平衡常数为：

$$K_a^{\ominus}(HA)=\frac{[H^+]/c^{\ominus}\cdot[A^-]/c^{\ominus}}{[HA]/c^{\ominus}} \tag{6-1}$$

以 A^- 表示一元弱碱：$A^-(aq)+H_2O(l)\rightleftharpoons HA(aq)+OH^-(aq)$

$$K_b^{\ominus}(A^-)=\frac{[HA]/c^{\ominus}\cdot[OH^-]/c^{\ominus}}{[A^-]/c^{\ominus}}=\frac{K_w^{\ominus}}{K_a^{\ominus}(HA)} \tag{6-2}$$

2. 同离子效应

若在 HA 溶液中加入含有相同离子的易溶强电解质 NaA，即增加 A^- 的浓度，则解离平衡向生成弱电解质 HA 的方向移动，这种使弱电解质解离度下降的现象，叫作同离子效应。

$$HA(aq)+H_2O(l)\rightleftharpoons H_3O^+(aq)+\boxed{A^-(aq)}$$

←平衡移动方向

$$NaA\longrightarrow Na^+(aq)+\boxed{A^-(aq)}$$

3. 盐的水解

强酸弱碱盐、强碱弱酸盐以及弱酸弱碱盐，在水溶液中都能与水作用生成弱电解质，而使溶液的酸碱性发生变化。强酸弱碱盐（如 NH_4Cl）水解显酸性；强碱弱酸盐（如 NaAc）

水解显碱性；弱酸弱碱盐（如 NH_4Ac）阴阳离子均水解，溶液酸碱性视弱酸、弱碱的相对强弱而定。水解反应是中和反应的逆过程，是吸热反应，因此升高温度有利于盐类的水解。

$$NH_4^+(aq) + H_2O(l) \rightleftharpoons NH_3 \cdot H_2O(aq) + H^+(aq)$$

$$Ac^-(aq) + H_2O(l) \rightleftharpoons HAc(aq) + OH^-(aq)$$

$$Ac^-(aq) + NH_4^+(aq) + H_2O(l) \rightleftharpoons HAc(aq) + NH_3 \cdot H_2O(aq)$$

值得注意的是，有些金属离子也能水解，生成沉淀，例如：

$$SnCl_2 + H_2O \rightleftharpoons Sn(OH)Cl(s) + HCl$$

$$Bi(NO_3)_3 + H_2O \rightleftharpoons BiONO_3(s) + 2HNO_3$$

加酸能抑制上述水解产物的生成。

4. 缓冲溶液

弱酸及其弱酸盐（如 HAc-NaAc）、弱碱及其弱碱盐（如 $NH_3 \cdot H_2O$-NH_4Cl）或酸式盐及次级酸式盐（如 $NaHCO_3$-Na_2CO_3）组成的溶液，其 pH 在一定范围内不因稀释或外加少量强酸或强碱而发生显著变化，即其对外加的少量强酸和强碱具有缓冲能力，这种溶液称为缓冲溶液。

① 弱酸-弱酸盐（HA-A^-）组成的缓冲溶液的 pH：

$$pH = pK_a^{\ominus}(HA) - \lg\frac{c(HA)}{c(A^-)} \tag{6-3}$$

② 弱碱-弱碱盐（B-BH^+）组成的缓冲溶液的 pH：

$$pH = 14 - pK_b^{\ominus}(B) + \lg\frac{c(B)}{c(BH^+)} = pK_a^{\ominus}(BH^+) - \lg\frac{c(BH^+)}{c(B)} \tag{6-4}$$

一般粗略测定 pH 时用 pH 试纸；精确测定 pH 时用 pH 计。

缓冲溶液的缓冲能力与溶液的浓度以及 $\frac{c(HA)}{c(A^-)}$、$\frac{c(B)}{c(BH^+)}$ 的数值有关，其浓度越大、比值越接近 1，缓冲能力越强（比值一般为 0.1～10）。

三、主要仪器、试剂和材料

仪器：pHS-2C 型数字酸度计、烧杯、量筒、酒精灯、试管。

试剂：酚酞、甲基橙、$NH_3 \cdot H_2O$（$0.1mol \cdot L^{-1}$，$1mol \cdot L^{-1}$）、HAc（$0.1mol \cdot L^{-1}$，$1mol \cdot L^{-1}$）、NH_4Ac（s）、NaCl（$0.1mol \cdot L^{-1}$）、NaAc（$0.1mol \cdot L^{-1}$，$1mol \cdot L^{-1}$）、NH_4Cl（$0.1mol \cdot L^{-1}$，$1mol \cdot L^{-1}$）、Na_2CO_3（$0.1mol \cdot L^{-1}$）、$Fe(NO_3)_3$（$0.5mol \cdot L^{-1}$）、$BiCl_3$（$0.1mol \cdot L^{-1}$）、$CrCl_3$（$0.1mol \cdot L^{-1}$）、$SbCl_3$（$0.1mol \cdot L^{-1}$）、HCl（$0.1mol \cdot L^{-1}$，$2mol \cdot L^{-1}$）、NaOH（$0.1mol \cdot L^{-1}$）。

材料：pH 试纸。

四、实验步骤

1. 同离子效应

① 用 pH 试纸、酚酞试剂分别测定和检查 $NH_3 \cdot H_2O$（$0.1mol \cdot L^{-1}$）的 pH 及其酸

碱性；再加入少量$NH_4Ac(s)$，观察现象，写出反应方程式，并简要解释。

② 用pH试纸、甲基橙试剂分别测定和检查HAc（0.1mol·L^{-1}）的pH及其酸碱性；再加入少量$NH_4Ac(s)$，观察现象，写出反应方程式，并简要解释。

2. 盐类的水解

① A、B、C、D是0.1mol·L^{-1}的NaCl、NaAc、NH_4Cl、Na_2CO_3溶液，通过测定pH（用pH试纸）及理论计算，确定A、B、C、D分别对应的物质名称。

② 在常温和加热下，观察$Fe(NO_3)_3$（0.5mol·L^{-1}）的水解情况。

③ 取一支试管，加入1滴$BiCl_3$（0.1mol·L^{-1}）溶液，再加入3mL去离子水，观察现象。最后加入1～2滴HCl（2mol·L^{-1}）溶液，又有何现象发生？解释现象。

④ 用$SbCl_3$（0.1mol·L^{-1}）代替$BiCl_3$溶液，重复上述实验，仔细观察现象，并加以解释。

⑤ 取一支试管，加入2滴$CrCl_3$（0.1mol·L^{-1}）溶液，再加入3滴Na_2CO_3（0.1mol·L^{-1}）溶液，有何现象发生？并加以解释。

3. 缓冲溶液

① 按表6-2中试剂用量配制4种缓冲溶液，并用pHS-2C型数字酸度计分别测定其pH，并与计算值进行比较。

表6-2 几种缓冲溶液的pH

编号	配制缓冲溶液(用对应量筒量取)	pH计算值	pH测定值
1	5.0mL HAc(1mol·L^{-1})-5.0mL NaAc(1mol·L^{-1})		
2	5.0mL HAc(0.1mol·L^{-1})-5.0mL NaAc(1mol·L^{-1})		
3	5.0mL HAc(0.1mol·L^{-1})中加入2滴酚酞,滴加NaOH(0.1mol·L^{-1})溶液至酚酞变红,若半分钟红色不消失,再加入5.0mL HAc(0.1mol·L^{-1})		
4	5.0mL $NH_3·H_2O$(1mol·L^{-1})-5.0mL NH_4Cl(1mol·L^{-1})		

首先计算出几种缓冲溶液的理论pH，然后再用pH计精确测定。

② 1号缓冲溶液加0.5mL（约10滴）HCl（0.1mol·L^{-1}），用pH计测定pH；再加1mL（约20滴）NaOH（0.1mol·L^{-1}），摇匀，测定其pH，比较两数值。

五、注意事项

① 精确配制缓冲溶液。

② 保护好玻璃电极，注意不要擦伤玻璃电极的玻璃泡，不用时应将玻璃电极浸泡在饱和KCl溶液中。

③ 每次测量溶液pH之前，应先用去离子水冲洗玻璃电极，后用滤纸吸干。

④ 用方程式来表述实验中反应的原理。

六、思考题

① 影响盐类水解的因素有哪些？

② 已知H_3PO_4、NaH_2PO_4、Na_2HPO_4和Na_3PO_4四种溶液的物质的量浓度相同，它们分别显酸性、弱酸性、弱碱性和碱性，试加以解释。

③ 用 pH 试纸检测溶液的 pH 时，应注意哪些问题？根据自己的操作加以小结。

④ 如何配制 Sn^{2+} 、Sb^{3+} 、Bi^{3+} 和 Fe^{3+} 等盐的水溶液？

实验2 沉淀-溶解平衡
(Exp 2 Precipitation-dissolution Equilibrium)

一、实验目的

① 加深对沉淀-溶解平衡和溶度积概念的理解，掌握溶度积规则的应用。

② 掌握沉淀-溶解平衡的规律。

③ 初步学习利用沉淀反应分离常见混合阳离子。

④ 学习电动离心机的使用和固-液分离操作。

二、实验原理

1. 溶度积常数

一定温度下，在含有难溶强电解质晶体的饱和溶液中，难溶强电解质与溶液中相应离子间存在的动态多相离子平衡，称为沉淀-溶解平衡。对于一般难溶电解质（A_mB_n），其溶解平衡通式为：$A_mB_n(s) \rightleftharpoons mA^{n+}(aq) + nB^{m-}(aq)$。溶解平衡常数表达式为：

$$K_{sp}^{\ominus}(A_mB_n) \rightleftharpoons [c(A^{n+})/c^{\ominus}]^m \cdot [c(B^{m-})/c^{\ominus}]^n \tag{6-5}$$

此溶解平衡常数称为溶度积常数，简称溶度积，其表明：一定温度下，在难溶电解质的饱和溶液中，各组分离子浓度幂的乘积为一常数。

$K_{sp}^{\ominus}$ 是表征难溶电解质溶解能力的特性常数，与其他平衡常数一样，$K_{sp}^{\ominus}$ 也是温度的函数，它可以通过实验测定，也可以通过热力学数据计算。

2. 溶度积规则

沉淀的生成和溶解可以根据溶度积规则来判断：

$J > K_{sp}^{\ominus}$，平衡向左移动，有沉淀析出；

$J = K_{sp}^{\ominus}$，处于平衡状态，溶液为饱和溶液；

$J < K_{sp}^{\ominus}$，平衡向右移动，无沉淀析出或沉淀溶解。

影响难溶电解质溶解度的因素：外因——溶液的 pH、配合物的形成、氧化还原反应的发生；内因——$K_{sp}^{\ominus}$ 的大小。

3. 分步沉淀

混合溶液中多种离子先后沉淀的现象称为分步沉淀。对于相同类型的难溶电解质，可以根据其 $K_{sp}^{\ominus}$ 的相对大小判断沉淀的先后顺序。对于不同类型的难溶电解质，则要根据计算出的所需沉淀试剂浓度的大小来判断沉淀的先后顺序。

4. 沉淀的转化

借助于某一试剂的作用，把一种难溶电解质转化为另一种难溶电解质的过程，称为沉淀的转化。两种沉淀间相互转化的难易程度要根据沉淀转化反应的标准平衡常数确定。

利用沉淀反应还可以分离溶液中的某些离子。

三、主要仪器、试剂

仪器：试管、试管架、试管夹、离心管、酒精灯、烧杯、电动离心机。

试剂：$Pb(Ac)_2$（0.01mol·L^{-1}）、KI（0.02mol·L^{-1}，2mol·L^{-1}）、去离子水、Na_2S（0.1mol·L^{-1}）、$Pb(NO_3)_2$（0.1mol·L^{-1}）、HCl（6mol·L^{-1}，2mol·L^{-1}）、HNO_3（6mol·L^{-1}）、$MgCl_2$（0.1mol·L^{-1}）、$NH_3 \cdot H_2O$（2mol·L^{-1}）、NH_4Cl（1mol·L^{-1}）、K_2CrO_4（0.1mol·L^{-1}）、$AgNO_3$（0.1mol·L^{-1}）、NaCl（0.1mol·L^{-1}）。

四、实验步骤

1. 沉淀的生成与溶解

① 向2支离心管中各加入2滴$Pb(Ac)_2$（0.01mol·L^{-1}）溶液和2滴KI（0.02mol·L^{-1}）溶液，振荡离心管，观察现象；第1支离心后弃掉上层清液，加入5mL去离子水，摇荡，观察现象；第2支加过量的2mol·L^{-1} KI溶液，摇荡，观察现象。分别加以解释，并写出反应的化学方程式。

② 取2支试管，各加入1滴Na_2S（0.1mol·L^{-1}）溶液和1滴$Pb(NO_3)_2$（0.1mol·L^{-1}）溶液，观察现象；在1支试管中加HCl（6mol·L^{-1}）溶液，在另一支试管中加HNO_3（6mol·L^{-1}）溶液，振荡，观察现象；并写出反应的化学方程式。

③ 取2支试管，各加入0.5mL（10滴）$MgCl_2$（0.1mol·L^{-1}）溶液与数滴$NH_3 \cdot H_2O$（2mol·L^{-1}）溶液至沉淀生成。向第1支试管加数滴HCl（2mol·L^{-1}），观察沉淀是否溶解；向第2支试管中加入数滴NH_4Cl（1mol·L^{-1}）溶液，观察沉淀是否溶解。根据所学理论知识解释每一步实验现象，并写出反应的化学方程式。

2. 分步沉淀

① 在试管中加入1滴Na_2S（0.1mol·L^{-1}）溶液和1滴K_2CrO_4（0.1mol·L^{-1}）溶液，用去离子水稀释至5mL，摇匀；然后加1滴$Pb(NO_3)_2$（0.1mol·L^{-1}）溶液［第一次加$Pb(NO_3)_2$的量千万不能多!］，离心分离，观察沉淀颜色，取清液；继续向清液中滴加$Pb(NO_3)_2$溶液，观察此时沉淀的颜色。解释两种沉淀先后析出的原因，并写出反应的化学方程式。

② 向试管中加入2滴$AgNO_3$（0.1mol·L^{-1}）溶液和1滴$Pb(NO_3)_2$（0.1mol·L^{-1}）溶液，用去离子水稀释至5mL，摇匀；再逐滴加入K_2CrO_4（0.1mol·L^{-1}）溶液（一边滴加一边充分摇荡），观察沉淀颜色的变化，并简要解释，写出化学反应方程式。

3. 沉淀的转化

在试管中加入6滴$AgNO_3$（0.1mol·L^{-1}）溶液和3滴K_2CrO_4（0.1mol·L^{-1}）溶液，观察沉淀颜色；再逐滴加入NaCl（0.1mol·L^{-1}）溶液（一边滴加一边充分振荡），观察沉淀颜色；解释沉淀颜色变化的原因，写出反应的化学方程式。

4. 沉淀-溶解法分离混合阳离子

某溶液中含有Ba^{2+}、Al^{3+}、Fe^{3+}、Ag^{+}等离子，设计图示分离步骤，分离混合离子

（不要求保留离子的原有形态）。写出相关反应的化学方程式。

五、注意事项

① 使用离心机时要注意安全。
② 及时记录实验过程中沉淀或溶液的特征颜色。
③ 节约药品，废液应倒入废液缸。
④ 分步沉淀时，若想观察到明显的颜色变化，可将沉淀剂沿试管壁滴落。

六、思考题

① 请查阅无机化学附录，将以下数据补充完整：$K_{sp}^{\ominus}(PbI_2)$、$K_{sp}^{\ominus}(PbCrO_4)$、$K_{sp}^{\ominus}(PbS)$、$K_{sp}^{\ominus}(Ag_2CrO_4)$、$K_{sp}^{\ominus}(AgCl)$。
② 普通试管和离心管有何不同？分别适合做什么？
③ 如何正确地使用电动离心机？

实验 3 氧化还原反应与电化学
（Exp 3 Oxidation-reduction Reaction and Electrochemistry）

一、实验目的

① 加深对电极电势与氧化还原反应关系的理解。
② 掌握介质的酸碱性对氧化还原反应方向和产物的影响。
③ 加深理解反应物浓度和温度对氧化还原反应速率的影响。
④ 学习使用酸度计测定原电池电动势的方法。

二、实验原理

氧化还原反应就是氧化剂得到电子、还原剂失去电子的过程。氧化剂和还原剂的相对强弱，可根据相应电对电极电势的大小来衡量。一个电对的标准电极电势越大，电对中氧化型物质的氧化能力越强，其还原型物质的还原能力就越弱；标准电极电势越小，电对中还原型物质的还原能力越强，其氧化型物质的氧化能力越弱。

根据电极电势的大小，判断氧化还原反应的方向：

$E_{MF}=E(\text{氧化剂})-E(\text{还原剂})>0$，反应正向进行。

298.15K 时，能斯特公式为：

$$E=E^{\ominus}+\frac{0.0592}{z}\times\lg\frac{c(\text{氧化型})}{c(\text{还原型})} \tag{6-6}$$

影响电极电势的因素有物质的量浓度、溶液的 pH 等。

原电池是利用氧化还原反应将化学能转变为电能的装置，利用电位差计或酸度计可以测定原电池的电动势。

三、主要仪器、试剂和材料

仪器：雷磁 25 型或其他型号酸度计、水浴锅或电热板、饱和甘汞电极、锌电极、铜电极、饱和KCl盐桥、试管、试管架、点滴板、烧杯。

试剂：H_2SO_4（2mol·L^{-1}）、HAc（1mol·L^{-1}）、$H_2C_2O_4$（0.1mol·L^{-1}）、H_2O_2（3%）、NaOH（2mol·L^{-1}），$NH_3·H_2O$（2mol·L^{-1}）、KI（0.02mol·L^{-1}，0.1mol·L^{-1}）、KIO_3（0.1mol·L^{-1}）、KBr（0.1mol·L^{-1}）、$K_2Cr_2O_7$（0.1mol·L^{-1}）、$KMnO_4$（0.01mol·L^{-1}）、Na_2SiO_3（0.5mol·L^{-1}）、Na_2SO_3（0.1mol·L^{-1}）、$Pb(NO_3)_2$（0.5mol·L^{-1}，1mol·L^{-1}）、$FeSO_4$（0.1mol·L^{-1}）、$FeCl_3$（0.1mol·L^{-1}）、$CuSO_4$（0.005mol·L^{-1}）、$ZnSO_4$（1mol·L^{-1}）、淀粉试液。

材料：蓝色石蕊试纸、砂纸、锌片。

四、实验步骤

1. 电极电势与氧化还原反应的关系

① 在试管中加入10滴KI（0.02mol·L^{-1}）溶液与2滴$FeCl_3$（0.1mol·L^{-1}）溶液，充分振荡，加入淀粉试液，观察现象；写出反应方程式。

② 用KBr（0.1mol·L^{-1}）溶液取代第①步中的KI溶液，重复上述实验，观察现象；写出反应方程式。

由实验①和②得出什么结论？比较$E^{\ominus}(I_2/I^-)$、$E^{\ominus}(Fe^{3+}/Fe^{2+})$和$E^{\ominus}(Br_2/Br^-)$的相对大小；并指出其中最强的氧化剂和最强的还原剂。

③ 向试管中滴加几滴H_2SO_4（2mol·L^{-1}）溶液，使其呈酸性，然后加入数滴KI（0.02mol·L^{-1}）溶液与数滴H_2O_2（3%）及淀粉试液，振荡，观察现象。

④ 向试管中滴加几滴H_2SO_4（2mol·L^{-1}）溶液，使其呈酸性，然后加入数滴$KMnO_4$（0.01mol·L^{-1}）溶液与数滴H_2O_2（3%），振荡，观察现象。

指出H_2O_2在实验③和④中的作用，并比较在酸性介质中，$E^{\ominus}(I_2/I^-)$、$E^{\ominus}(H_2O_2/H_2O)$和$E^{\ominus}(MnO_4^-/Mn^{2+})$的相对大小。

⑤ 向试管中滴加几滴H_2SO_4（2mol·L^{-1}）溶液，使其呈酸性，然后加入数滴$K_2Cr_2O_7$（0.1mol·L^{-1}）溶液与数滴Na_2SO_3（0.1mol·L^{-1}）溶液，振荡，观察现象；写出反应的化学反应方程式。

⑥ 向试管中滴加几滴H_2SO_4（2mol·L^{-1}）溶液，使其呈酸性，加入数滴$K_2Cr_2O_7$（0.1mol·L^{-1}）溶液与数滴$FeSO_4$（0.1mol·L^{-1}）溶液，振荡，观察现象；写出反应的化学反应方程式。

2. 介质的酸碱性对氧化还原反应产物及反应方向的影响

① 介质的酸碱性对氧化还原反应产物的影响。在点滴板的3个孔穴中各滴入1滴$KMnO_4$（0.01mol·L^{-1}）溶液，然后再分别加入1滴H_2SO_4（2mol·L^{-1}）溶液、1滴H_2O和1滴NaOH（2mol·L^{-1}）溶液，最后再分别滴入Na_2SO_3（0.1mol·L^{-1}）溶液。观察现象，写出化学反应方程式。

② 介质的酸碱性对氧化还原反应方向的影响。向试管中加入数滴KIO_3（0.1mol·L^{-1}）溶液与数滴KI（0.1mol·L^{-1}）溶液，充分混合，观察有无变化；接着滴入几滴H_2SO_4（2mol·L^{-1}）溶液，观察有何变化；再加入几滴NaOH（2mol·L^{-1}）溶液使溶液呈碱性，

观察又有何变化。写出反应的化学反应方程式，并利用所学理论知识加以解释。

3. 浓度、温度对氧化还原反应速率的影响

① 浓度对氧化还原反应速率的影响。取 2 支试管，分别加入 3 滴 0.5mol·L^{-1} $Pb(NO_3)_2$ 溶液和 3 滴 1mol·L^{-1} $Pb(NO_3)_2$ 溶液，然后各加入 30 滴 HAc（1mol·L^{-1}）溶液，充分混匀，再逐滴加入 0.5mol·L^{-1} Na_2SiO_3 溶液 26～28 滴，摇匀，用蓝色石蕊试纸检查溶液仍呈弱酸性。在 90℃水浴中加热至试管中出现乳白色透明凝胶，取出试管，冷却至室温。在 2 支试管中同时插入表面积相同的锌片，观察 2 支试管中“铅树”生长速率的快慢，写出反应的化学反应方程式，并加以解释。

② 温度对氧化还原反应速率的影响。在 A、B 2 支试管中各加入 20 滴 $KMnO_4$（0.01mol·L^{-1}）溶液和 3 滴 H_2SO_4（2mol·L^{-1}）溶液；在 C、D 2 支试管中各加入 20 滴 $H_2C_2O_4$（0.1mol·L^{-1}）溶液。将 A、C 2 支试管放在水浴中加热几分钟后取出，同时将 A 中溶液倒入 C，将 B 中溶液倒入 D，观察 C、D 2 支试管中的溶液哪一个先褪色，写出反应的化学反应方程式，并加以解释。

4. 浓度对电极电势的影响

① 在 50mL 烧杯中加入 25mL $ZnSO_4$（1mol·L^{-1}）溶液，插入饱和甘汞电极和用砂纸打磨过的锌电极，组成原电池。将甘汞电极与 pH 计的“+”极相连，锌电极与“−”极相接。将 pH 计的 pH-mV 开关扳向“mV”挡，量程开关扳向 0～7，用零点调节器调零点。将量程开关扳到 7～14，按下读数开关，测原电池的电动势 $E_{MF}(1)$。已知饱和甘汞电极的 $E=0.2415V$，计算 $E(Zn^{2+}/Zn)$。虽然本实验所用的 $ZnSO_4$ 溶液浓度为 1.0mol·L^{-1}，但由于温度、活度因子等因素的影响，所测数值并非−0.763V。

② 在另一个 50mL 烧杯中加入 25mL $CuSO_4$（0.005mol·L^{-1}）溶液，插入铜电极，与①中的锌电极组成原电池，两烧杯间用饱和 KCl 盐桥连接，将铜电极接“+”极，锌电极接“−”极，用 pH 计测原电池的电动势 $E_{MF}(2)$，计算 $E(Cu^{2+}/Cu)$ 和 $E^{\ominus}(Cu^{2+}/Cu)$。

③ 向 $CuSO_4$（0.005mol·L^{-1}）溶液中滴入过量 $NH_3\cdot H_2O$（2mol·L^{-1}）溶液至生成深蓝色透明溶液，再测原电池的电动势 $E_{MF}(3)$，并计算 $E([Cu(NH_3)_4]^{2+}/Cu)$。

比较两次测得的铜-锌原电池的电动势和铜电极的电极电势的大小，能得出什么结论？

五、注意事项

① 实验过程中注意及时记录物质的颜色。

② 实验涉及滴加的过程都应注意放慢速度。

③ 做“铅树”实验时，锌片不宜过大，放置锌片时应将其垂直插入凝胶。

④ 制备凝胶时，不能随便晃动试管。加一滴 Na_2SiO_3 溶液便充分摇晃试管，不要全部加进去以后再摇匀。

⑤ 锌片要趁凝胶还是热的时候加进去。

⑥ 实验开始之前先用电热板烧热水（水浴加热），注意电热板的正确使用。

⑦ 不要将“铅树”实验的残渣丢弃到水槽里，用专门的烧杯回收存放。

六、思考题

① 参考理论教材，写出电极电势的能斯特方程，并说明各项符号的具体含义。

② 举例说明电极电势越大，电对中氧化型物质的氧化能力越强；电极电势越小，电对中还原型物质的还原能力越强。

③ 影响氧化还原反应速率的因素有哪些？

④ 饱和甘汞电极与标准甘汞电极的电极电势是否相等？

实验4 配合物的生成与性质

(Exp 4 Formation and Properties of Complexes)

一、实验目的

① 了解配离子和简单离子的区别。

② 加深对配合物组成及配位平衡的理解，了解配合物形成时的特性。

③ 初步学习利用配位反应分离常见混合离子。

④ 学习电动离心机的使用和固-液分离操作。

二、实验原理

配位化合物是由中心离子或原子与一定数目的配体（中性分子或阴离子）按配位键结合而成的化合物，简称配合物。配合物一般可分为内界与外界，内界与外界靠离子键结合，在水溶液中完全解离。中心离子与配体之间靠配位键结合，在一定条件下，由中心离子、配体所形成的配位个体在水中是分步解离的，存在解离平衡：

$$Ag^{+}+2NH_3 \rightleftharpoons [Ag(NH_3)_2]^{+}$$

$$K_f^{\ominus}=\frac{c[Ag(NH_3)_2]^{+}}{c(Ag^{+})\cdot c(NH_3)^2} \tag{6-7}$$

式中，$K_f^{\ominus}$ 为配合物的稳定常数。对于同类型的配合物，$K_f^{\ominus}$ 越大，配合物越稳定。

金属离子形成配合物后，常有溶液颜色、酸碱性、难溶电解质溶解度、中心离子氧化还原性等的改变。例如 Cu^{2+} 与 $[Cu(NH_3)_4]^{2+}$ 的颜色不同；Hg^{2+} 在形成配离子 $[HgI_4]^{2-}$ 后氧化能力明显下降。

根据化学平衡移动原理，改变中心离子或配体的浓度会使配位平衡发生移动，如加入沉淀剂、其他配位剂、改变溶液的浓度和酸度等，配位平衡都会发生移动。根据这个原理，常利用沉淀反应和配位溶解来分离溶液中的某些离子。

三、主要仪器、试剂

仪器：点滴板、电动离心机、性质实验常用玻璃仪器。

试剂：NaOH（$2mol\cdot L^{-1}$）、$NH_3\cdot H_2O$（$2mol\cdot L^{-1}$，$6mol\cdot L^{-1}$）、$CuSO_4$（$0.1mol\cdot L^{-1}$，$1mol\cdot L^{-1}$）、$AgNO_3$（$0.1mol\cdot L^{-1}$）、$CaCl_2$（$0.1mol\cdot L^{-1}$）、KI（$0.1mol\cdot L^{-1}$，$2mol\cdot L^{-1}$）、$FeCl_3$（$0.1mol\cdot L^{-1}$）、$BaCl_2$（$0.1mol\cdot L^{-1}$）、$NiSO_4$

(0.1mol·L^{-1})、丁二酮肟、KBr (0.1mol·L^{-1})、$CoCl_2$ (1mol·L^{-1})、$Na_2S_2O_3$ (0.1mol·L^{-1})、NH_4SCN 或 KSCN (0.1mol·L^{-1})、NH_4F 或 NaF (0.1mol·L^{-1})、Na_2H_2Y (0.1mol·L^{-1})、H_2O_2 (3%)、$Cu(NO_3)_2$ (0.1mol·L^{-1})、$Al(NO_3)_3$ (0.1mol·L^{-1})、$K_3[Fe(CN)_6]$ (0.1mol·L^{-1})、$NH_4Fe(SO_4)_2$ (0.1mol·L^{-1})、NH_4Cl (1mol·L^{-1})、NaCl (0.1mol·L^{-1})。

四、实验步骤

1. 配离子与简单离子的性质比较

① 在试管中加入10滴 $CuSO_4$ (1mol·L^{-1}) 溶液，再逐滴加入 $NH_3·H_2O$ (2mol·L^{-1}) 溶液，至蓝色沉淀溶解，观察溶液的颜色（保留溶液，便于后面实验使用），并与 $CuSO_4$ 溶液的颜色比较。两种溶液中都有Cu(Ⅱ)，为什么颜色不同？写出有关反应的化学反应方程式。

② 往试管中加入数滴 $FeCl_3$ (0.1mol·L^{-1}) 溶液，然后逐滴加入少量 NaOH (2mol·L^{-1}) 溶液，观察现象，写出反应的化学反应方程式。

③ 以 $K_3[Fe(CN)_6]$ (0.1mol·L^{-1}) 溶液代替 $FeCl_3$ 溶液重复上述实验，观察现象，写出反应的化学反应方程式，比较二者有何不同，并加以解释。

2. 配合物的形成与颜色变化

① 在试管中加入2滴 $FeCl_3$ (0.1mol·L^{-1}) 溶液和1滴 KSCN (0.1mol·L^{-1}) 溶液，观察现象。再加入几滴 NaF (0.1mol·L^{-1}) 溶液，观察有何变化。写出反应的化学反应方程式。

② 取2支试管，一支加入数滴 $K_3[Fe(CN)_6]$ (0.1mol·L^{-1}) 溶液，另一支加入数滴 $NH_4Fe(SO_4)_2$ (0.1mol·L^{-1}) 溶液，再分别滴加 KSCN (0.1mol·L^{-1}) 溶液，观察是否有变化。

③ 在 $CuSO_4$ (0.1mol·L^{-1}) 溶液中滴加 $NH_3·H_2O$ (6mol·L^{-1}) 溶液至过量，然后将溶液分为2份，分别加入 NaOH (2mol·L^{-1}) 溶液和 $BaCl_2$ (0.1mol·L^{-1}) 溶液，观察现象，写出化学反应方程式。

④ 在试管中滴加2滴 $NiSO_4$ (0.1mol·L^{-1}) 溶液，再逐滴加入 $NH_3·H_2O$ (6mol·L^{-1}) 溶液，观察现象。最后再加入2滴丁二酮肟试剂，观察生成物的颜色和状态。

3. 配合物形成时难溶物溶解度的改变

取3支离心管，先分别加入3滴 NaCl (0.1mol·L^{-1}) 溶液、3滴 KBr (0.1mol·L^{-1}) 溶液、3滴 KI (0.1mol·L^{-1}) 溶液，再各加入3滴 $AgNO_3$ (0.1mol·L^{-1}) 溶液，观察沉淀的颜色。离心分离，弃去清液。在沉淀中再分别加入 $NH_3·H_2O$ (2mol·L^{-1}) 溶液、$Na_2S_2O_3$ (0.1mol·L^{-1}) 溶液、KI (2mol·L^{-1}) 溶液，振荡离心管，观察沉淀的溶解情况。写出反应的化学反应方程式。

4. 配合物形成时溶液 pH 的改变

取一条完整的 pH 试纸，在它的一端滴半滴 $CaCl_2$ (0.1mol·L^{-1}) 溶液，记下被 $CaCl_2$ 溶液浸润处的 pH，待 $CaCl_2$ 溶液不再扩散时，在距离 $CaCl_2$ 溶液扩散边缘 0.5～

1.0cm 干试纸处，滴上半滴 Na_2H_2Y（0.1mol・L^{-1}）溶液，待 Na_2H_2Y 溶液扩散到 $CaCl_2$ 溶液区形成重叠时，记下重叠与未重叠处的 pH。说明 pH 变化的原因，写出反应的化学反应方程式。

5. 配合物形成时中心离子氧化还原能力的改变

① 在试管中滴加数滴 $CoCl_2$（1mol・L^{-1}）溶液，再滴加 3%的 H_2O_2，观察有无变化。

② 在试管中滴加数滴 $CoCl_2$（1mol・L^{-1}）溶液，再滴加几滴 NH_4Cl（1mol・L^{-1}）溶液，接着滴加 $NH_3 \cdot H_2O$（6mol・L^{-1}）溶液，振荡，观察现象。最后滴加 H_2O_2（3%），观察溶液颜色的变化。写出有关反应的化学反应方程式。

由上述①和②两个实验可以得出什么结论？

6. 利用配位反应分离混合金属离子

取 0.1mol・L^{-1} 的 $AgNO_3$ 溶液、$Cu(NO_3)_2$ 溶液和 $Al(NO_3)_3$ 溶液各 5 滴，混合后设计分离方案并试验。

五、注意事项

① 使用离心机时要注意安全。

② 及时记录实验过程中配合物的特征颜色。

③ 注意节约药品，废液倒入废液缸。

六、思考题

① 阐述向 $CuSO_4$ 中加过量 $NH_3 \cdot H_2O$，然后将溶液分为 2 份，分别加 NaOH（2mol・L^{-1}）与 $BaCl_2$（0.1mol・L^{-1}）的本质。

② 如何正确使用电动离心机？

③ 总结本实验中所观察到的现象，说明影响配位解离平衡的因素。

实验 5　碱金属和碱土金属

(Exp 5　Alkali Metals and Alkaline Earth Metals)

一、实验目的

① 比较碱金属和碱土金属的活泼性。

② 了解某些钠、钾微溶盐的溶解性。

③ 比较碱土金属氢氧化物及其盐类的溶解性。

④ 了解焰色反应的基本操作，并熟悉使用金属钾、钠的安全措施。

二、实验原理

碱金属和碱土金属分别属于 s 区元素周期中第ⅠA 族和第ⅡA 族，价电子构型为 $ns^{1\sim2}$。它们的化学性质在同周期元素中最活泼，能直接或间接地与电负性较大的非金属元素反应，除 Be 外，其都可与水反应，其中钠、钾与水反应剧烈，而镁与水反应很缓慢，这是因为它的表面形成了一层难溶于水的氢氧化镁，阻碍了金属镁与水的进一步作用。

碱金属的氢氧化物除 LiOH 外都易溶于水，它们的溶解度从 Li 到 Cs 依次递增。碱土金属氢氧化物的溶解度从 Be 到 Ba 也依次递增，其中 $Be(OH)_2$ 和 $Mg(OH)_2$ 为难溶氢氧化物，ⅠA 和ⅡA 两族的氢氧化物除 $Be(OH)_2$ 显两性外，其余都显强碱性。

碱金属盐类的最大特点是绝大多数易溶于水，而且在水中完全解离成简单离子，只有极少数盐类是微溶的，如六羟基锑酸钠 $Na[Sb(OH)_6]$、酒石酸氢钾 $KHC_4H_4O_6$、六硝基合钴酸钠钾 $K_2Na[Co(NO_2)_6]$ 等。钠、钾的这些微溶盐常用于鉴定钠、钾离子。

碱土金属盐类的重要特征是它们的难溶性，除了氯化物、硝酸盐、硫酸镁、铬酸钙、铬酸镁溶于水外，其余碳酸盐、硫酸盐、草酸盐、磷酸盐和铬酸盐都是难溶的。钙、锶、钡的硫酸盐和铬酸盐的溶解度按 Ca～Sr～Ba 的顺序递减。利用这些盐类的溶解度可以进行沉淀的分离和离子检出。

碱金属和钙、锶、钡的挥发性盐在氧化焰中灼烧时，能使火焰呈现特征颜色，称为焰色反应。例如，锂盐呈紫红色，钠盐呈黄色，钾、铷和铯盐呈紫色，钙盐呈砖红色，锶盐呈洋红色，钡盐呈黄绿色。利用焰色反应可定性鉴别这些离子。

三、主要仪器、试剂和材料

仪器：离心机、离心管、烧杯、漏斗、试管、玻璃棒、点滴板、镊子、坩埚等。

试剂：H_2SO_4（$1mol \cdot L^{-1}$）、HCl（$1mol \cdot L^{-1}$，$2mol \cdot L^{-1}$，$6mol \cdot L^{-1}$）、浓硝酸、HAc（$2mol \cdot L^{-1}$）、新配制的 NaOH（$2mol \cdot L^{-1}$）、LiCl（$0.5mol \cdot L^{-1}$）、NaF（$1mol \cdot L^{-1}$）、NaCl（$1mol \cdot L^{-1}$）、Na_2SO_4（$0.5mol \cdot L^{-1}$）、Na_3PO_4（$0.5mol \cdot L^{-1}$）、Na_2CO_3（$0.5mol \cdot L^{-1}$）、饱和 $Na_3[Co(NO_2)]_6$、KCl（$1mol \cdot L^{-1}$）、K_2CrO_4（$1mol \cdot L^{-1}$）、$KMnO_4$（$0.01mol \cdot L^{-1}$）、饱和 NH_4Cl、饱和 $(NH_4)_2C_2O_4$、$MgCl_2$（$0.5mol \cdot L^{-1}$）、$CaCl_2$（$0.5mol \cdot L^{-1}$）、饱和 $CaSO_4$、$SrCl_2$（$0.5mol \cdot L^{-1}$）、$BaCl_2$（$0.5mol \cdot L^{-1}$）、$Zn(Ac)_2 \cdot UO_2(Ac)_2$ 溶液、酚酞溶液，钠、钾、钙、镁条。

材料：铂丝或镍-铬丝、pH 试纸、钴玻璃、滤纸、砂纸。

四、实验步骤

1. 钠、镁与氧作用

① 用镊子夹取一小块（绿豆大小）金属钠，用滤纸吸干其表面的煤油，观察钠新鲜表面的颜色及变化，后置于坩埚中加热。一旦开始燃烧即停止加热，观察反应现象及产物的颜色、状态。冷却后，用玻璃棒轻轻捣碎产物，并将其转移到一支小试管中，加入 2mL 水，用带火星的木条检验管口有无氧气放出，冷却，用 pH 试纸测定溶液的酸碱性。以 H_2SO_4（$1mol \cdot L^{-1}$）酸化溶液后，加 1 滴 $KMnO_4$（$0.01mol \cdot L^{-1}$）溶液，观察紫色是否褪去。

② 另取一根镁条，用砂纸除去表面氧化层，点燃，观察燃烧现象及产物的颜色、状态。

2. 钠、钾、镁、钙与水的作用

① 用镊子分别夹取一小块（绿豆大小）金属钠和金属钾，用滤纸吸干其表面煤油后，分别放入两只盛有半杯水的烧杯中，用大小合适的漏斗盖好，观察反应现象。反应完全后，

滴入一滴酚酞溶液，检验溶液的酸碱性。

② 另取两小根镁条，用砂纸除去表面氧化层后，分别投入盛有冷水和热水的两支试管中，比较两支试管中的反应情况，同时用酚酞溶液检验溶液的酸碱性。

③ 取一小块（绿豆大小）金属钙，放入盛有冷水和两滴酚酞溶液的试管中，观察现象。

3. 碱土金属氢氧化物的溶解性

① 取 3 支试管，各加入 0.5mL(约 10 滴)$MgCl_2$（$0.5mol \cdot L^{-1}$）溶液，再各逐滴加入新配制的 NaOH（$2mol \cdot L^{-1}$）溶液，观察生成沉淀的颜色，然后分别试验它与饱和 NH_4Cl 溶液、HCl（$1mol \cdot L^{-1}$）溶液、NaOH（$2mol \cdot L^{-1}$）溶液的反应。

② 另取 2 支试管，分别加入 0.5mL（约 10 滴）$CaCl_2$（$0.5mol \cdot L^{-1}$）溶液和 0.5mL（约 10 滴）$BaCl_2$（$0.5mol \cdot L^{-1}$）溶液，然后各加入等体积的新配制的 NaOH（$2mol \cdot L^{-1}$）溶液，观察反应产物的颜色和状态，比较 2 支试管中生成沉淀的量。

4. 碱金属微溶盐的生成

① 取 1 滴 NaCl（$1mol \cdot L^{-1}$）溶液，加入 8 滴 $Zn(Ac)_2 \cdot UO_2(Ac)_2$ 溶液，用玻璃棒摩擦试管内壁，观察现象。

② 取 1 滴 KCl（$1mol \cdot L^{-1}$）溶液于点滴板上，加 2 滴饱和 $Na_3[Co(NO_2)_6]$ 试剂，观察现象。

5. 碱土金属难溶盐的生成和性质

① 镁、钙、钡碳酸盐的生成和性质。取 3 支离心管，分别加入 0.5mL（约 10 滴）$0.5mol \cdot L^{-1}$ 的 $MgCl_2$、$CaCl_2$、$BaCl_2$ 溶液，然后各加入 1mL（约 20 滴）Na_2CO_3（$0.5mol \cdot L^{-1}$）溶液，观察现象。沉淀经离心分离后，弃去上清液，在 3 支离心管的沉淀中各加入 HAc（$2mol \cdot L^{-1}$）及 HCl（$2mol \cdot L^{-1}$）溶液，观察沉淀是否溶解。

② 镁、钙、钡硫酸盐的生成和性质。取 3 支离心管，分别加入 0.5mL（约 10 滴）$0.5mol \cdot L^{-1}$ 的 $MgCl_2$、$CaCl_2$、$BaCl_2$ 溶液，然后各滴加 1mL（约 20 滴）Na_2SO_4（$0.5mol \cdot L^{-1}$）溶液，观察反应产物的颜色和状态。沉淀经离心分离后，弃去上清液，沉淀分别与浓 HNO_3 作用，观察现象。

另取 2 支试管，分别加入 0.5mL（约 10 滴）$0.5mol \cdot L^{-1}$ 的 $MgCl_2$、$BaCl_2$ 溶液，然后滴加 3 滴饱和 $CaSO_4$ 溶液，观察现象（如无沉淀，可用玻璃棒摩擦试管内壁），比较镁、钙、钡硫酸盐溶解度的大小。

③ 镁、钙、钡草酸盐的生成和性质。取 3 支离心管，分别加入 1mL（约 20 滴）$0.5mol \cdot L^{-1}$ 的 $MgCl_2$、$CaCl_2$、$BaCl_2$ 溶液，然后滴加饱和 $(NH_4)_2C_2O_4$ 溶液，制得的沉淀经离心分离后，弃去上清液，在 3 支离心管的沉淀中各加入 HAc（$2mol \cdot L^{-1}$）及 HCl（$2mol \cdot L^{-1}$）溶液，观察现象。

④ 钙、锶、钡铬酸盐的生成和性质。取 3 支试管，分别加入 0.5mL（约 10 滴）$0.5mol \cdot L^{-1}$ 的 $CaCl_2$、$SrCl_2$ 和 $BaCl_2$ 溶液，然后各加入 0.5mL K_2CrO_4（$1mol \cdot L^{-1}$）溶液，观察沉淀是否生成。沉淀经离心分离后，弃去上清液，在 3 支离心管的沉淀中各加入 HAc（$2mol \cdot L^{-1}$）及 HCl（$2mol \cdot L^{-1}$）溶液，观察现象。

6. 锂盐、镁盐的相似性

① 在3支试管中，各加入0.5mL LiCl（0.5mol·L^{-1}）溶液，然后分别试验它与NaF（1mol·L^{-1}）溶液、Na_2CO_3（0.5mol·L^{-1}）溶液及Na_3PO_4（0.5mol·L^{-1}）溶液的反应。

② 用$MgCl_2$（0.5mol·L^{-1}）溶液代替LiCl（0.5mol·L^{-1}）溶液，试验它和NaF（1mol·L^{-1}）溶液、Na_2CO_3（0.5mol·L^{-1}）溶液和Na_3PO_4（0.5mol·L^{-1}）溶液的反应。

7. 焰色反应

取一端弯成小圈的铂丝或镍-铬丝，将铂丝或镍-铬丝蘸HCl（6mol·L^{-1}）后，在无色火焰上灼烧（重复两三次）至无色，然后分别蘸LiCl（0.5mol·L^{-1}）溶液、NaCl（1mol·L^{-1}）溶液、KCl（1mol·L^{-1}）溶液、$CaCl_2$（0.5mol·L^{-1}）溶液、$SrCl_2$（0.5mol·L^{-1}）溶液、$BaCl_2$（0.5mol·L^{-1}）溶液，在无色火焰中灼烧，观察火焰颜色（检验钾时要透过蓝色钴玻璃观察）。

五、注意事项

① 金属钠和钾保存在煤油中，取用时应用镊子夹取，并用滤纸把煤油吸干。切勿与皮肤接触，未用完的钠屑不能乱扔，可放回原瓶或放在少量酒精中，使其缓慢消耗掉。

② 吸过煤油的滤纸不可乱丢，应及时烧掉。

③ $MgCl_2$与少量Na_2CO_3作用，首先生成$Mg_2(OH)_2CO_3$白色沉淀，过量后，由于生成$[Mg(CO_3)_2]^{2-}$配离子而使沉淀溶解，所以实验中Na_2CO_3不要过量。

④ 做焰色反应时，铂丝或镍-铬丝在蘸取HCl（6mol·L^{-1}）后在无色火焰上灼烧，重复两三次，直至“焰色”为无色，即可进行焰色反应。

六、思考题

① 金属钠为什么应贮存在煤油中？金属钠与钾的存放应该注意哪些问题？

② 通过碱金属和碱土金属与水的反应的方法，比较第ⅠA族和第ⅡA族元素的化学活泼性。

③ 比较碱土金属氢氧化物溶解度递变顺序，并分析为什么在比较$Ca(OH)_2$、$Ba(OH)_2$的溶解度时，所用的NaOH溶液必须是新配制的。如何配制不含CO_3^{2-}的NaOH溶液？

④ 检验钾时为什么要透过蓝色钴玻璃观察？

实验6 氮和磷

(Exp 6 Nitrogen and Phosphor)

一、实验目的

① 掌握氨和铵盐、硝酸和硝酸盐的主要性质。

② 掌握亚硝酸及其盐的性质。

③ 了解磷酸盐的主要性质。

④ 掌握 NH_4^+、NO_3^-、NO_2^-、PO_4^{3-} 的鉴定方法。

二、实验原理

氮元素的重要化合物有氨和铵盐、硝酸及硝酸盐、亚硝酸及亚硝酸盐；磷元素的重要化合物主要是磷酸盐。

铵盐一般为无色晶体，绝大多数易溶于水，鉴定 NH_4^+ 的常用方法有两种：一是 NH_4^+ 与 OH^- 反应，生成的 $NH_3(g)$ 使红色石蕊试纸变蓝；另一种是 NH_4^+ 与奈斯勒（Nessler）试剂（$K_2[HgI_4]$ 的碱性溶液）反应，生成红棕色沉淀：

$$NH_4^+ + 2[HgI_4]^{2-} + 4OH^- \longrightarrow [O\langle{}^{Hg}_{Hg}\rangle NH_2]I(s) + 7I^- + 3H_2O$$

硝酸具有强氧化性，它与许多金属和非金属反应。硝酸与非金属单质作用生成相应的高价酸和 NO；大部分金属可溶于硝酸，硝酸被还原的程度与金属的活泼性和硝酸的浓度有关。浓硝酸与金属反应主要生成 NO_2，稀硝酸与金属反应通常生成 NO，活泼金属能将稀硝酸还原为 NH_4^+。规律如下：HNO_3 越稀，金属越活泼，HNO_3 被还原的氧化值越低。

绝大部分亚硝酸盐无色，易溶于水（$AgNO_2$ 浅黄色、不溶），极毒，是致癌物。NO_2^- 中氮的氧化值为+3，其氧化值既能升高又能降低。一般，亚硝酸盐在酸性溶液中作氧化剂，一般被还原为 NO，氧化值降为+2；与强氧化剂作用时则被氧化生成硝酸盐，氧化值升为+5；所以亚硝酸盐具有氧化还原性。亚硝酸盐溶液与强酸反应生成的亚硝酸分解为 N_2O_3 和 H_2O，N_2O_3 又能分解为 NO 和 NO_2。

可用棕色环实验鉴定 NO_3^-：即在硝酸盐溶液中加入少量硫酸亚铁晶体，然后小心沿试管壁加入浓 H_2SO_4，在浓 H_2SO_4 与溶液的界面上会出现“棕色环” $[Fe(NO)(H_2O)_5]^{2+}$，可简写为 $[Fe(NO)]^{2+}$，反应方程式如下：

$$3Fe^{2+} + NO_3^- + 4H^+ \longrightarrow 3Fe^{3+} + NO + 2H_2O$$

$$Fe^{2+} + NO \longrightarrow [Fe(NO)]^{2+}$$

NO_2^- 也有上述反应，但 NO_2^- 是在 HAc 介质中与 $FeSO_4$ 溶液反应生成棕色的 $[Fe(NO)(H_2O)_5]^{2+}$，反应方程式如下：

$$Fe^{2+} + NO_2^- + 2HAc \longrightarrow Fe^{3+} + NO + H_2O + 2Ac^-$$

$$Fe^{2+} + NO \longrightarrow [Fe(NO)]^{2+}$$

NO_2^- 的存在干扰 NO_3^- 的鉴定，加入尿素并微热，可除去 NO_2^-：

$$2NO_2^- + CO(NH_2)_2 + 2H^+ \longrightarrow 2N_2\uparrow + CO_2 + 3H_2O$$

碱金属（锂除外）和铵的磷酸盐、磷酸一氢盐易溶于水，而其他磷酸盐难溶于水，大多数磷酸二氢盐易溶于水。焦磷酸盐和三聚磷酸盐都具有配位作用。PO_4^{3-} 与 $(NH_4)_2M_OO_4$ 溶液在硝酸介质中反应，生成黄色的磷钼酸铵沉淀。此反应可用于鉴定 PO_4^{3-}：

$$PO_4^{3-} + 12M_OO_4^{2-} + 24H^+ + 3NH_4^+ \longrightarrow (NH_4)_3PO_4 \cdot 12M_OO_3 \cdot 6H_2O(s) + 6H_2O$$

三、主要仪器、试剂和材料

仪器：试管、烧杯或水槽、气体收集瓶、点滴板、玻璃棒、试管夹、水浴锅、温度计、水槽、酒精灯。

试剂：NH_4Cl(s)、$Ca(OH)_2$(s)、NH_4NO_3(s)、$(NH_4)_2SO_4$(s)、NH_4Cl（0.1mol·L^{-1}）、NaOH（2mol·L^{-1}）、Nessler 试剂、锌粉、HNO_3（2mol·L^{-1}）、KNO_3(s)、$Cu(NO_3)_2$(s)、$AgNO_3$(s)、KNO_3（0.1mol·L^{-1}）、$FeSO_4\cdot 7H_2O$(s)、浓硫酸、$NaNO_2$（0.1mol·L^{-1}，1mol·L^{-1}）、尿素、H_2SO_4（1mol·L^{-1}，6mol·L^{-1}）、KI（0.02mol·L^{-1}）、$KMnO_4$（0.01mol·L^{-1}）、HAc（2mol·L^{-1}）、Na_3PO_4（0.1mol·L^{-1}）、Na_2HPO_4（0.1mol·L^{-1}）、NaH_2PO_4（0.1mol·L^{-1}）、$CaCl_2$（0.1mol·L^{-1}）、$CuSO_4$（0.1mol·L^{-1}）、$Na_4P_2O_7$（0.5mol·L^{-1}）、Na_2CO_3（0.1mol·L^{-1}）、$Na_5P_3O_{10}$（0.1mol·L^{-1}）、浓 HNO_3、钼酸铵试剂、淀粉溶液。

材料：石蕊试纸、pH 试纸、滤纸条。

四、实验步骤

1. 氨和铵盐的制备、性质、鉴定

（1）氨的实验室制备及其性质

① 制备。3g NH_4Cl(s) 及 3g $Ca(OH)_2$(s) 混合均匀后装入一支干燥的试管中，制备和收集氨气（制备过程应注意什么问题?）。用塞子塞紧氨气收集管管口，供下列实验使用。

② 性质

a. 氨气易溶于水。把盛有氨气的试管倒置在盛有水的大烧杯或水槽中，在水下打开塞子，轻轻摇动试管，观察有何现象发生？当水柱停止上升后，用手指堵住管口并将试管自水中取出。

b. 氨水的碱性。试验上述试管内溶液的酸碱性。思考：如何用最简单的方法试验氨水具有弱碱性？

（2）铵盐的性质及鉴定

① 铵盐在水中溶解时的热效应。试管中加入 2mL 水，测量水温后再加入 2g NH_4NO_3(s)，用小玻璃棒轻轻搅动溶液，再次测量溶液温度，记录温度变化，铵盐溶于水是吸热反应还是放热反应？并作理论解释。

② 铵盐的热分解。分别在 3 支干燥的小试管中加入约 0.5g NH_4Cl(s)、NH_4NO_3(s)、$(NH_4)_2SO_4$(s)；用试管夹夹好，管口贴上一条润湿的石蕊试纸，均匀加热试管底部，观察这三种铵盐热分解的异同，分别写出化学反应方程式。

③ NH_4^+ 的鉴定

a. 在试管中加入少量 NH_4Cl（0.1mol·L^{-1}）溶液和 NaOH（2mol·L^{-1}）溶液，微热，用润湿的红色石蕊试纸在试管口检验逸出的气体，并写出有关反应方程式。

b. 在滤纸条上加 1 滴 Nessler 试剂，代替红色石蕊试纸重复实验 a，观察现象，并写出有关反应方程式。

2. 硝酸及其盐的性质与鉴定

（1）硝酸的氧化性

在试管中放少量锌粉，加入 1mL（约 20 滴）HNO_3（2mol·L^{-1}）溶液，观察现象

(如不反应可微热)。取上清液检验是否有 NH_4^+ 生成,写出化学反应方程式。

(2)硝酸盐的热分解

分别试验 $KNO_3(s)$、$Cu(NO_3)_2(s)$、$AgNO_3(s)$ 的热分解反应,用火柴余烬检验反应生成的气体,说明它们热分解反应的异同,写出化学反应方程式并加以解释。

(3)NO_3^- 的鉴定

试管中加入 1mL KNO_3 ($0.1mol \cdot L^{-1}$) 溶液,接着加入少量 $FeSO_4 \cdot 7H_2O$ 晶体,摇荡试管使其溶解。然后斜持试管,沿管壁小心滴加 1mL 浓 H_2SO_4,静置片刻,观察两种液体界面处的棕色环,写出有关反应的化学方程式。

因为 NO_2^- 也有同样的反应,也能与 HAc 产生棕色环,因此,当有 NO_2^- 时,应先将 NO_2^- 除去。具体做法是:取含有 NO_2^- 的试液于试管中,加入少量尿素及 2 滴 H_2SO_4 ($1mol \cdot L^{-1}$),边加边搅拌,若反应慢,可微热,从而消除 NO_2^- 的干扰。

3. 亚硝酸及其盐的性质与鉴定

(1)亚硝酸的不稳定性

在试管中加入 10 滴 $NaNO_2$ ($1mol \cdot L^{-1}$) 溶液,然后滴加 H_2SO_4 ($6mol \cdot L^{-1}$) 溶液,观察溶液和液面上气体的颜色(若室温较高,应将试管放在冷水中冷却)。写出反应方程式。

(2)亚硝酸的氧化性

用 $NaNO_2$ ($0.1mol \cdot L^{-1}$) 溶液、KI ($0.02mol \cdot L^{-1}$) 溶液及 H_2SO_4 ($1mol \cdot L^{-1}$) 溶液试验 $NaNO_2$ 的氧化性。然后加入淀粉试液,观察反应及产物的颜色、状态,微热试管,又有什么变化?写出离子反应方程式。

(3)亚硝酸的还原性

用 $NaNO_2$ ($0.1mol \cdot L^{-1}$) 溶液、$KMnO_4$ ($0.01mol \cdot L^{-1}$) 溶液及 H_2SO_4 ($1mol \cdot L^{-1}$) 溶液试验 $NaNO_2$ 的还原性。写出离子反应方程式。

(4)NO_2^- 的鉴定

在试管中加 1 滴 $NaNO_2$ ($0.1mol \cdot L^{-1}$) 溶液稀释至 1mL,然后加入少量 $FeSO_4 \cdot 7H_2O$ 晶体,摇荡试管使其溶解。再加入 HAc ($2mol \cdot L^{-1}$) 溶液,观察现象。写出反应方程式。

4. 磷酸盐的性质与鉴定

(1)磷酸盐的酸碱性

用 pH 试纸分别测定浓度均为 $0.1mol \cdot L^{-1}$ Na_3PO_4 溶液、Na_2HPO_4 溶液和 NaH_2PO_4 溶液的 pH。写出相关反应方程式并加以说明。

(2)磷酸盐的生成与性质

a. 取 3 支试管,分别加入浓度均为 $0.1mol \cdot L^{-1}$ Na_3PO_4 溶液、Na_2HPO_4 溶液和

NaH_2PO_4 溶液，然后各滴加几滴 $CaCl_2$（0.1mol·L^{-1}）溶液，观察有无沉淀生成。写出有关反应的离子方程式。

b. 取1支试管，加入几滴 $CuSO_4$（0.1mol·L^{-1}）溶液，然后逐滴加入 $Na_4P_2O_7$（0.5mol·L^{-1}）溶液至过量，观察现象。写出有关反应的离子方程式。

c. 取1支试管，加1滴 $CaCl_2$（0.1mol·L^{-1}）溶液，然后滴加 Na_2CO_3（0.1mol·L^{-1}）溶液，再滴加 $Na_5P_3O_{10}$（0.1mol·L^{-1}）溶液，观察观象。写出有关反应的离子方程式。

（3）PO_4^{3-} 的鉴定

取1支试管，加几滴 Na_3PO_4（0.1mol·L^{-1}）溶液，再加0.5mL（约10滴）浓 HNO_3 和1mL钼酸铵试剂，在水浴上微热到40～45℃，观察现象。写出反应的化学方程式。

五、注意事项

① 做硝酸的氧化性实验时，若反应不明显，则需要加热。

② 做棕色环实验时，倾倒浓硫酸的速度要缓慢，主要为了分层，以便观察棕色环。

③ 注意奈斯勒试剂的英文名称：Nessler 试剂。

④ NO_2 有毒，用纸片盖住试管口观察现象，保持实验室通风。

⑤ 没有用完的铜片要回收。

⑥ 在“棕色环”实验中，NO_3^- 对 NO_2^- 的检测没有干扰，反之，NO_2^- 对 NO_3^- 的检测有干扰。

⑦ 反应中若未强调加入试剂的量，则以观察到实验现象为准，逐滴加入。

六、思考题

① 鉴定 NH_4^+ 时，为什么将奈斯勒试剂滴在滤纸上检验逸出的 NH_3，而不是将奈斯勒试剂直接加到含 NH_4^+ 的溶液中？

② 硝酸与金属反应时，N(V) 的主要还原产物是什么？与哪些因素有关？

③ 用钼酸铵试剂鉴定 PO_4^{3-} 时，为什么不用硫酸或盐酸作为介质，而要在浓硝酸介质中进行？

实验7 氧和硫

(Exp 7 Oxygen and Sulfur)

一、实验目的

① 掌握过氧化氢的主要性质。

② 掌握硫化氢的还原性及 S^{2-} 的鉴定。

③ 掌握亚硫酸及其盐的性质以及 SO_3^{2-} 的鉴定。

④ 掌握硫代硫酸及其盐的性质以及 $S_2O_3^{2-}$ 的鉴定。

⑤ 掌握过二硫酸盐的氧化性。

二、实验原理

1. 过氧化氢（H_2O_2）

H_2O_2 中 O 的氧化值为-1，因此 H_2O_2 既有氧化性又有还原性，作为氧化剂时还原产物为 H_2O，作为还原剂时氧化产物是 O_2。

H_2O_2 具有弱酸性：$H_2O_2 \rightleftharpoons H^+ + HO_2^-$ [$K_a(1)=2.3\times10^{-12}$，298.15K]。

H_2O_2 具有不稳定性：$2H_2O_2 \rightleftharpoons 2H_2O + O_2$。

H_2O_2 的鉴定：在酸性溶液中，H_2O_2 与 $Cr_2O_7^{2-}$ 反应生成蓝色的 CrO_5，这一反应可用于鉴定 H_2O_2。

2. 硫化氢（H_2S）

H_2S 是一种无色、有毒气体，有臭鸡蛋味，稍溶于水，水溶液呈酸性，为二元弱酸。

H_2S 最重要的性质是强还原性，根据氧化剂氧化性大小的不同，S^{2-} 的氧化产物为 S 或 SO_4^{2-}。

S^{2-} 的鉴定：在含有 S^{2-} 的溶液中加入稀盐酸，生成的 H_2S 气体能使湿润的 $Pb(Ac)_2$ 试纸变黑；此外，在弱碱性条件下，S^{2-} 与亚硝基五氰合铁(Ⅲ)酸钠 $Na_2[Fe(CN)_5NO]$ 反应生成紫色配合物。

$$S^{2-} + [Fe(CN)_5NO]^{2-} \rightleftharpoons [Fe(CN)_5NOS]^{4-}$$

常用以上两种方法鉴定 S^{2-}。

3. 亚硫酸及其盐

SO_2 溶于水生成不稳定的亚硫酸。亚硫酸及其盐常用作还原剂，但遇到强还原剂时其也起氧化作用。

H_2SO_3 的漂白性：H_2SO_3 可与某些有机物发生加成反应生成无色加成物，而达到漂白目的。而加成物受热时往往容易分解，如 SO_2 使品红溶液褪色。

SO_3^{2-} 的鉴定：SO_3^{2-} 与 $[Fe(CN)_5NO]^{2-}$ 反应生成红色配合物，加入饱和 $ZnSO_4$ 溶液和 $K_4[Fe(CN)_6]$ 溶液，会使红色明显加深，这种方法可用于鉴定 SO_3^{2-}。

4. 硫代硫酸及其盐

硫代硫酸（$H_2S_2O_3$）不稳定，易分解为 S 和 SO_2。

$Na_2S_2O_3$ 是常见的硫代硫酸盐，具有还原性，能将 I_2 还原为 I^-，而自身被氧化为连四硫酸钠，反应式如下：

$$2S_2O_3^{2-} + I_2 \rightleftharpoons S_4O_6^{2-} + 2I^-$$

$S_2O_3^{2-}$ 还是很重要的配体，能与某些金属离子形成配合物，如：

$$2S_2O_3^{2-} + Ag^+ \rightleftharpoons [Ag(S_2O_3)_2]^{3-}$$

$S_2O_3^{2-}$ 的鉴定：$S_2O_3^{2-}$ 与 Ag^+ 作用生成白色硫代硫酸银沉淀，而后迅速变黄再变为棕色，最后变为黑色的硫化银沉淀。这是 $S_2O_3^{2-}$ 最特殊的反应之一，可以用来鉴定 $S_2O_3^{2-}$，反应式如下：

$$2Ag^+ + S_2O_3^{2-} \rightleftharpoons Ag_2S_2O_3(s)$$

$$Ag_2S_2O_3(s)+H_2O \rightleftharpoons Ag_2S(s)+H_2SO_4$$

5. 过二硫酸盐

过二硫酸盐是强氧化剂，在酸性条件下，Ag^+为催化剂时，过二硫酸根可以把Mn^{2+}氧化为MnO_4^-。

三、主要仪器、试剂和材料

仪器：点滴板、水浴锅、试管、玻璃棒。

试剂：H_2O_2（3%）、KI（0.1mol·L^{-1}）、Na_2S（0.1mol·L^{-1}）、$AgNO_3$（0.1mol·L^{-1}）、$MnSO_4$（0.1mol·L^{-1}）、H_2SO_4（1mol·L^{-1}）、戊醇、$K_2Cr_2O_7$（0.1mol·L^{-1}）、HCl（2mol·L^{-1}）、Na_2SO_3（0.1mol·L^{-1}）、$KMnO_4$（0.1mol·L^{-1}）、饱和H_2S溶液、饱和SO_2溶液、饱和$ZnSO_4$溶液、$K_4[Fe(CN)_6]$（0.1mol·L^{-1}）、$Na_2[Fe(CN)_5NO]$（1%）、$Na_2S_2O_3$（0.1mol·L^{-1}）、碘水（0.1mol·L^{-1}）、淀粉试液、$K_2S_2O_8(s)$。

材料：pH试纸、$Pb(Ac)_2$试纸。

四、实验步骤

1. 过氧化氢的性质及鉴定

① H_2O_2的酸碱性。取1支试管，滴加10滴H_2O_2（3%），用pH试纸测其酸碱性。

② H_2O_2的氧化还原性

a. H_2O_2的氧化性。取1支试管，先加入10滴KI（0.1mol·L^{-1}）溶液，接着加入2滴H_2SO_4（1mol·L^{-1}）溶液酸化，再逐滴加入10滴H_2O_2（3%），并滴入2～3滴淀粉溶液，观察现象，写出有关反应的化学反应方程式。

b. H_2O_2的还原性。取1支试管，先加入10滴H_2O_2（3%）溶液，然后滴加2滴H_2SO_4（1mol·L^{-1}）溶液酸化，再滴加2～3滴$KMnO_4$（0.1mol·L^{-1}）溶液，观察现象，用火柴余烬检验反应生成的气体，写出反应的化学反应方程式。

③ H_2O_2的鉴定。取1支试管，加入10滴H_2O_2（3%）溶液和10滴戊醇，再加入几滴H_2SO_4（1mol·L^{-1}）溶液和1滴$K_2Cr_2O_7$（0.1mol·L^{-1}）溶液，摇荡试管，观察现象，写出反应的化学反应方程式。

2. 硫化氢的制备、还原性和S^{2-}的鉴定

① 硫化氢的制备。取1支试管，加入几滴Na_2S（0.1mol·L^{-1}）溶液和HCl（2mol·L^{-1}）溶液，用润湿的$Pb(Ac)_2$试纸检查逸出的气体，写出有关反应的化学反应方程式。

② 硫化氢的还原性。

a. 取1支试管，加入5滴Na_2S（0.1mol·L^{-1}）溶液和5滴Na_2SO_3（0.1mol·L^{-1}）溶液，充分混合，再逐滴加入H_2SO_4（1mol·L^{-1}）溶液酸化，观察并记录现象，写出反应的化学反应方程式。

b. 取1支试管，加入几滴$KMnO_4$（0.1mol·L^{-1}）溶液，用H_2SO_4（1mol·L^{-1}）溶液酸化后，再滴加饱和H_2S溶液，观察现象，写出反应的化学反应方程式。

③ S^{2-}的鉴定。在点滴板上加1滴Na_2S（0.1mol·L^{-1}）溶液，再加1滴1%的$Na_2[Fe(CN)_5NO]$溶液，观察现象，写出该反应的离子反应方程式。

3. 亚硫酸及其盐的氧化还原性与SO_3^{2-}的鉴定

① 亚硫酸的氧化性。取1支试管，滴加几滴饱和H_2S溶液，再滴加饱和SO_2溶液，观察现象，写出该反应的化学反应方程式。

② 亚硫酸根的还原性。取1支试管，滴加10滴Na_2SO_3（0.1mol·L^{-1}）溶液、2滴$KMnO_4$（0.1mol·L^{-1}）溶液和2滴H_2SO_4（1mol·L^{-1}）溶液，振荡，观察现象，写出该反应的化学反应方程式。

③ SO_3^{2-}的鉴定。在点滴板上加1滴饱和$ZnSO_4$溶液和1滴$K_4[Fe(CN)_6]$（0.1mol·L^{-1}）溶液，再加1滴1%的$Na_2[Fe(CN)_5NO]$溶液，最后加1滴Na_2SO_3（0.1mol·L^{-1}）溶液，用玻璃棒搅拌，观察现象，写出该反应的化学反应方程式。

4. 硫代硫酸盐的性质与$S_2O_3^{2-}$的鉴定

（1）$S_2O_3^{2-}$的还原性

取1支试管，加入几滴$Na_2S_2O_3$（0.1mol·L^{-1}）溶液，再逐滴加入碘水（0.1mol·L^{-1}）和1滴淀粉试液，观察现象，写出该反应的化学反应方程式。

（2）$S_2O_3^{2-}$的配位性

取1支试管，加入5滴$AgNO_3$（0.1mol·L^{-1}）溶液，再加入过量$Na_2S_2O_3$（0.1mol·L^{-1}）溶液，观察现象，写出该反应的化学反应方程式。

（3）$S_2O_3^{2-}$的鉴定

取1支试管，加入5滴$AgNO_3$（0.1mol·L^{-1}）溶液和3滴$Na_2S_2O_3$（0.1mol·L^{-1}）溶液（不能过量，为什么?），放置，观察沉淀颜色的变化，写出该反应的化学反应方程式。

5. 过硫酸盐的氧化性

取1支试管，加入1滴$MnSO_4$（0.1mol·L^{-1}）溶液、2mL H_2SO_4（1mol·L^{-1}）溶液和1滴$AgNO_3$（0.1mol·L^{-1}）溶液，再加入少量$K_2S_2O_8$固体，在水浴中加热片刻，观察溶液颜色的变化，写出该反应的化学反应方程式。

五、注意事项

① 由于硫化氢有毒，硫化氢及硫化物的性质实验应在通风橱中进行。

② 在$S_2O_3^{2-}$鉴定实验中，往$AgNO_3$溶液中加入$Na_2S_2O_3$溶液，反应先生成白色$Ag_2S_2O_3$沉淀，放置，以可观察到沉淀颜色的变化（白色、黄色、棕色）为宜。另外，$Na_2S_2O_3$溶液不能过量，因为过量后生成可溶性的$[Ag(S_2O_3)_2]^{3-}$配离子。

六、思考题

① 往$AgNO_3$溶液中滴加$Na_2S_2O_3$溶液，所加$Na_2S_2O_3$溶液的量不同时，产物是否相

同？适量和过量时产物分别是什么？

② $MnSO_4$ 与 $K_2S_2O_8$ 反应时，加入的 $AgNO_3$ 起什么作用？实验中，可否用 $MnCl_2$ 溶液取代 $MnSO_4$ 溶液？

③ H_2S、Na_2S 和 Na_2SO_3 溶液为什么不能长期保存？

实验8 氯、溴、碘

(Exp 8 Chlorine, Bromine and Iodine)

一、实验目的

① 掌握卤素单质的氧化性和卤化氢的还原性。

② 掌握次氯酸及氯酸盐的性质。

③ 了解氯离子、溴离子、碘离子的分离和鉴定方法。

二、实验原理

氯、溴、碘的最外层电子排布式为 ns^2np^5，位于元素周期表中的第ⅦA族，在化合物中，其最常见的氧化值为−1，但在一定条件下也可生成氧化值为+1、+3、+5、+7的化合物。

氯、溴、碘的单质是氧化剂，它们氧化性的强弱次序为：$Cl_2>Br_2>I_2$，而卤素离子或卤化氢的还原性顺序则相反：$I^->Br^->Cl^-$（HI>HBr>HCl）。

Cl_2 的歧化反应：氯的水溶液称为氯水。由于在氯水中存在下列平衡：$Cl_2+H_2O \rightleftharpoons HCl+HClO$，将氯气通入冷的碱溶液中，可使上述平衡向右移动，生成次氯酸盐和盐酸盐。

ClO^- 的强氧化性：次氯酸和次氯酸盐中 Cl 的氧化值为+1，因此是强氧化剂。

ClO_3^- 的强氧化性：酸性介质中，氯酸盐也具有强氧化性。

AgX 难溶物的生成：Cl^-、Br^-、I^- 都能与 $AgNO_3$ 作用，分别生成 AgCl（白色）、AgBr（淡黄色）、AgI（黄色）沉淀，它们都不溶于稀 HNO_3，且 $K_{sp}^{\ominus}(AgCl)>K_{sp}^{\ominus}(AgBr)>K_{sp}^{\ominus}(AgI)$。

X^- 的鉴定：三种 AgX 沉淀中，只有 AgCl 能溶于氨水、$(NH_4)_2CO_3$ 溶液和 $AgNO_3$-NH_3 溶液，生成配离子 $[Ag(NH_3)_2]^+$。反应式为：

$$AgCl+2NH_3 \rightleftharpoons [Ag(NH_3)_2]^+ + Cl^-$$

利用这个性质，可采用过滤法将 AgCl 与 AgBr、AgI 分离。

再加入稀 HNO_3 时，AgCl 可重新析出，反应式如下：

$$[Ag(NH_3)_2]^+ + Cl^- + 2H^+ \rightleftharpoons AgCl(s) + 2NH_4^+$$

根据上述性质可以鉴定 Cl^-。

Br^- 和 I^- 可用氯水进行氧化，再用 CCl_4 进行萃取，Br_2 在 CCl_4 层中呈橙黄色，I_2 在 CCl_4 层中呈紫色，据此可鉴定 Br^- 和 I^-。

三、主要仪器、试剂和材料

仪器：试管、电动离心机、离心管。

试剂：KBr（0.1mol·L^{-1}）、KI（0.1mol·L^{-1}）、新配制的饱和氯水、CCl_4、饱和溴水、NaCl(s)、KBr(s)、KI(s)、浓 H_2SO_4、饱和 NaClO、浓 HCl、$MnSO_4$（0.1mol·L^{-1}）、H_2SO_4（2mol·L^{-1}）、饱和 $KClO_3$、NaCl（0.1mol·L^{-1}）、$AgNO_3$（0.1mol·L^{-1}）、$NH_3 \cdot H_2O$（2mol·L^{-1}）、HNO_3（2mol·L^{-1}）、淀粉指示液、品红溶液。

材料：pH 试纸、淀粉-KI 试纸、$Pb(Ac)_2$ 试纸。

四、实验步骤

1. 卤素单质的氧化性和卤素离子的还原性

① 卤素单质的氧化性。

a. 取 2 支试管，分别加入 10 滴 KBr（0.1mol·L^{-1}）溶液和 KI（0.1mol·L^{-1}）溶液，再分别加入 3mL CCl_4，然后逐滴加入饱和氯水（边加边振荡），观察 2 支试管中 CCl_4 层的颜色，写出该反应的化学反应方程式。

b. 取 1 支试管，加入 10 滴 KI（0.1mol·L^{-1}）溶液和 3mL CCl_4，并逐滴加入饱和溴水（边加边振荡），观察 CCl_4 层的颜色，写出该反应的化学反应方程式。

通过以上实验说明卤素单质氧化性的强弱。

② 卤素离子的还原性。取 3 支试管，分别加入少量（绿豆大小）NaCl、KBr、KI 固体，再分别加入几滴浓 H_2SO_4，观察各个试管中颜色的变化，分别用湿润的 pH 试纸、淀粉-KI 试纸、$Pb(Ac)_2$ 试纸检验各试管中产生的气体。

根据以上实验比较卤素离子的还原性，写出该反应的化学反应方程式。

2. 次氯酸盐、氯酸盐的氧化性

① 次氯酸盐的氧化性。取 4 支试管，分别加入 20 滴饱和 NaClO 溶液，然后分别进行下列实验。

a. 滴加 10 滴浓 HCl，并用淀粉-KI 试纸检验逸出的气体产物；

b. 加入 10 滴 $MnSO_4$（0.1mol·L^{-1}）溶液；

c. 用 H_2SO_4（2mol·L^{-1}）溶液中和至近中性，接着加 KI（0.1mol·L^{-1}）溶液，再加数滴淀粉指示液，观察现象；

d. 加入品红溶液，观察品红溶液是否褪色。

写出 a～c 的反应方程式，并说明次氯酸盐具有什么性质。

② 氯酸盐的氧化性。

a. 取 1 支试管，滴加几滴饱和的 $KClO_3$ 溶液和几滴浓 HCl，并用淀粉-KI 试纸检验产生的气体；

b. 取 1 支试管，加 2～3 滴 KI（0.1mol·L^{-1}）溶液和 4 滴饱和的 $KClO_3$ 溶液，再加入 H_2SO_4（2mol·L^{-1}）溶液酸化，并不断振荡，观察溶液颜色的变化。

写出上述每一步反应的化学反应方程式，说明氯酸盐的性质。

3. Cl^-、Br^-、I^- 的鉴定

① Cl^- 的鉴定。取 1 支离心管，加入 2 滴 NaCl（0.1mol·L^{-1}）溶液和 1 滴 HNO_3（2mol·L^{-1}）溶液，再逐滴加入 $AgNO_3$（0.1mol·L^{-1}）溶液至沉淀完全，观察沉淀颜

色。离心分离，弃去上清液，在沉淀中加入数滴 $NH_3 \cdot H_2O$（$2mol \cdot L^{-1}$）溶液，直至沉淀溶解；最后加数滴 HNO_3（$2mol \cdot L^{-1}$），是否又有沉淀析出？写出相关反应的化学反应方程式。

② Br^- 的鉴定。取 1 支试管，加入 2 滴 KBr（$0.1mol \cdot L^{-1}$）溶液和 1 滴 H_2SO_4（$2mol \cdot L^{-1}$）溶液，再加入 10 滴 CCl_4；然后逐滴加入新配制的氯水，边加边振荡，观察 CCl_4 层颜色的变化，写出相关反应的化学反应方程式。若 CCl_4 层呈黄色或橙黄色，表明原溶液中存在 Br^-。

③ I^- 的鉴定。用 KI（$0.1mol \cdot L^{-1}$）溶液代替②中的 KBr 溶液重复上述实验，写出相关反应的化学反应方程式。若 CCl_4 层呈紫红色，则表明原溶液中存在 I^-。

五、注意事项

① 氯气有毒，并有刺激性，吸入后会刺激喉管，引起咳嗽、喘息，因此有氯气产生的实验必须在通风橱中操作。

② 溴蒸气对气管、肺、眼、鼻、喉有强烈的刺激作用。液体溴有很强的腐蚀性，能灼伤皮肤，严重时会使皮肤溃烂。取用时须戴橡皮手套并用滴管取用。

③ 氯酸钾是强氧化剂，保存不当容易引起爆炸，它与硫磷的混合物是炸药；使用氯酸钾的实验，应把反应后残物回收，不允许倾入废酸液缸中。

六、思考题

① 用 pH 试纸检验气体时，为什么必须将 pH 试纸用蒸馏水湿润？

② 为什么鉴定 Cl^- 时先加稀 HNO_3？而鉴定 Br^- 和 I^- 时先加稀 H_2SO_4 而不加稀 HNO_3？

③ 淀粉-KI 试纸遇氯气变蓝，但若接触氯气时间较长，则蓝色褪去，为什么？

实验 9　铬和锰

(Exp 9　Chromium and Manganese)

一、实验目的

① 掌握铬和锰氢氧化物的酸碱性以及主要氧化态化合物的氧化还原性。

② 掌握铬和锰重要氧化态之间的相互转化。

二、实验原理

铬（Cr）和锰（Mn）分别位于周期表中第四周期的第ⅥB 族和第ⅦB 族，属于第一过渡系元素中较重要的金属元素。

1. 铬常见氧化态的化合物及相互转化

铬最常见的氧化值有＋3 和＋6，其中＋3 价铬盐容易水解，其氢氧化物呈两性。碱性溶液中的＋3 价氧化态铬以 CrO_2^- 的形式存在，易被强氧化剂（如 Na_2O_2 或 H_2O_2）氧化为黄色的铬酸盐。反应式如下：

$$2CrO_2^- + 3H_2O_2 + 2OH^- \rightleftharpoons 2CrO_4^{2-} + 4H_2O$$

常见+6价氧化态铬的化合物是铬酸盐和重铬酸盐，它们的水溶液中存在着下列平衡：

$$2CrO_4^{2-} + 2H^+ \rightleftharpoons Cr_2O_7^{2-} + H_2O$$

除了加酸、加碱可使上述平衡发生移动外，向 $Cr_2O_7^{2-}$ 溶液中加入 Ba^{2+}、Ag^+、Pb^{2+} 时，根据平衡移动规则，可得到铬酸盐沉淀。

$$2Ba^{2+} + Cr_2O_7^{2-} + H_2O \rightleftharpoons 2BaCrO_4\downarrow(\text{黄色}) + 2H^+$$

$$4Ag^+ + Cr_2O_7^{2-} + H_2O \rightleftharpoons 2Ag_2CrO_4\downarrow(\text{砖红色}) + 2H^+$$

$$2Pb^{2+} + Cr_2O_7^{2-} + H_2O \rightleftharpoons 2PbCrO_4\downarrow(\text{黄色}) + 2H^+$$

2. 重铬酸盐的氧化性及 Cr^{3+} 的还原性

重铬酸盐是强氧化剂，易被还原成+3价铬（Cr^{3+} 溶液为绿色或蓝色）；在碱性溶液中，$[Cr(OH)_4]^-$ 有较强的还原性，可被 H_2O_2 氧化为黄色的 CrO_4^{2-}。

3. +2价锰的化合物及其性质

锰最常见的是+2、+4、+7价氧化态的化合物。

+2价锰化合物在碱性介质中形成 $Mn(OH)_2$。$Mn(OH)_2$ 为白色碱性氢氧化物，溶于酸及酸性盐溶液，在空气中易被氧化，逐渐变成 MnO_2 的水合物 $MnO(OH)_2$（棕色）。反应式为：

$$2Mn(OH)_2 + O_2 \rightleftharpoons 2MnO(OH)_2(\text{棕色})$$

+2价锰化合物在酸性介质中比较稳定，与强氧化剂（如 $NaBiO_3$、PbO_2、$S_2O_8^{2-}$ 等）作用时，可生成紫红色 MnO_4^-，这个反应常用来鉴别 Mn^{2+}。反应式为：

$$5NaBiO_3 + 2Mn^{2+} + 14H^+ \rightleftharpoons 2MnO_4^- + 5Bi^{3+} + 5Na^+ + 7H_2O$$

4. +4价锰的化合物及其性质

MnO_2 是重要的+4价锰的化合物，它可由 MnO_4^- 与 Mn^{2+} 在中性介质中反应而得到。反应式为：

$$2MnO_4^- + 3Mn^{2+} + 2H_2O \rightleftharpoons 5MnO_2\downarrow + 4H^+$$

MnO_2 在酸性介质中是一种强氧化剂；在碱性介质中，MnO_2 可以与 MnO_4^- 生成绿色的 MnO_4^{2-}。反应式为：

$$2MnO_4^- + MnO_2 + 4OH^- \rightleftharpoons 3MnO_4^{2-} + 2H_2O$$

5. +7价锰的化合物及其性质

+7价锰的化合物主要是 MnO_4^-，它是一种强氧化剂，其还原产物受介质pH的影响。在酸性介质中，MnO_4^- 被还原成无色的 Mn^{2+}；在中性介质中，被还原成棕色沉淀 MnO_2；在碱性介质中，被还原成绿色的 MnO_4^{2-}。

三、主要仪器、试剂和材料

仪器：离心机、离心管、试管、长滴管、酒精灯、水浴锅或烧杯。

试剂：$CrCl_3$（0.1mol·L^{-1}）、NaOH（2mol·L^{-1}，6mol·L^{-1}）、HCl（2mol·L^{-1}，浓）、H_2O_2（3%）、戊醇、乙醚、HNO_3（2mol·L^{-1}，6mol·L^{-1}）、$K_2Cr_2O_7$（0.1mol·L^{-1}）、H_2SO_4（2mol·L^{-1}）、$Pb(NO_3)_2$（0.1mol·L^{-1}）、$BaCl_2$（0.1mol·L^{-1}）、$AgNO_3$（0.1mol·L^{-1}）、$FeSO_4$（0.5mol·L^{-1}）、$MnSO_4$（0.1mol·L^{-1}）、NH_4Cl（2mol·L^{-1}）、$NaBiO_3$(s)、饱和 H_2S 水溶液、$NH_3·H_2O$（2mol·L^{-1}）、$KMnO_4$（0.1mol·L^{-1}）、Na_2SO_3(s)、Na_2S（0.1mol·L^{-1}）、HAc（2mol·L^{-1}）、MnO_2(s)。

材料：淀粉-KI试纸、$Pb(Ac)_2$ 试纸。

四、实验步骤

1. 铬的化合物

① $Cr(OH)_3$ 的生成和性质。在 2 支离心管中各加入 10 滴 $CrCl_3$（0.1mol·L^{-1}）溶液，再逐滴加入 NaOH（6mol·L^{-1}）溶液，观察沉淀的颜色。离心，弃去上清液，在两支离心管的沉淀中分别滴加少量 HCl（2mol·L^{-1}）溶液和 NaOH（2mol·L^{-1}）溶液，观察沉淀是否溶解，以及溶液的颜色。写出相关反应的化学反应方程式，并判断 $Cr(OH)_3$ 的酸碱性。

② Cr^{3+} 的还原性及鉴定。在试管中加入 10 滴 $CrCl_3$（0.1mol·L^{-1}）溶液，再逐滴加入 NaOH（6mol·L^{-1}）溶液至过量，然后滴加 5 滴 3% H_2O_2 溶液，微热，观察现象。待试管冷却后，再补加几滴 H_2O_2 和 10 滴左右的戊醇或乙醚，最后慢慢滴入 HNO_3（6mol·L^{-1}）溶液，振荡试管，观察现象，写出相关反应的化学反应方程式。

③ 铬的硫化物。取 1 支试管，加入几滴 $CrCl_3$（0.1mol·L^{-1}）溶液，再滴加 Na_2S（0.1mol·L^{-1}）溶液，观察现象，用 $Pb(Ac)_2$ 试纸检验逸出的气体（可微热），写出相关反应的化学反应方程式。

④ CrO_4^{2-} 与 $Cr_2O_7^{2-}$ 间的相互转化。在试管中加入 10 滴 $K_2Cr_2O_7$（0.1mol·L^{-1}）溶液和 5 滴 NaOH（2mol·L^{-1}）溶液，观察溶液颜色变化；再滴入 5 滴 H_2SO_4（2mol·L^{-1}）溶液酸化，观察溶液颜色变化；写出相关反应的化学反应方程式。

⑤ 重铬酸盐和铬酸盐的溶解性。在 3 支试管中分别加入 5 滴 $K_2Cr_2O_7$（0.1mol·L^{-1}）溶液，并各加入几滴浓度均为 0.1mol·L^{-1} 的 $Pb(NO_3)_2$ 溶液、$BaCl_2$ 溶液和 $AgNO_3$ 溶液，观察产物的颜色和状态，写出相关反应的化学反应方程式。

⑥ $Cr_2O_7^{2-}$ 的氧化性。在试管中加入 5 滴 $K_2Cr_2O_7$（0.1mol·L^{-1}）溶液，并用 5 滴 H_2SO_4（2mol·L^{-1}）溶液酸化，再加入 10 滴 $FeSO_4$（0.5mol·L^{-1}）溶液，微热，观察溶液颜色的变化，写出反应的化学方程式。

2. 锰的化合物

① $Mn(OH)_2$ 的生成和性质。在 4 支试管中各加入 10 滴 $MnSO_4$（0.1mol·L^{-1}）溶液。在第 1 支试管中加入 5 滴 NaOH（2mol·L^{-1}）溶液，观察沉淀的颜色，振荡试管，观察沉淀颜色的变化；在第 2 支试管中加入 5 滴 NaOH（2mol·L^{-1}）溶液，生成沉淀后，迅速加入 HCl（2mol·L^{-1}）溶液，观察沉淀是否溶解；在第 3 支试管中加入 5 滴 NaOH（2mol·L^{-1}）溶液，生成沉淀后，迅速加入 NH_4Cl（2mol·L^{-1}）溶液，观察沉淀是否溶

解；在第4支试管中滴加NaOH（$2mol \cdot L^{-1}$）溶液至过量，观察沉淀是否溶解，写出相关反应的化学反应方程式。

② Mn^{2+}的还原性和鉴定。在试管中加入3mL HNO_3（$2mol \cdot L^{-1}$）溶液及2滴$MnSO_4$（$0.1mol \cdot L^{-1}$）溶液，再加入少量$NaBiO_3$固体，在水浴中微热，振荡，静置片刻，观察溶液颜色的变化，写出相关反应的化学反应方程式。

③ MnS的生成与性质。向离心管中滴加10滴$MnSO_4$（$0.1mol \cdot L^{-1}$）溶液，再滴加饱和H_2S水溶液，观察有无沉淀产生。再用长滴管吸取$NH_3 \cdot H_2O$（$2mol \cdot L^{-1}$）溶液，插入溶液底部挤出，观察生成沉淀的颜色。离心分离，弃去上清液，在沉淀中滴加HAc（$2mol \cdot L^{-1}$）溶液，观察沉淀是否溶解。写出有关反应的化学反应方程式。

④ MnO_2的生成和氧化性

a. 取1支试管，加入10滴$KMnO_4$（$0.1mol \cdot L^{-1}$）溶液，再逐滴加入$MnSO_4$（$0.1mol \cdot L^{-1}$）溶液，观察MnO_2沉淀的颜色，往沉淀中加入10滴H_2SO_4（$2mol \cdot L^{-1}$）溶液和少量Na_2SO_3粉末，沉淀是否溶解？

b. 在盛有绿豆粒大MnO_2固体的试管中加入2mL浓HCl溶液，微热，用淀粉-KI试纸检验所产生的气体，写出有关反应的化学反应方程式。

⑤ MnO_4^-的氧化性。在3支试管中各加入10滴$KMnO_4$（$0.1mol \cdot L^{-1}$）溶液，再分别加入10滴H_2SO_4（$2mol \cdot L^{-1}$）溶液、NaOH（$6mol \cdot L^{-1}$）溶液和数滴蒸馏水，然后各加少量Na_2SO_3粉末，观察反应现象，比较它们的产物有何不同。写出有关反应的化学反应方程式。

五、注意事项

① 在制备MnS沉淀时，一定要用长滴管吸取$NH_3 \cdot H_2O$溶液，然后深入到溶液底部，将$NH_3 \cdot H_2O$挤出。

② $Cr(OH)_3$是灰绿色的，容易将Cr^{3+}的颜色掩盖，要注意观察；加入NaOH溶液的速度不能太快，否则难以观察到沉淀的生成。

③ CrO_4^{2-}和$Cr_2O_7^{2-}$毒性较大，滴到手上后注意用水冲洗。

六、思考题

① 总结$Cr(OH)_3$和$Mn(OH)_2$的酸碱性。

② 总结$Cr_2O_7^{2-}$和CrO_4^{2-}相互转化的条件及它们形成盐的溶解性。

③ 在酸性、中性和强碱性溶液中，$KMnO_4$和Na_2SO_3反应的主要产物分别是什么？

④ 如何分离溶液中的Cr^{3+}和Mn^{2+}？

实验10 铁、钴、镍

(Exp 10 Iron, Cobalt and Nickel)

一、实验目的

① 加深理解和掌握+2价和+3价铁、钴、镍重要化合物的生成和性质。

② 加深理解和掌握铁、钴、镍配合物的生成及性质。

③ 掌握铁离子、钴离子、镍离子的鉴定方法。

二、实验原理

1. 铁、钴、镍在元素周期表中的位置

铁、钴、镍位于元素周期表中第四周期Ⅷ族，统称为铁系元素，价电子构型为 $3d^{6\sim8}4s^2$，重要的氧化值都是+2和+3。

2. +2价铁、钴、镍的重要化合物及性质

① 氢氧化物：+2价铁、钴、镍的氢氧化物都显碱性，具有不同的颜色。$Fe(OH)_2$ 为白色或苍绿色、$Co(OH)_2$ 为粉红色、$Ni(OH)_2$ 为浅绿色。它们都具有还原性，能被空气、H_2O_2 等氧化剂氧化，还原性能力有差异，按 $Fe(OH)_2$-$Co(OH)_2$-$Ni(OH)_2$ 的顺序由强到弱。

② 配合物：铁系元素能形成多种配合物，常见氨的配合物，Fe^{2+}、Co^{2+}、Ni^{2+} 与 NH_3 能形成配离子，它们的稳定性依次递增。铁系元素还有一些配合物，不仅很稳定，而且具有特殊颜色，由此可鉴定 Fe^{2+}、Co^{2+} 和 Ni^{2+}，如：

Co^{2+} 与 SCN^- 作用生成蓝色 $[Co(NCS)_4]^{2-}$ 配离子。反应式为：

$$Co^{2+}+4SCN^- \rightleftharpoons [Co(NCS)_4]^{2-}$$

Ni^{2+} 与丁二酮肟作用生成鲜红色沉淀，反应式为：

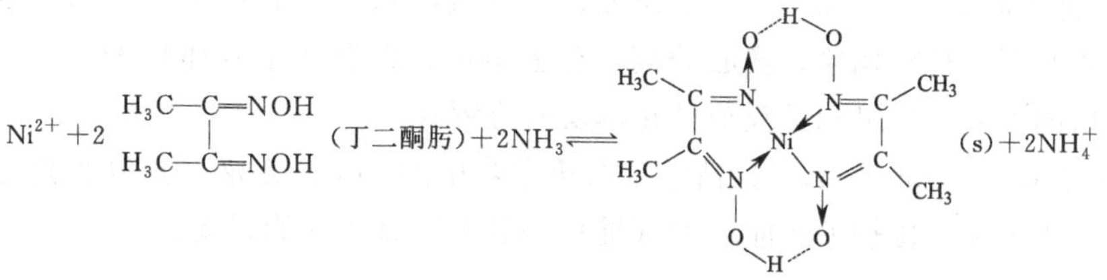

$$Ni^{2+}+2\begin{matrix}H_3C—C{=}NOH\\ |\\ H_3C—C{=}NOH\end{matrix}\text{（丁二酮肟）}+2NH_3 \rightleftharpoons [Ni(C_4H_7N_2O_2)_2](s)+2NH_4^+$$

(产物为双丁二酮肟合镍结构式：H_3C、CH_3、C=N、N→Ni、O—H…O)

3. +3价铁、钴、镍的重要化合物及性质

① 氢氧化物：+3价的铁、钴、镍都能生成不溶于水的氧化物和相应的氢氧化物。$Fe(OH)_3$ 能溶于酸生成+3价的铁盐；而 $Co(OH)_3$ 和 $Ni(OH)_3$ 与浓盐酸反应时，不能生成相应+3价的盐，因为它们的+3价盐极不稳定，极易分解成为+2价盐，并放出氯气，显示出强氧化性。按照Fe(Ⅲ)～Co(Ⅲ)～Ni(Ⅲ)的顺序，氧化性依次增强。

② 配合物：同+2价元素一样，+3价的铁系元素也能与 NH_3、SCN^- 等配位生成不同颜色的配合物。如：$Fe^{3+}+nSCN^- \rightleftharpoons [Fe(NCS)_n]^{3-n}$ $(n=1\sim6)$（血红色）。

三、主要仪器、试剂和材料

仪器：离心机、离心管、试管、长滴管、酒精灯、水浴锅或烧杯。

试剂：H_2SO_4（$2mol\cdot L^{-1}$）、NaOH（$2mol\cdot L^{-1}$）、HCl（$2mol\cdot L^{-1}$，浓）、$FeSO_4$

(0.5mol·L^{-1})、$CoCl_2$ (0.5mol·L^{-1})、$FeCl_3$ (0.5mol·L^{-1})、$NiSO_4$ (0.5mol·L^{-1})、$NH_3 \cdot H_2O$ (2mol·L^{-1}，6mol·L^{-1})、溴水、NH_4Cl (2mol·L^{-1})、KSCN (0.1mol·L^{-1})、NH_4F (1mol·L^{-1})、饱和 H_2S、KSCN(s)、戊醇、乙醚、丁二酮肟、$SnCl_2$ (0.5mol·L^{-1})、$KMnO_4$ (0.01mol·L^{-1})。

材料：淀粉-KI 试纸。

四、实验步骤

1. 铁、钴、镍氢氧化物的生成与性质

① 取 2 支试管，在一支试管中加入数滴 $FeSO_4$ (0.5mol·L^{-1}) 溶液，在另一支试管中加入 20 滴 NaOH (2mol·L^{-1}) 溶液，煮沸除氧。冷却后用长滴管吸取 NaOH 溶液，迅速插入到第一支试管中的 $FeSO_4$ 溶液底部，挤出，观察现象。摇荡后分为三份，取两份检验酸碱性，另一份在空气中放置，观察现象。写出有关反应的化学方程式。

② 在 3 支离心管中各加几滴 $CoCl_2$ (0.5mol·L^{-1}) 溶液，再逐滴加入 NaOH (2mol·L^{-1}) 溶液，观察现象。离心分离，弃去清液，然后检验 2 支离心管中沉淀的酸碱性，将第 3 支试管中的沉淀在空气中放置，观察现象。写出反应的化学方程式。

③ 用 $NiSO_4$ (0.5mol·L^{-1}) 溶液代替第②步中的 $CoCl_2$ 溶液，重复实验②。

通过实验①～③，比较 $Fe(OH)_2$、$Co(OH)_2$、$Ni(OH)_2$ 还原性的强弱。

④ 取 2 支离心管，分别加数滴 $FeCl_3$ (0.5mol·L^{-1}) 溶液和 NaOH (2mol·L^{-1}) 溶液，振荡，使其充分反应，观察其颜色和状态。离心，弃去清液，检验其酸碱性。写出相关反应的化学反应方程式。

⑤ 取几滴 $CoCl_2$ (0.5mol·L^{-1}) 溶液，加几滴溴水，然后加入 NaOH (2mol·L^{-1}) 溶液，摇荡离心管，观察现象。离心分离，弃去清液，在沉淀中滴加浓 HCl，并用淀粉-KI 试纸检查逸出的气体。写出相关反应的化学反应方程式。

⑥ 用 $NiSO_4$ (0.5mol·L^{-1}) 溶液代替第⑤步中的 $CoCl_2$ 溶液，重复实验⑤。

通过实验④～⑥，比较 Fe(Ⅲ)、Co(Ⅲ)、Ni(Ⅲ) 氧化性的强弱。

2. 铁、钴、镍配合物的生成与性质

① Fe^{3+}、Co^{2+}、Ni^{2+} 与氨水反应

a. 取 1 支试管，加入 10 滴 $FeCl_3$ (0.5mol·L^{-1}) 溶液，再滴入 $NH_3 \cdot H_2O$ (6mol·L^{-1}) 溶液，观察沉淀的颜色，再滴加过量的 $NH_3 \cdot H_2O$ (6mol·L^{-1}) 溶液，观察沉淀能否溶解。写出相关反应的化学反应方程式。

b. 取 1 支试管，加入 10 滴 $CoCl_2$ (0.5mol·L^{-1}) 溶液，再滴入 $NH_3 \cdot H_2O$ (6mol·L^{-1}) 溶液，观察沉淀的颜色，再滴加几滴 NH_4Cl (2mol·L^{-1}) 溶液和过量的 $NH_3 \cdot H_2O$ (6mol·L^{-1}) 溶液，至生成的沉淀刚好溶解，静置一段时间后，观察溶液颜色的变化。写出相关反应的化学反应方程式。

c. 取 1 支试管，加入 20 滴 $NiSO_4$ (0.5mol·L^{-1}) 溶液，再滴入 $NH_3 \cdot H_2O$ (2mol·L^{-1}) 溶液，观察现象；最后加几滴丁二酮肟溶液，观察有何变化。写出相关反应的化学反应方程式。

② Fe^{3+}、Co^{2+} 与 SCN^- 反应

a. 在试管中加入 2 滴 $FeCl_3$（0.5mol·L^{-1}）溶液，加水稀释至 2mL，然后加 1 滴 KSCN（0.1mol·L^{-1}）溶液，观察溶液颜色的变化；再加入 NH_4F（1mol·L^{-1}）溶液，观察有何变化。

b. 在试管中加入 10 滴 $CoCl_2$（0.5mol·L^{-1}）溶液和少量 KSCN 固体，再加几滴戊醇和乙醚，振摇后，观察水相及有机相的颜色变化。

3. 铁、钴、镍硫化物的生成与性质

① 在 3 支离心管中分别加入几滴 $FeSO_4$（0.5mol·L^{-1}）溶液、$CoCl_2$（0.5mol·L^{-1}）溶液和 $NiSO_4$（0.5mol·L^{-1}）溶液，再滴加饱和 H_2S 溶液，观察有无沉淀生成。接着加入 $NH_3 \cdot H_2O$（2mol·L^{-1}）溶液，观察现象。离心分离，在沉淀中滴加 HCl（2mol·L^{-1}）溶液，观察沉淀是否溶解。写出有关反应的化学反应方程式。

② 取几滴 $FeCl_3$（0.5mol·L^{-1}）溶液，滴加饱和 H_2S 溶液，观察现象。写出相关反应的化学反应方程式。

4. Fe^{3+} 的氧化性与 Fe^{2+} 的还原性

① 取几滴 $FeCl_3$（0.5mol·L^{-1}）溶液，滴加 $SnCl_2$（0.5mol·L^{-1}）溶液，观察现象。写出相关反应的化学反应方程式。

② 取几滴 $KMnO_4$（0.01mol·L^{-1}）溶液，用 H_2SO_4（2mol·L^{-1}）溶液酸化，再滴加 $FeSO_4$（0.5mol·L^{-1}）溶液，观察现象。写出相关反应的化学反应方程式。

五、注意事项

① 在制备 $Fe(OH)_2$ 沉淀时，一定要将长滴管深入到溶液底部，将 NaOH 溶液挤出；制得的 $Fe(OH)_2$ 不要摇动。

② 生成 $Co(OH)_2$ 的过程中会有颜色的变化：$Co^{2+} + OH^- + Cl^- \longrightarrow Co(OH)Cl\downarrow$（蓝色），继续加 NaOH 生成红色 $Co(OH)_2$ 溶液。所以应逐滴加入 NaOH 溶液，边加边摇荡试管。

③ Co^{2+} 在氨水中的反应及现象：先生成蓝色沉淀 $Co^{2+} + NH_3 \cdot H_2O \longrightarrow Co(OH)Cl\downarrow$，继续滴加过量 $NH_3 \cdot H_2O$ 先生成土黄色 $[Co(NH_3)_6]^{2+}$，此配离子在空气中可缓慢被氧化变成更稳定的红褐色 $[Co(NH_3)_6]^{3+}$。所以应逐滴加入 $NH_3 \cdot H_2O$ 溶液至过量，边加边摇荡试管，静置，观察现象。

六、思考题

① 为什么制取 $Fe(OH)_2$ 时所用的 NaOH 溶液需要煮沸？

② 向 $FeCl_3$ 溶液中加入 Na_2CO_3 溶液，会有什么现象发生？为什么？

③ 怎样分离 Fe^{3+} 和 Co^{2+}？

④ 综合实验现象，总结+2 价的铁、钴、镍化合物还原性和+3 价的铁、钴、镍化合物氧化性的变化规律。

实验 11 铜、银、锌、镉、汞
(Exp 11 Copper, Silver, Zinc, Cadmium and Mercury)

一、实验目的

① 掌握铜、银、锌、镉、汞氢氧化物的性质。

② 掌握铜、银、锌、镉、汞配合物的生成与性质。

③ 掌握铜、银、锌、镉、汞硫化物的生成与性质。

④ 了解Cu(Ⅱ)-Cu(Ⅰ)、Hg(Ⅱ)-Hg(Ⅰ)之间的相互转化以及Cu(Ⅰ)和Hg(Ⅰ)难溶物的性质。

⑤ 学习Cu^{2+}、Ag^{+}、Zn^{2+}、Cd^{2+}、Hg^{2+}的鉴定方法。

二、实验原理

铜和银是周期系ⅠB族的元素，锌、镉、汞是ⅡB族的元素。在化合物中，铜的氧化数是+1或+2，银的氧化数通常是+1，锌和镉的氧化数通常为+2，汞的氧化数为+1或+2。

$Cu(OH)_2$呈两性，在加热时容易脱水而生成黑色CuO。AgOH极不稳定，在常温下极易脱水生成棕色的Ag_2O。$Zn(OH)_2$和$Cd(OH)_2$均呈两性物质。汞（Ⅰ）和汞（Ⅱ）的氢氧化物极不稳定，也极易脱水生成黄色的HgO和黑色的Hg_2O。

铜离子、银离子、锌离子、镉离子、汞离子均能生成多种配合物，常见的是氨的配合物，如Cu^{2+}、Ag^{+}、Zn^{2+}、Cd^{2+}均能与过量$NH_3 \cdot H_2O$反应生成氨的配合物；汞（Ⅰ）和汞（Ⅱ）与$NH_3 \cdot H_2O$的反应比较复杂。

Cu^{+}在水溶液中不能以自由离子的形式存在，容易歧化成Cu^{2+}和Cu。

Cu^{2+}能与$K_4[Fe(CN)_6]$反应而生成棕红色$Cu_2[Fe(CN)_6]$沉淀，利用这个反应可鉴定Cu^{2+}（若存在Fe^{2+}，则需消除Fe^{2+}对Cu^{2+}鉴定的干扰）。Zn^{2+}可由它与二苯硫腙反应生成粉红色螯合物来鉴定。Cd^{2+}可由它与饱和H_2S溶液反应而生成黄色CdS沉淀来鉴定。可由Ag^{+}与Cl^{-}反应生成白色沉淀，沉淀能溶于$NH_3 \cdot H_2O$，再加HNO_3后白色沉淀又重新析出，证明Ag^{+}的存在。Hg^{2+}可由它与$SnCl_2$反应生成白色Hg_2Cl_2来鉴定。

三、主要仪器、试剂

仪器：酒精灯、电动离心机、水浴锅、试管、离心管、烧杯、滴管。

试剂：$CuSO_4$（0.1mol·L^{-1}）、NaOH（2mol·L^{-1}，6mol·L^{-1}）、HCl（2mol·L^{-1}，浓）、$AgNO_3$（0.1mol·L^{-1}）、$Zn(NO_3)_2$（0.1mol·L^{-1}）、H_2SO_4（0.2mol·L^{-1}）、$Cd(NO_3)_2$（0.1mol·L^{-1}）、$Hg(NO_3)_2$（0.1mol·L^{-1}）、HNO_3（2mol·L^{-1}，浓）、$NH_3 \cdot H_2O$（2mol·L^{-1}，6mol·L^{-1}）、NaCl（0.1mol·L^{-1}）、KBr（0.1mol·L^{-1}）、$Na_2S_2O_3$（0.1mol·L^{-1}）、$HgCl_2$（0.1mol·L^{-1}）、NH_4NO_3（s）、KI（0.1mol·L^{-1}）、饱和KI、饱和H_2S、$CuCl_2$（1mol·L^{-1}）、铜屑、$K_4[Fe(CN)_6]$（0.1mol·L^{-1}）、$Hg_2(NO_3)_2$（0.1mol·L^{-1}）、$Cu(NO_3)_2$（0.1mol·L^{-1}）、二苯硫腙、王水、$SnCl_2$（0.1mol·L^{-1}）。

四、实验步骤

1. 铜、银、锌、镉、汞氢氧化物的生成和性质

① 在3支试管中各加入10滴$CuSO_4$（0.1mol·L^{-1}）溶液，再各滴入NaOH（2mol·L^{-1}）溶液，观察沉淀的生成。然后，在第一支试管中加入适量的HCl（2mol·L^{-1}）溶液，在第二支试管中加入适量的NaOH（6mol·L^{-1}）溶液，观察现象，判断$Cu(OH)_2$的酸碱性；将第三支试管放在酒精灯上加热，观察现象，写出有关反应的化学反应方程式。

② 取1支试管，加入10滴$AgNO_3$（0.1mol·L^{-1}）溶液，再加入NaOH（2mol·L^{-1}）溶液，观察现象，按照第①步中的方法试验沉淀的酸碱性，写出有关反应的化学反应方程式。

③ 在2支试管中各加入5滴$Zn(NO_3)_2$（0.1mol·L^{-1}）溶液，并各滴加NaOH（2mol·L^{-1}）溶液，直到生成大量沉淀。然后在一支试管中加入几滴H_2SO_4（0.2mol/L）溶液，在另一支试管中加入过量的NaOH（2mol·L^{-1}）溶液，观察现象，写出有关反应的化学反应方程式。

④ 以$Cd(NO_3)_2$（0.1mol·L^{-1}）溶液重复上述试验，观察现象，写出反应的化学反应方程式。

⑤ 往2支试管中各加入2滴$Hg(NO_3)_2$（0.1mol·L^{-1}）溶液，并各滴加NaOH（2mol·L^{-1}）溶液，观察现象，然后在其中一支试管中加入几滴HNO_3（2mol·L^{-1}）溶液，在另一支试管中加入过量的NaOH（2mol·L^{-1}）溶液，观察现象，写出有关反应的化学反应方程式。

⑥ 以$Hg_2(NO_3)_2$（0.1mol·L^{-1}）溶液重复上述试验，观察现象，写出有关反应的化学反应方程式。

2. 铜、银、锌、镉、汞配合物的生成和性质

① 取1支离心管，加入5滴$CuSO_4$（0.1mol·L^{-1}）溶液，再逐滴加入NaOH（2mol·L^{-1}）溶液，观察$Cu(OH)_2$沉淀的生成。离心分离后，试验$Cu(OH)_2$沉淀是否溶解于$NH_3 \cdot H_2O$（2mol·L^{-1}），写出有关反应的化学反应方程式。

② 取1支试管，滴加10滴$AgNO_3$（0.1mol·L^{-1}）溶液，再加入数滴NaCl（0.1mol·L^{-1}）溶液，观察沉淀的生成。继续滴加$NH_3 \cdot H_2O$（6mol·L^{-1}）溶液，观察沉淀的溶解。再加入数滴KBr（0.1mol·L^{-1}）溶液，观察到又有沉淀生成。继续加入$Na_2S_2O_3$（0.1mol·L^{-1}）溶液，沉淀又溶解，写出有关反应的化学反应方程式。

③ 取1支试管，加入5滴$Zn(NO_3)_2$（0.1mol·L^{-1}）溶液，再滴加$NH_3 \cdot H_2O$（2mol·L^{-1}）溶液，观察沉淀的生成，继续滴加$NH_3 \cdot H_2O$（2mol·L^{-1}）溶液，观察沉淀的溶解，写出有关反应的化学反应方程式。

④ 取1支试管，加入$Cd(NO_3)_2$（0.1mol·L^{-1}）溶液，重复上述试验，观察现象，写出有关反应的化学反应方程式。

⑤ 取1支试管，加入5滴$HgCl_2$（0.1mol·L^{-1}）溶液，滴加$NH_3 \cdot H_2O$（2mol·L^{-1}）溶液，观察沉淀的生成，继续加入过量$NH_3 \cdot H_2O$（2mol·L^{-1}）溶液，观察沉淀

是否溶解，写出有关反应的化学反应方程式。

⑥ 取 1 支试管，加入 5 滴 $Hg(NO_3)_2$（0.1mol·L^{-1}）溶液，再加入数滴 $NH_3 \cdot H_2O$（6mol·L^{-1}）溶液，观察现象，继续加入少许固体 NH_4NO_3，观察沉淀是否溶解，写出有关反应的化学反应方程式。根据以上实验现象，比较铜离子、银离子、锌离子、镉离子、汞离子与 $NH_3 \cdot H_2O$ 反应的异同。

3. 铜、银、锌、镉、汞硫化物的生成和性质

在 6 支离心管中分别加入 1 滴 0.1mol·L^{-1} $CuSO_4$ 溶液、$AgNO_3$ 溶液、$Zn(NO_3)_2$ 溶液、$Cd(NO_3)_2$ 溶液、$Hg(NO_3)_2$ 溶液和 $Hg_2(NO_3)_2$ 溶液，再各滴加饱和 H_2S 溶液，观察现象。离心分离，试验 CuS 和 Ag_2S 在浓 HNO_3 中、ZnS 在 HCl（2mol·L^{-1}）溶液中、CdS 在浓 HCl 溶液中、HgS 在王水中的溶解性。写出有关反应的化学反应方程式。

4. Cu（Ⅱ）-Cu（Ⅰ）、Hg(Ⅱ)-Hg(Ⅰ) 之间的相互转化以及 Cu（Ⅰ）和 Hg（Ⅰ）难溶物的性质

① 在离心管中加入 5 滴 $CuSO_4$（0.1mol·L^{-1}）溶液，并加入 20 滴 KI（0.1mol·L^{-1}）溶液，观察现象。离心分离、弃去上清液，并洗涤沉淀后，再在离心管中加入饱和 KI 溶液至沉淀刚好溶解，并将溶液逐滴倒入盛有水的烧杯中，观察现象，写出有关反应的化学反应方程式。

② 在试管中加入 10 滴 $CuCl_2$（1mol·L^{-1}）溶液，并加入 10 滴浓 HCl 和少量铜屑，加热至沸，待溶液呈泥黄色时停止加热。用滴管吸出少量溶液并加入盛有水的烧杯中，观察现象，写出有关反应的化学反应方程式。

③ 在 5 滴 $Hg_2(NO_3)_2$（0.1mol·L^{-1}）溶液中，滴加 KI（0.1mol·L^{-1}）溶液，观察沉淀的生成。再加过量的 KI（0.1mol·L^{-1}）溶液，观察沉淀的变化，写出有关反应的化学反应方程式。

5. Cu^{2+}、Ag^{+}、Zn^{2+}、Cd^{2+}、Hg^{2+} 的鉴定方法

① 在 2 滴 $Cu(NO_3)_2$（0.1mol·L^{-1}）溶液中，加入 2 滴 $K_4[Fe(CN)_6]$（0.1mol·L^{-1}）溶液。如有棕红色沉淀，表示有 Cu^{2+}，写出有关反应的化学反应方程式。

② 在离心管中加入 5 滴 $AgNO_3$（0.1mol·L^{-1}）溶液，并滴加 HCl（2mol·L^{-1}）溶液至沉淀完全。离心分离、弃去上清液并洗涤沉淀后，加入过量 $NH_3 \cdot H_2O$（6mol·L^{-1}）溶液，待沉淀溶解后，再加入 2 滴 KI（0.1mol·L^{-1}）溶液，若有淡黄色沉淀生成，表示有 Ag^{+}，写出有关反应的化学反应方程式。

③ 在 2 滴 $Zn(NO_3)_2$（0.1mol·L^{-1}）溶液中，加入 5 滴 NaOH（6mol·L^{-1}）溶液和 10 滴二苯硫腙的 CCl_4 溶液，搅动并在水浴上加热。水溶液呈粉红色或 CCl_4 层由绿色变为棕色，均表示有 Zn^{2+}，写出有关反应的化学反应方程式。

④ 在 10 滴 $Cd(NO_3)_2$（0.1mol·L^{-1}）溶液中，加入饱和 H_2S 溶液，若有黄色沉淀生成，表示有 Cd^{2+}，写出有关反应的化学反应方程式。

⑤ 在 5 滴 $HgCl_2$（0.1mol·L^{-1}）溶液中，加入几滴 $SnCl_2$（0.1mol·L^{-1}）溶液，若有白色沉淀生成，并继而转变为黑色沉淀，表示有 Hg^{2+}，写出有关反应的化学反应方程

程式。

五、注意事项

① 因为本实验要用到饱和的 H_2S 溶液，故需要在通风橱中进行。
② 特别注意浓盐酸、浓硝酸和王水的使用安全。

六、思考题

① 比较铜、银、锌、镉、汞的氢氧化物的热稳定性。
② 铜离子、银离子、锌离子、镉离子、汞离子与 $NH_3 \cdot H_2O$ 反应有什么相同或不同之处？
③ Hg(Ⅱ)-Hg(Ⅰ) 之间的相互转化条件是什么？
④ 在什么条件下，Cu(Ⅰ) 才能稳定存在？

6.3 提纯和制备实验

(Experiments on Purification and Preparation)

温习：溶解、常压过滤、减压过滤、蒸发、浓缩结晶、重结晶、干燥和倾析法等相关操作步骤和注意事项。

实验 12 氯化钠的提纯

(Exp 12 Purification of Sodium Chloride)

一、实验目的

① 掌握用化学方法提纯粗食盐的基本原理和过程。
② 练习电子天平的使用以及加热、溶解、常压过滤、减压过滤、蒸发浓缩、结晶、干燥等基本操作。
③ 熟悉食盐中 Ca^{2+}、Mg^{2+}、SO_4^{2-} 的定性检验方法。

二、实验原理

粗食盐中含有泥沙等不溶性杂质以及 Ca^{2+}、Mg^{2+}、K^+、SO_4^{2-} 等可溶性杂质。不溶性杂质可通过溶解和常压过滤的方式除去，可溶性杂质可通过化学的方法，选择适当的沉淀剂，使它们生成难溶化合物的沉淀而被除去。

① 在粗食盐溶液中加入过量的 $BaCl_2$ 溶液，除去 SO_4^{2-} [$Ba^{2+} + SO_4^{2-} \longrightarrow BaSO_4(s)$]，过滤，除去难溶化合物和 $BaSO_4$ 沉淀。

② 在滤液中加入 NaOH 和 Na_2CO_3 溶液，除去 Mg^{2+}、Ca^{2+} 和沉淀 SO_4^{2-} 时加入的过量 Ba^2：$Mg^{2+} + 2OH^- = Mg(OH)_2(s)$，$Ca^{2+} + CO_3^{2-} = CaCO_3(s)$，$Ba^{2+} + CO_3^{2-} = BaCO_3(s)$。

③ K^+ 等可溶性的杂质含量少，蒸发浓缩后不结晶，仍留在母液中。

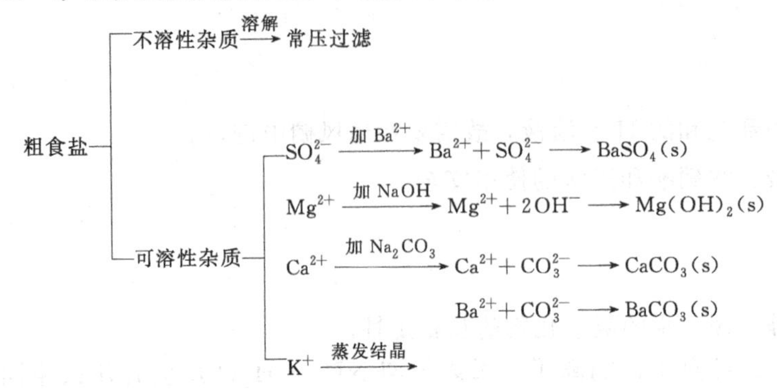

三、主要仪器、试剂和材料

仪器：电子天平、烧杯、量筒、电热板、普通漏斗、漏斗架、布氏漏斗、抽滤瓶、蒸发皿、石棉网、泥三角、酒精灯、药匙、玻璃棒。

试剂：粗食盐、精盐、HCl（$2mol \cdot L^{-1}$）、NaOH（$2mol \cdot L^{-1}$）、$BaCl_2$（$1mol \cdot L^{-1}$）、Na_2CO_3（$1mol \cdot L^{-1}$）、$(NH_4)_2C_2O_4$（$0.5mol \cdot L^{-1}$）、镁试剂。

材料：滤纸、pH 试纸。

四、实验步骤

1. 粗食盐的提纯

① 粗食盐的称量和溶解。用电子天平称取 4.0g 粗食盐，放入 100mL 烧杯中，加入 15mL 去离子水溶解（应用量筒量取，注意量程），加热（应用电热板），不断搅拌使其溶解。

② SO_4^{2-} 的除去。在煮沸的食盐水溶液中，边搅拌边逐滴加入 1mL（约 20 滴）$BaCl_2$（$1mol \cdot L^{-1}$），移走酒精灯，待沉淀下沉至上层出现清液时，再继续加入 1～2 滴 $BaCl_2$ 溶液，观察是否浑浊。若浑浊，继续滴加 $BaCl_2$ 溶液至沉淀完全；若无浑浊，继续小火加热 3～5min 至沉淀颗粒长大。用普通漏斗过滤，弃去沉淀，保留滤液。

③ Mg^{2+}、Ca^{2+}、Ba^{2+} 等的除去。往第②步得到的溶液中加入约 10 滴 NaOH（$2mol \cdot L^{-1}$）溶液和约 30 滴 Na_2CO_3（$1mol \cdot L^{-1}$）溶液，加热至沸。按照第②步中的方法检验各种离子是否沉淀完全。然后再用小火继续煮沸 5min，至沉淀颗粒长大。用普通漏斗过滤，弃去沉淀，保留滤液。

④ 调节溶液的 pH。往第③ 步得到的滤液中滴加 HCl（$2mol \cdot L^{-1}$）溶液，充分搅拌，用玻璃棒蘸取滤液在 pH 试纸上试验，直至微酸性（pH＝4～5）。

⑤ 蒸发浓缩。将溶液转移至蒸发皿中，放于石棉网或泥三角上用小火加热，蒸发至溶液呈稀糊状（不要蒸干！以免溅出晶体颗粒，降低产率；此外，会产生共沉淀现象）。

⑥ 结晶、减压过滤、干燥。将浓缩液冷却至室温，用布氏漏斗进行减压过滤，尽量抽干。再将产品带滤纸放入电热板上烘干，冷却，称量滤纸及产品质量，将产品从滤纸转移到回收容器，称量滤纸质量，计算回收率，记录数据。

2. 产品纯度的检验

称取 1g 粗食盐和 1g 精盐，分别溶于 5mL 去离子水，粗食盐溶液分装 3 支试管，精盐溶液分装3支试管，用下述方法对照检验产品的纯度。

① 检验 SO_4^{2-}：加入2滴 $BaCl_2$（$1mol \cdot L^{-1}$），观察有无白色沉淀生成。

② 检验 Ca^{2+}：加入2滴 $(NH_4)_2C_2O_4$（$0.5mol \cdot L^{-1}$）溶液，观察有无白色沉淀生成；

③ 检验 Mg^{2+}：加入2～3滴 NaOH（$2mol \cdot L^{-1}$）溶液，呈碱性后加入镁试剂（对硝基偶氮间苯二酚），观察有无蓝色沉淀产生。

五、注意事项

① 溶解 NaCl 时应用去离子水，而不是自来水。

② 大于5mL的液体用量筒量取，否则直接计算加入的滴数（1mL≈20滴）。

③ 滤纸不要重复使用，每次只用一张滤纸。

④ 抽滤时，用手扶好抽滤瓶，或用铁圈固定，注意不要打破瓶子。

⑤ 热源可以选择电热板，酒精灯加热速度快些，但需注意甲醛的污染，应开门开窗，保持实验室通风。

⑥ 加入沉淀剂的速度要慢，边加边搅拌，防止过量。

⑦ 不要将沉淀蒸干再抽滤（有共沉淀现象）。

⑧ 回收率偏高、偏低都不合理。偏高说明 Na_2CO_3、NaOH 加过量了，有相当一部分氯化钠是反应后的产物。

六、思考题

① 在除去 SO_4^{2-} 时，为何加入过量的 $BaCl_2$ 溶液？为什么不用 $CaCl_2$ 除去 SO_4^{2-}？

② 在除去粗食盐中的离子时，为何要先除去 SO_4^{2-}，然后除去 Mg^{2+} 和 Ca^{2+}？先后顺序能否颠倒？

③ 蒸发时为什么不能将溶液蒸干？

实验13　硫酸亚铁铵的制备
(Exp 13　Preparation of Ammonium Ferrous Sulfate)

一、实验目的

① 了解复盐的一般特性及硫酸亚铁铵的制备方法。

② 熟练掌握水浴加热、蒸发、结晶和减压过滤等基本操作。

二、实验原理

硫酸亚铁铵 $(NH_4)_2Fe(SO_4)_2 \cdot 6H_2O$，俗称摩尔盐，为浅绿色单斜晶体，易溶于水，难溶于乙醇。在空气中，其比一般的亚铁盐稳定，不易被氧化，而且价格低，制造工艺简单，容易得到较纯净的晶体。因此，其应用广泛，在工业上常用作废水处理的混凝剂，在农业上用作农药及肥料，在定量分析上常用作氧化还原滴定的基准物质。

像所有的复盐一样，硫酸亚铁铵在水中的溶解度比组成它的任何一个组分［$FeSO_4$ 或

$(NH_4)_2SO_4$] 的溶解度都小（表 6-3），因此，$FeSO_4$ 和 $(NH_4)_2SO_4$ 的混合溶液经蒸发浓缩、冷却结晶，即可得到摩尔盐——硫酸亚铁铵的晶体。

表 6-3　几种盐的溶解度　　单位：$g \cdot (100g\ H_2O)^{-1}$

温度/℃	盐及摩尔质量			
	$FeSO_4$ ($151.91g \cdot mol^{-1}$)	$FeSO_4 \cdot 7H_2O$ ($278.02g \cdot mol^{-1}$)	$(NH_4)_2SO_4$ ($132.14g \cdot mol^{-1}$)	$(NH_4)_2SO_4 \cdot FeSO_4 \cdot 6H_2O$ ($392.14g \cdot mol^{-1}$)
0	15.6	28.8	70.6	12.5
10	20.5	40	73	18.1
20	26.5	48	75.4	21.2
30	32.9	60	78	24.5
40	40.2	73.3	81.6	27.9
50	48.6	73.3	84.5	31.3
60	/	101	88	/
70	56	79.9	91.9	38.5
80	/	68.3	95	/
90	/	57.8	/	/
100	/	/	103	/

常用的制备方法如下。第一步，金属铁屑先与稀硫酸作用生成硫酸亚铁溶液：

$$Fe + H_2SO_4 \longrightarrow FeSO_4 + H_2\uparrow$$

第二步，将制得的硫酸亚铁溶液与等物质的量的 $(NH_4)_2SO_4$ 在溶液中混合，经加热浓缩、冷却得到溶解度较小的硫酸亚铁铵晶体。

$$FeSO_4 + (NH_4)_2SO_4 + 6H_2O \longrightarrow (NH_4)_2Fe(SO_4)_2 \cdot 6H_2O$$

其中，确定 $(NH_4)_2SO_4$ 质量的方法为：$Fe \sim FeSO_4 \sim (NH_4)_2SO_4$。

$$m[(NH_4)_2SO_4] = \frac{m_1(Fe) - m_2(Fe)}{56} \times 132.14 \qquad (6\text{-}8)$$

三、主要仪器、试剂和材料

仪器：电子天平、烧杯、量筒、电热板、玻璃棒、表面皿、恒温水浴锅、普通漏斗、蒸发皿、布氏漏斗、抽滤瓶、酒精灯、石棉网、铁架台、铁圈。

试剂：H_2SO_4（$3.0mol \cdot L^{-1}$）、无水乙醇、Na_2CO_3（$1.0mol \cdot L^{-1}$）、$(NH_4)_2SO_4$（s）、HCl（$3.0mol \cdot L^{-1}$）、铁屑、去离子水。

材料：滤纸、pH 试纸。

四、实验步骤

1. 铁屑的净化（除去油污）

用电子天平称取 2.0g（即 m_1）铁屑，放入 150mL 小烧杯中，加入 20mL Na_2CO_3（$1.0mol \cdot L^{-1}$）溶液。在电热板上缓缓加热约 10min，以除去铁屑表面的油污。用倾析法倒去 Na_2CO_3 碱性溶液，用自来水冲洗后，再用去离子水洗净铁屑（如果用纯净的铁屑，可省去这一步）。

2. 硫酸亚铁的制备

往盛有 2.0g 洁净铁屑的小烧杯中加入 15mL H_2SO_4（$3.0mol \cdot L^{-1}$）溶液，盖上表面

皿，放在恒温水浴锅中加热（最好在通风橱中进行）。温度控制在 70～80℃，直至不再大量冒气泡，此时反应基本完成。在加热过程中应不时加入少量去离子水，以补充被蒸发的水分，防止 $FeSO_4$ 结晶出来；趁热用普通漏斗过滤，滤液转入 50mL 蒸发皿中（不考虑水解，此时蒸发皿中溶液的溶质为硫酸亚铁，其物质的量约为 0.045mol）。用去离子水洗涤残渣 2～3 次，将留在小烧杯中及滤纸上的残渣取出，用滤纸片吸干后称量，得出未溶解的铁屑质量（m_2）。从而计算出溶液中所溶解铁屑的质量（m_1-m_2）。

3. 硫酸亚铁铵的制备

根据 $FeSO_4$ 的理论产量，按物质的量的比（1∶1）计算并称取所需固体 $(NH_4)_2SO_4$ 的用量。在室温下将称量出的 $(NH_4)_2SO_4$ 加入上面所制得的 $FeSO_4$ 溶液中，水浴加热搅拌，使硫酸铵全部溶解，调节 pH 值为 1～2，继续蒸发浓缩至溶液表面刚出现薄层的结晶。自恒温水浴锅上取下蒸发皿，放置，冷却后即有硫酸亚铁铵晶体析出。待冷至室温后用布氏漏斗减压过滤，用少量乙醇洗去晶体表面所附着的水分。将晶体取出，置于两张洁净的滤纸之间，轻压以吸干母液，称量。计算理论产量和产率。

$$产率=\frac{实际产量(g)}{理论产量(g)}\times 100\% \tag{6-9}$$

五、注意事项

① 铁屑要首先用热碳酸钠溶液除油污，因为废铁屑表面有油污，如果不除去不利于铁屑与硫酸反应。热碱去油污能力强。该过程要不断地搅拌以免暴沸烫伤人，并补适量水。

② 用硫酸处理铁屑时会产生 H_2、少量的 H_2S 和 PH_3，为了安全，水浴加热所需的热水最好事先准备好，水浴加热反应混合物时不要用明火。由于 H_2S、PH_3 有毒，实验须在通风橱内进行。

③ 反应中铁要稍过量。铁与稀硫酸反应临近结束时，可剩下一点铁屑，这是因为 Fe 可以还原氧化生成的 Fe^{3+}，保证 Fe^{2+} 稳定、纯净地存在，减少产物中的 Fe^{3+} 杂质。

④ 在用硫酸溶解铁屑的加热过程中，应不时加入少量的去离子水，以补充被蒸发的水分，保持 15mL 左右，防止 $FeSO_4$ 结晶出来（水量也不可太多，否则下步实验进行缓慢）。

⑤ 过滤 $FeSO_4$ 时一定要趁热，因为 $FeSO_4$ 在低温时溶解度较小，如果不趁热过滤就会有 $FeSO_4 \cdot 7H_2O$ 析出。过滤完后用少量的热水洗涤 2～3 次，但所用热水不可过多，否则后面浓缩结晶溶液时所用时间较长。

⑥ 浓缩结晶摩尔盐时要用小火加热，防止摩尔盐失水。加热浓缩初期可轻微搅拌，但注意观察晶膜，若有晶膜出现，则停止加热，不宜再搅拌。本实验也可以用水浴加热浓缩，但时间会稍微长一些。

⑦ 洗涤摩尔盐时用无水乙醇，不能用水。摩尔盐不溶于乙醇，但易溶于水，用无水乙醇可以除去水，易于干燥。

六、思考题

① 什么是摩尔盐？复盐与形成它的简单盐相比有什么特点？

② 在蒸发、浓缩过程中，若溶液变为黄色，是什么原因？应如何处理？

③ 本实验中 Na_2CO_3 的作用是什么？

④ 为什么过滤 $FeSO_4$ 时一定要趁热？

⑤ 铁与硫酸作用，以及最后浓缩、蒸发时，为什么要用水浴加热？可以直接加热吗？

实验 14　硫代硫酸钠的制备

(Exp 14　Preparation of Sodium Hyposulfite)

一、实验目的

① 学习硫代硫酸钠制备的原理和方法。

② 掌握加热、蒸发、浓缩、结晶和减压过滤等基本操作。

二、实验原理

硫代硫酸钠从溶液中结晶得到五水化合物（$Na_2S_2O_3 \cdot 5H_2O$），白色晶体，俗名“海波”，又名“大苏打”，是一种常见的化工原料和试剂，其是最重要的硫代硫酸盐，易溶于水，不溶于乙醇。硫代硫酸根（$S_2O_3^{2-}$）中硫的氧化值为+2，具有较强的还原性，常用作间接碘量法中标准溶液以滴定析出的单质 I_2，反应式如下：

$$2S_2O_3^{2-}(aq) + I_2(aq) = S_4O_6^{2-}(aq) + 2I^-(aq)$$

$S_2O_3^{2-}$ 还具有较强的配位能力，能与 Ag^+ 配位生成白色沉淀，此沉淀迅速变黄、变棕，最后变成黑色，因此，硫代硫酸钠是冲洗照片的定影剂。其反应式如下：

$$2Ag^+ + S_2O_3^{2-} = Ag_2S_2O_3\downarrow(\text{白色})$$

$$Ag_2S_2O_3 + H_2O = H_2SO_4 + Ag_2S\downarrow(\text{黑色})$$

硫代硫酸钠的制备方法有多种，本实验利用亚硫酸钠溶液与硫共煮制得硫代硫酸钠，其反应式为：

$$Na_2SO_3 + S = Na_2S_2O_3$$

常温下经过滤、蒸发、浓缩、结晶，制得 $Na_2S_2O_3 \cdot 5H_2O$ 晶体。

三、主要仪器、试剂和材料

仪器：烧杯、电子天平、电热板、布氏漏斗、抽滤瓶、表面皿、蒸发皿、石棉网。

试剂：硫黄粉（s）、Na_2SO_3（s）、95%乙醇、硫代硫酸钠晶体。

材料：滤纸。

四、实验步骤

① 在电子天平上称取 5.0g 硫黄粉，放在小烧杯内，用水∶乙醇=1∶1（体积比）的混合液将其调成糊状。

② 称取 12.5g Na_2SO_3 置于烧杯中，加入 75mL 蒸馏水，盖上表面皿，加热使其溶解，继续加热接近沸腾。

③ 将糊状硫黄粉分批加入近沸的 Na_2SO_3 溶液中，保持近沸约 1h。在近沸的过程中，不停搅拌，并将烧杯壁上黏附的硫黄用少量水冲淋下来，同时也要补充因蒸发而损失的水。

④ 反应完毕，趁热用布氏漏斗进行减压过滤，弃去未反应的硫黄粉。

⑤ 将滤液转移至蒸发皿中，并放在石棉网上加热蒸发，浓缩至体积为 18 ～ 20mL，用

冰水浴冷却，观察晶体的析出。如无晶体析出，加几粒硫代硫酸钠晶体，搅拌，即有大量晶体析出。

⑥ 用布氏漏斗减压过滤，尽量抽干水分，用少量乙醇洗涤晶体，取出称量，计算产率。

五、注意事项

① 在用小火加热保持近沸的反应过程中，要不断搅拌，并补充蒸发掉的水分。

② 把握好浓缩体积是关键，过稀时产物不能结晶，过浓时析出的产物很硬，质量差。

③ $Na_2S_2O_3 \cdot 5H_2O$ 于 40 ～ 45℃时熔化，48℃时分解，因此，在浓缩过程中要注意不能蒸发过度。

六、思考题

① 在浓缩过程中，为什么温度要控制在45℃以下？温度高了，会有什么现象发生？

② 为除去产品中游离态的水，除了烘干外，还可以采取其他什么措施？

实验15　明矾的制备
(Exp 15　Preparation of Alum)

一、实验目的

① 了解明矾的制备原理和方法。

② 认识铝和氢氧化铝的两性。

③ 练习和掌握溶解、过滤、结晶以及沉淀的转移、洗涤等无机物质制备中常用的基本操作。

二、实验原理

复盐硫酸铝钾 [$KAl(SO_4)_2 \cdot 12H_2O$]，俗称明矾，一种无色晶体，易溶于水并水解形成 $Al(OH)_3$ 溶胶，具有较强的吸附作用，在工业上常用作净水剂、造纸填充剂、媒染剂等。

本实验先将铝屑溶于浓氢氧化钠溶液，生成可溶性的四羟基合铝（Ⅲ）酸钠 $Na[Al(OH)_4]$，再用稀 H_2SO_4 调节溶液的 pH，将其转化为氢氧化铝，加热的条件下氢氧化铝溶于硫酸生成硫酸铝。硫酸铝能与等物质的量的碱金属硫酸盐（如硫酸钾 K_2SO_4），在水溶液中结合成一类在水中溶解度较小的同晶的复盐，即明矾 [$KAl(SO_4)_2 \cdot 12H_2O$]。当冷却溶液时，明矾则以大块晶体结晶出来。化学反应式如下：

$$2Al + 2NaOH(浓) + 6H_2O = 2Na[Al(OH)_4] + 3H_2\uparrow$$

$$2Na[Al(OH)_4] + H_2SO_4 = 2Al(OH)_3\downarrow + Na_2SO_4 + 2H_2O$$

$$2Al(OH)_3 + 3H_2SO_4 \xlongequal{\triangle} Al_2(SO_4)_3 + 6H_2O$$

$$Al_2(SO_4)_3 + K_2SO_4 + 24H_2O = 2KAl(SO_4)_2 \cdot 12H_2O$$

三、主要仪器、试剂和材料

仪器：烧杯、量筒、普通漏斗、布氏漏斗、抽滤瓶、表面皿、水浴锅、蒸发皿、酒精灯、电子天平、毛细管等。

试剂：H_2SO_4(3mol·L^{-1}，1∶1)、NaOH(s)、K_2SO_4(s)、铝屑、95%乙醇。

材料：pH试纸（1～14)、滤纸。

四、实验步骤

1. Na[Al(OH)$_4$]的制备

在电子天平上用表面皿快速称取固体氢氧化钠2.0g，并迅速将其转移至250mL烧杯中，加40mL水温热溶解。称量1.0g铝屑，切碎，分次放入溶液中（前一批反应完毕后，再投放下一批）。将烧杯置于热水浴中加热（反应激烈，防止溅出）。反应完毕后，趁热用普通漏斗过滤。

2. 氢氧化铝的生成和洗涤

在上述四羟基合铝（Ⅲ）酸钠溶液中加入8mL左右的H_2SO_4（3mol·L^{-1}）溶液，直至溶液的pH为8～9（可先较快地在搅拌下加入4～5mL，然后逐滴加入并充分搅拌，用pH试纸检验，酸不可加过量)。此时溶液中生成大量的白色氢氧化铝沉淀，用布氏漏斗抽滤，并用热水洗涤沉淀（每次用水量刚好浸没沉淀即可），洗至溶液pH为7～8。

3. 明矾的制备

将抽滤后所得的氢氧化铝沉淀转入蒸发皿中，先加10mL H_2SO_4（1∶1)，再加15mL水，小火加热使其溶解，加入4.0g硫酸钾继续加热至溶解，将所得溶液在空气中自然冷却，待结晶完全后，减压过滤，用10mL水-乙醇（1∶1）混合溶液洗涤晶体两次；将晶体用滤纸吸干，称重，计算产率。

五、注意事项

① 第2步用热水洗涤氢氧化铝沉淀时一定要彻底，以免后面产品不纯。

② 制得的明矾溶液一定要自然冷却以得到结晶，不能骤冷。

六、思考题

① 明矾为什么具有净水作用?

② 本实验是在哪一步中除掉铝中的铁杂质的?

③ 用热水洗涤氢氧化铝沉淀时，是除去什么离子?

④ 制得的明矾溶液为何采用自然冷却的方法得到结晶，而不采用骤冷的办法?

实验16　葡萄糖酸锌的制备
(Exp 16　Preparation of Zinc Gluconate)

一、实验目的

① 了解葡萄糖酸锌[$Zn(C_6H_{11}O_7)_2·3H_2O$]的制备方法。

② 掌握恒温水浴锅的操作方法。

③ 掌握蒸发、浓缩、减压过滤和重结晶等操作。

④ 学习以乙醇为溶剂进行重结晶的方法。

二、实验原理

锌是人体必需的微量元素之一，人体缺锌会造成生长停滞、智力发育低于正常、味觉减退、嗅觉差、创伤愈合不良等现象，从而引发各种疾病。

葡萄糖酸锌作为补锌药，具有吸收率高、副作用小等优点，主要用于治疗儿童及妊娠妇女由于缺锌引起的各种病症，也可作为儿童食品、糖果添加剂。

葡萄糖酸锌为白色或接近白色的晶体，无臭，溶于水，不溶于无水乙醇、氯仿与乙醚。葡萄糖酸锌可由葡萄糖酸直接与锌的氧化物或盐制得。本实验采用葡萄糖酸钙直接与等物质的量的硫酸锌反应制取，反应式如下：

$$Ca(C_6H_{11}O_7)_2 + ZnSO_4 + 3H_2O \longrightarrow Zn(C_6H_{11}O_7)_2 \cdot 3H_2O + CaSO_4 \downarrow$$

过滤除去 $CaSO_4$，溶液经浓缩、结晶可得葡萄糖酸锌晶体。

三、主要仪器、试剂和材料

仪器：电子天平、恒温水浴锅、布氏漏斗、抽滤瓶、电热板、蒸发皿、烧杯（250mL）、量筒（10mL、100mL）、玻璃棒。

试剂：葡萄糖酸钙（AR）、$ZnSO_4 \cdot 7H_2O$（AR）、95%乙醇。

材料：滤纸。

四、实验步骤

① 量取80mL蒸馏水置于烧杯中，加热至80～90℃，接着加入13.4g $ZnSO_4 \cdot 7H_2O$，使其完全溶解，将烧杯放在90℃的恒温水浴锅中，再逐渐加入葡萄糖酸钙20.0g，并不断搅拌。

② 在90℃水浴中静置保温20min。

③ 趁热减压过滤（用两层滤纸），弃去滤渣 $CaSO_4$，将滤液转移至蒸发皿中。然后将滤液在沸水浴上浓缩至黏稠状（体积约为20mL，如浓缩液有沉淀 $CaSO_4$，需过滤掉）。

④ 滤液冷至室温，加25mL 95%乙醇（降低葡萄糖酸锌的溶解度），并不断搅拌，此时有大量的胶状葡萄糖酸锌析出，充分搅拌、静置后，用倾析法去除乙醇液。于胶状沉淀上再加20mL 95%乙醇，充分搅拌后，沉淀慢慢转变成晶体状，抽滤至干，即得粗产品，称量并计算粗产率（母液回收）。

⑤ 粗产品加水20mL，90℃水浴加热至溶解，趁热抽滤。滤液冷至室温，加20mL 95%乙醇，充分搅拌均匀，结晶析出后，抽滤至干，即得精制产品，50℃烘干，称量精制后的产品质量并计算产率。

⑥ 填写表6-4。

表 6-4 精制产品的质量与产率

计算内容	计算结果	计算内容	计算结果
理论产品质量/g		精制产品质量/g	
粗产品质量/g		精制产品产率	
粗产品产率			

五、注意事项

① 葡萄糖酸钙与硫酸锌反应时间不可过短，以保证充分生成硫酸钙沉淀。

② 除去硫酸钙时一定要趁热过滤。

③ 注意倾析法的正确操作。

六、思考题

① 在沉淀与结晶葡萄糖酸锌时，都加入 95%乙醇，其作用分别是什么？

② 葡萄糖酸锌的制备为什么必须在热水浴中进行？

实验 17 铅铬黄色颜料的制备

(Exp 17 Preparation of the Yellow Pigment Lead Chromate)

一、实验目的

① 掌握 $PbCrO_4$ 的制备原理与方法。

② 通过制备 $PbCrO_4$ 了解铬的高价化合物与低价化合物的性质。

③ 熟练掌握称量、沉淀、过滤、洗涤等基本操作。

二、实验原理

铅铬黄色颜料的主要成分是铬酸铅（$PbCrO_4$），是彩色涂料中广泛采用的着色剂，常用来调和清油涂刷家具、粉刷墙壁地板和绘画等。铅铬黄色颜料随制备条件和原料配比的不同，可由浅黄到深黄，一般有柠檬铬黄、浅铬黄、中铬黄、深铬黄和橘铬黄五种。本实验采用硝酸铬来制备铅铬黄色颜料，反应式如下：

$$Cr^{3+} + 4OH^-(\text{过量}) = CrO_2^- + 2H_2O$$

$$2CrO_2^- + 3H_2O_2 + 2OH^- = 2CrO_4^{2-} + 4H_2O$$

CrO_4^{2-} 和 $Cr_2O_7^{2-}$ 在水溶液中存在下列平衡：

$$2CrO_4^{2-} + 2H^+ \rightleftharpoons Cr_2O_7^{2-} + H_2O$$

利用 Cr(Ⅲ) 化合物在碱性条件下易被氧化为 Cr(Ⅵ) 化合物这一性质，先向 $Cr(NO_3)_3$ 溶液中加入 NaOH 溶液，再加入 H_2O_2 溶液进行氧化，便得 CrO_4^{2-} 溶液。

由于铬酸铅的溶解度比重铬酸铅的小得多，因此在弱酸性条件下，向上述 CrO_4^{2-} 与 $Cr_2O_7^{2-}$ 的平衡体系中加入硝酸铅溶液，便可生成难溶的黄色铬酸铅 $PbCrO_4$ 沉淀，即铅铬黄色颜料。

三、主要仪器、试剂和材料

仪器：电子天平、烧杯、布氏漏斗、抽滤瓶、表面皿、烘箱。

试剂：$Cr(NO_3)_3 \cdot 9H_2O$ (s)、NaOH（$6mol \cdot L^{-1}$）、H_2O_2（15%）、HAc（$6mol \cdot L^{-1}$）、$Pb(NO_3)_2$（$0.5mol \cdot L^{-1}$）。

材料：定量滤纸。

四、实验步骤

① 用电子天平称取 2.5g $Cr(NO_3)_3 \cdot 9H_2O$，置于400mL烧杯中，加入200mL去离子水溶解；

② 逐滴加入 NaOH（$6mol \cdot L^{-1}$）溶液，直至得到澄清的绿色溶液，然后逐滴加入 H_2O_2（15%）溶液（约5mL）至溶液转变成棕黄色，盖上表面皿，小火加热（防止溶液暴沸而溅出）；

③ 当溶液变为亮黄色后，继续煮沸15～20min，以赶尽剩余的 H_2O_2；

④ 再逐滴加入约10mL HAc溶液（$6mol \cdot L^{-1}$），使溶液由亮黄色转变为橙色（pH=4～6），后再多加7～8滴；

⑤ 在沸腾下，逐滴加入约18mL $Pb(NO_3)_2$（$0.5mol \cdot L^{-1}$）溶液，边加边搅拌［注意：开始加 $Pb(NO_3)_2$ 溶液的速度要慢一些，滴入第一滴 $Pb(NO_3)_2$ 溶液后，最好搅拌1min以上，之后再滴第二滴，以后逐步加快，边加边搅拌，而且始终保持溶液呈微沸状态，否则会使 $PbCrO_4$ 沉淀颗粒太小而穿过滤纸造成实验失败］；

⑥ 加完 $Pb(NO_3)_2$ 溶液后，继续煮沸5min。检查沉淀是否完全［加1滴 $Pb(NO_3)_2$ 溶液至上层清液中，看是否继续产生沉淀］；

⑦ 用倾析法过滤，沉淀用少量热水洗涤3次，然后转移到布氏漏斗中，抽干，将沉淀转入表面皿中，放入120℃烘箱中烘1h；

⑧ 称重，计算产率。

五、注意事项

① 加热时盖上表面皿，且小火，防止溶液暴沸而溅出。

② 滴加 $Pb(NO_3)_2$ 溶液时，开始的速度要慢一些，滴入第一滴 $Pb(NO_3)_2$ 溶液后，最好搅拌1min以上，然后再滴第二滴，之后逐步加快，边加边搅拌，而且始终保持溶液呈微沸状态，防止 $PbCrO_4$ 沉淀颗粒太小而穿过滤纸造成实验失败。

③ 洗沉淀时需“少量多次”。

六、思考题

① 为什么必须将剩余氧化剂 H_2O_2 赶尽？

② 在滴加 $Pb(NO_3)_2$ 溶液时，为何始终要保持溶液呈微沸状态？

实验 18　立德粉的制备

(Exp 18　Preparation of Lithopone)

一、实验目的

① 掌握立德粉的制备原理与方法。

② 巩固电离平衡、氧化还原等理论知识。

③ 熟练掌握过滤、蒸发、结晶等基本操作。

二、实验原理

立德粉的主要成分为锌钡白，是由近似等物质的量的 $BaSO_4$ 和 ZnS 共沉淀所形成的一种白色混合晶体。其不溶于水，与硫化氢和碱液均不反应，但遇酸会分解放出 H_2S 气体，在空气中易被氧化，受潮后结块变质。锌钡白，无机白色颜料，耐热性好，遮盖力比 ZnO 强，但比钛白粉差，大量用于制造涂料、油墨、水彩、油画颜料，也可作为造纸、皮革、搪瓷、塑料、橡胶制品等工业的主要原料，在电珠生产中用作黏接剂。

锌钡白可由 BaS 与 $ZnSO_4$ 的复分解反应制得：

$$ZnSO_4 + BaS \xlongequal{} ZnS \cdot BaSO_4 \downarrow$$

工业上，将煤粉与重晶石（$BaSO_4$）混合，在高温下熔烧得 BaS 熔块：

$$BaSO_4 + 4C \xrightarrow[\text{熔烧}]{1173 \sim 1273K} BaS + 4CO$$

熔烧产物中主要含 BaS，另外还含有碳粒和少量未反应的 $BaSO_4$，打碎后用热水浸泡，经常压过滤可得 BaS 溶液。

将工业硫酸与氧化锌矿或工业氧化锌反应制得 $ZnSO_4$ 溶液：

$$ZnO + H_2SO_4 \xlongequal{} ZnSO_4 + H_2O$$

工业氧化锌中氧化锌含量为 90%，其还含铁、镍、镁、镉和锰的氧化物杂质，加入 H_2SO_4 处理后，生成 $ZnSO_4$ 的同时还产生了 $FeSO_4$、$NiSO_4$、$MgSO_4$、$CdSO_4$、$MnSO_4$ 等硫酸盐杂质。在硫酸锌和硫化钡反应生成锌钡白时，这些杂质离子，除镁离子外，都将生成有色的硫化物而影响产品色泽，当反应体系 pH 较高时，Mg^{2+} 也将以 $Mg(OH)_2$ 形式沉淀出来进入产品中，降低产品锌钡白总量。同时，平衡上述杂质阳离子电荷的阴离子是硫酸根，可导致体系中硫酸根比计算量的多，锌离子比计算量的少，故产品中锌含量减少，达不到国家标准规定的硫酸锌含量要求，因此，上述 $ZnSO_4$ 溶液必须经过除杂处理。

Cd^{2+} 和 Ni^{2+} 等重金属杂质离子可用较活泼金属 Zn 粉置换除去，Mn^{2+} 和 Fe^{2+} 可在中性或弱酸性介质中被 $KMnO_4$ 氧化转变为氧化物或氢氧化物沉淀而除去：

$$2MnO_4^- + 6Fe^{2+} + 14H_2O \xlongequal{} 2MnO_2 \downarrow + 6Fe(OH)_3 \downarrow + 10H^+$$

$$2MnO_4^- + 3Mn^{2+} + 2H_2O \xlongequal{} 5MnO_2 \downarrow + 4H^+$$

在溶液中加入少许 ZnO，控制溶液的 pH，可使杂质离子沉淀完全，过滤，得较纯的硫酸锌溶液备用。再将精制的 $ZnSO_4$ 溶液与 BaS 溶液按一定比例（等物质的量）混合，即得白色锌钡白沉淀。

三、主要仪器、试剂和材料

仪器：电子天平、烧杯（250mL，100mL）、量筒、普通漏斗、布氏漏斗、抽滤瓶、研钵。

试剂：BaS(s)、粗 ZnO、锌粉、ZnO（纯）、工业 H_2SO_4、$KMnO_4$（0.1mol·L^{-1}）、Na_2S（1.0mol·L^{-1}）、甲醛、$BaCl_2$(s)、$Na_2S·9H_2O$(s)。

材料：滤纸、pH 试纸。

四、实验步骤

1. 制备 BaS 溶液

在电子天平上称取 6.5g 研细的 BaS（也可为 8.0g $BaCl_2$ 加 8.0g $Na_2S·9H_2O$），在 100mL 烧杯中用 50mL 热水（90℃左右）浸泡约 20min，浸泡过程中需不断搅拌，以促进 BaS 的溶解，然后减压过滤得 BaS 溶液备用。

2. 粗制 $ZnSO_4$ 溶液

先在 250mL 烧杯中加入 100mL 水，在不断搅拌下慢慢加入 2mL 工业浓硫酸，再加入粗氧化锌 3.8g，加热至 70～80℃，保持搅拌并保温 5～10min。用 pH 试纸测定，此时溶液的 pH 约为 6，否则需继续添加少许粗氧化锌直至 pH 约为 6。溶液冷却后用普通漏斗过滤，滤液备用。

3. 精制 $ZnSO_4$

将上述 $ZnSO_4$ 溶液加热到 80℃左右，加 0.5g 锌粉，反应 20min，然后冷却过滤，以除去杂质 Ni^{2+} 和 Cd^{2+}，检验滤液中 Ni^{2+} 和 Cd^{2+} 是否除尽（除尽的判断标准：向滤液中继续加少量锌粉，过滤，观察是否有金属单质析出。如有，说明未除尽；如无，说明已除尽）。若未除尽，再加少许锌粉重复处理，直至除尽 Ni^{2+} 和 Cd^{2+}。用普通漏斗过滤，再向除去 Ni^{2+} 和 Cd^{2+} 后的滤液中加少许纯 ZnO，调节溶液接近中性，慢慢滴入 $KMnO_4$（0.1mol·L^{-1}）溶液至滤液微显红色（此时 $KMnO_4$ 已微过量）。加热试液片刻，接着加甲醛使过量的 $KMnO_4$ 被还原为 MnO_2 沉淀，检查溶液中 $KMnO_4$ 是否除尽（取少许试液，过滤于小试管中，若滤液仍显微红色，说明 $KMnO_4$ 未除尽），若未除尽，则应再滴加甲醛，直至红色褪去。用小火加热，微沸 5～10min，使沉淀颗粒长大，用普通漏斗过滤，检验滤液中的 Fe^{2+}、Mn^{2+} 是否除尽，若已除尽，则得到精制的 $ZnSO_4$ 溶液。

4. 制备锌钡白

在 250mL 烧杯中，先加入少量 $ZnSO_4$ 溶液，然后交替加入 BaS 溶液和 $ZnSO_4$ 溶液（两种溶液的总体积约相等），且不断搅拌，合成过程应维持溶液呈弱碱性（pH＝7.5～8.5），若溶液 pH 偏低，可滴加少许 Na_2S（1.0mol·L^{-1}）溶液进行调节。将所得的锌钡白沉淀进行减压抽滤、烘干、称重。

五、注意事项

① 制备粗 $ZnSO_4$ 溶液时必须调节溶液的 pH＝6。

② 在用 $KMnO_4$ 除 Fe^{2+}、Mn^{2+} 时，逐滴加入 $KMnO_4$ 至溶液显微红色。

③ 在合成锌钡白过程中必须不断搅拌且保持溶液为弱碱性。

六、思考题

① 为什么制备锌钡白的反应液要保持弱碱性？

② 制备粗 $ZnSO_4$ 溶液时为何必须调节溶液的 pH=6？

③ BaS 溶液有没有必要精制？为什么？

第7章 定量分析实验

Chapter 7
Quantitative Analysis Experiment

7.1 实验仪器清单
(List of Experimental Instruments)

每组学生领到的仪器实验仪器清单见表7-1。

表7-1 实验仪器清单

名称	规格	数量
烧杯	500mL	1个
	250mL	1个
	5～10mL	1个
酸式滴定管	50mL	1支
碱式滴定管	50mL	1支
移液管	20mL	1支
容量瓶	50mL	3～6个
	250mL	1个
量筒	50mL	1个
	10mL	1个
锥形瓶	250mL	3个
试剂瓶	500mL	2个
洗瓶	250mL	1个
玻璃棒		1根
洗耳球	60mL	1个
公用仪器		
分析天平、pH计、干燥器、称量瓶、滴定台、722型分光光度计、恒温水浴锅、各种指示剂		

7.2 化学分析实验

(Chemical Analysis Experiments)

温习：滴定管、移液管、容量瓶、分析天平的操作和注意事项。

实验 19 分析天平的称量练习——直接法与减量法比较
(Exp 19 Weighing Practice of Analytical Balance ——Comparison of Direct and Decrement Weighing Methods)

一、实验目的

① 了解分析天平的构造和称量原理。

② 掌握分析天平称量的操作方法和注意事项。

③ 常用的称量方法有直接法和减量法，重点是熟练掌握定量分析中的减量法。

④ 培养学生正确运用有效数字的能力，准确、简明记录原始实验数据的习惯，不得涂改，不得将数据记录在记录本以外的地方。

二、实验原理

分析天平是定量分析实验必备的精密衡量仪器，一般是指能准确称量到 0.0001g 的天平。由于使用天平称量常常是定量测定的第一步，因此了解天平的构造，掌握其正确的使用方法，严格遵守天平的使用规则，获得正确的称量数据，是定量分析结果准确的前提与保证。

三、主要仪器与试剂

仪器：烧杯、称量瓶、干燥器、分析天平（0.1mg)、托盘天平。

试剂：$CaCO_3$。

四、实验步骤

1. 熟悉分析天平的称量程序

分析天平的使用程序一般为：调节水平⟶通电预热⟶开机⟶校正⟶称量⟶关机。学生则着重称量步骤，只使用“开/关键”（On/Off）和“去皮/调零键”（O/T 或 TARE)，其他步骤均由实验室工作人员负责完成。

① 在使用前调整水平仪气泡至中间位置。如天平不处在水平位置，可在教师指导下，学习如何调节。按“开/关键”开机预热约 10min。

② 打开天平门，检查称量盘是否干净。如有散落的试剂，则需用专用小毛刷轻扫出去，注意此时应使天平处于关闭状态。

③ 按“开/关键”开启天平，显示屏上很快出现 0.0000g，如不是上述数字，按“去皮/调零键”，调节零点。

④ 将被称量物放于分析天平称量盘中央，关好两侧边门，这时可见显示屏上的数字在不断地变化，待数字稳定并出现质量单位“g”后，即可读数并记录称量结果。

⑤ 称量完毕后，取出被称物。如不久仍需继续使用天平，可暂时不关机，天平将自动保持零位；或者按“开/关键”（但不可拔下电源插头），让天平处于待机状态，再次称样时按下“开/关键”即可使用。

2. 称量练习

① 直接法：将某一物体直接放在天平上进行称量，从而获得该物体准确质量的方法，称为直接法。比如要知道空烧杯、称量瓶和药品的质量等，可用直接法。调节天平零点后，用干净纸条套住洁净、干燥的烧杯外围，从干燥器取出，置于称量盘中央，待显示值稳定后，直接读取其质量 m，做好记录。

② 递减称量法

a. 取 3 支干净、干燥的烧杯，编号；在托盘天平上初称，以确保所要称取的物质质量不超过分析天平的称量范围。

b. 用干净纸条从干燥器中套取装有样品的称量瓶于分析天平称盘中央，关上天平门，等待显示屏稳定，即显示屏右下角出现 g 后，按“TARE”键归零（左手拿称量瓶，右手开天平门）。

c. 取出称量瓶，将一定量的样品转移（“敲”的动作）到 $1^{\#}$ 烧杯中。即用称量瓶瓶盖边缘敲打瓶口上部边缘，使样品落入烧杯中，再将称量瓶放回天平称量盘，关上天平门，再次读取读数。如此反复，直到敲出的试样质量达到要求（注意：瓶盖始终不离开瓶口上端）；要求：样品质量控制在 0.2～0.4g 之间，不能超出该范围！

d. 等天平读数稳定后读取最后读数，并记录数据。

e. 重复步骤 b～d，称取第二份样品于 $2^{\#}$ 烧杯中。

f. 实验结束后将称量瓶放入小干燥器（里面剩余的药品不用倒掉），将烧杯刷干净放入大干燥器。

注意：可以只用一只烧杯，每次都刷干净后使用；也可以同时刷干净三只烧杯备用。即便是重复称量同一个烧杯的质量，几次测定的结果也不完全相同。

五、记录与计算

记录项目		1	2	3	数据填写要求
1	称量瓶＋试样质量/g（倒出前）				天平上显示的数字全部记录，模式选择到 0.0000g
	称量瓶＋试样质量/g（倒出后）				
	称出试样质量（m_1）/g（测量值）				
2	空烧杯质量/g				
	烧杯＋称出试样质量/g				
	称出试样质量（m_2）/g（真实值）				
计算	绝对误差（m_1-m_2）/mg				无须用科学计数法，结果有正、负

要求：m_1 与 m_2 的绝对差值 $E < \pm 0.5$mg。

绝对误差 E：测定值 x 与真实值 x_T 之差。

六、注意事项

① 称量后取出称量物，关闭电源；

② 清洁天平称量盘及其周围；

③ 关好天平拉门（只有在放入和取出称量物的瞬间，天平门是打开的，其余时间天平门必须保持关闭状态），盖上防尘罩；

④ 做好使用登记，若发现故障或损坏，应及时报告老师。

七、思考题

① 称量方法有哪几种？直接法和减量法各有何优缺点？在何种情况下选用此两种方法？

② 本实验需要用到的一个重要的称量容器叫什么？使用它时需要如何拿取？

③ 用减量法称量时，从称量瓶中向器皿中转移样品时，能否用药匙取？为什么？如果转移样品时，有少许样品未转移到器皿中而撒落到外边，此次称量数据还能否使用？

④ 称取试样时，若没注意而称多了，可否将称量器皿中的试样倒回原试样瓶中再重称，为什么？

⑤ 由于实验室的天平数量有限，为了节省时间，实验过程中的不同阶段可否使用不同的（非同一台）天平？

⑥ 天平中放置的少量干燥剂的作用是什么？它若吸潮了对称量结果有影响吗？

实验 20　酸碱标准溶液的配制和浓度的比较滴定

(Exp 20　Preparation of Acid and Base Standard Solution and Comparative Titration of Concentration)

一、实验目的

① 掌握酸式（具塞）滴定管、碱式（无塞）滴定管的使用方法。

② 练习滴定操作，特别是半滴的滴加操作。

③ 练习标准溶液的配制。

④ 掌握指示剂指示终点的方法。熟悉甲基橙、酚酞指示剂的使用和终点的变化。初步掌握酸碱指示剂的选择方法。

二、实验原理

在化学分析中，经常要用到标准溶液，标准溶液的配制及标定是分析化学重要的基础内容，更是分析化学实验最基本的操作技能。

1. 标准溶液的配制

① 直接配制法：计算⟶称量⟶溶解⟶定容。具体的操作步骤为：根据所配溶液的浓度和体积，计算所需固态基准物质的质量；用分析天平准确称取一定量的基准物质；溶于适量的蒸馏水中，充分搅拌，混合均匀后，定量转移到容量瓶中；用蒸馏水洗涤烧杯，洗涤液也转移到容量瓶中；最后用水定容，即得所需浓度的标准溶液，

如图 7-1 所示。

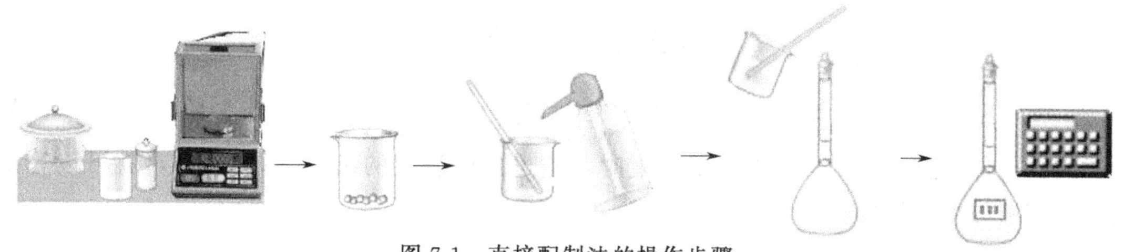

图 7-1 直接配制法的操作步骤

② 间接配制法：配制溶液⟶标定。由于只有少数试剂符合直接配制的要求，因此大多数试剂通过间接配制法，也称标定法。首先按实验要求配制近似浓度的溶液，然后利用其与基准试剂或已知准确浓度的另一溶液的反应来确定它的准确浓度，如图 7-2 所示。

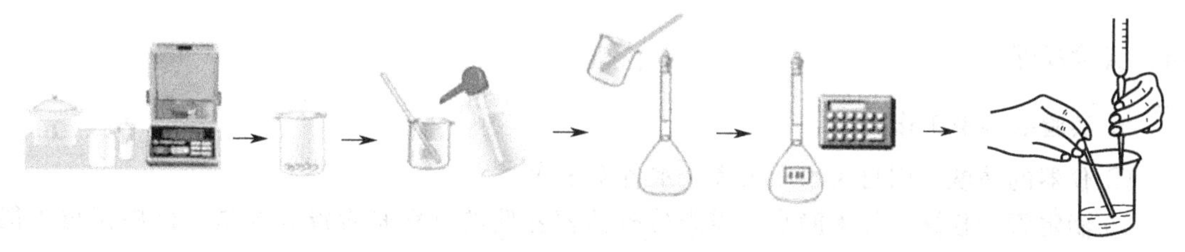

图 7-2 间接配制法的操作步骤

本实验中采用的浓盐酸易挥发，固体 NaOH 容易吸收空气中的水分和 CO_2，因此盐酸和氢氧化钠溶液均采用间接配制法配制。

2. 标准溶液的标定

用间接法配制好的溶液作为标准溶液使用前，必须对其浓度进行确定，也称为标定。标定的方法有两种：基准试剂标定法和已知准确浓度溶液标定法。

① 基准试剂标定法：称取一定量的基准物置于锥形瓶中，用适量水溶解后，在一定的条件（如介质组分、酸度、温度、指示剂和滴定方式等）下，用待标定的溶液滴定至终点，根据基准物的质量和消耗待标溶液的体积，计算待标溶液的准确浓度。

② 已知准确浓度溶液标定法：用间接法配制的溶液，其浓度也可以用已知准确浓度的另一试剂来标定。

本次实验重点练习滴定操作、指示剂的选择和终点判断，因此没有提供基准物来标定酸或碱的浓度。

3. 指示剂的选择

酸碱指示剂都具有一定的变色范围。$0.2mol \cdot L^{-1}$ NaOH 溶液和 HCl 溶液的滴定突跃范围为 pH＝4～10，故应该选用在此范围内变色的指示剂，如甲基橙和酚酞等。

① NaOH 滴定 HCl，选酚酞作为指示剂，溶液由无色突变到微红。

② HCl 滴定 NaOH，选甲基橙作为指示剂，溶液由黄色突变为橙色。

4. 浓度确定

酸碱中和反应的实质是：$H^+ + OH^- = H_2O$。

NaOH 溶液和 HCl 溶液反应达化学计量点时，用去的酸和碱的物质的量恰好相等，关系式为：

$$c_{HCl}V_{HCl}=c_{NaOH}V_{NaOH}$$

$$即：\frac{c_{HCl}}{c_{NaOH}}=\frac{V_{NaOH}}{V_{HCl}} \tag{7-1}$$

因此，标定其中任何一种溶液的浓度时，通过比较滴定的结果（体积比），就可以算出另一种溶液的准确浓度。

三、主要仪器与试剂

仪器：酸式滴定管（50mL）、碱式滴定管（50mL）、锥形瓶、烧杯（50mL）、玻璃棒、大量杯、小量杯（10mL）、台秤或托盘天平、试剂瓶。

试剂：HCl（$6mol\cdot L^{-1}$）、NaOH（s）、酚酞、甲基橙。

四、实验步骤

1. 实验的准备工作

① 仪器的清洗：用自来水和去离子水各洗 3 次。

② 滴定管的检漏：如果漏水，需先检查活塞左侧的旋钮是否没有拧紧，该旋钮也不能拧得太紧，否则也会影响滴定的操作。

③ 滴定管的润洗：用标准溶液润洗 1～2 次。

④ 滴定管的排气泡：装入标准溶液进行排气泡操作。酸式滴定管排气泡时，一般需要垂直用力抖动一两次玻璃管。碱式滴定管排气泡时，乳胶管需弯曲向上，大拇指和食指推压玻璃珠使碱液以最大流量喷出，等气泡排尽，缓慢降低碱液的喷出量，直至停止排液，最后缓缓直立乳胶管，松开手指。

⑤ 给滴定管装液：固定到某一刻度（一般是 0.00 以下某一刻度），准确读出数据，小数点后第二位是估读；并再次检查是否有渗漏的情况。

2. 配制溶液

① $0.2mol\cdot L^{-1}$的 HCl 标液 300mL：取 $6mol\cdot L^{-1}$浓 HCl ____mL，事先用公用的大量杯量取 300mL 去离子水备用；在通风橱内用公用的小量杯量取 10mL 浓 HCl，用洗净的 50mL 小烧杯（内有 10mL 左右的去离子水）盛装，回自己的实验台，稀释后转入试剂瓶中。注意：不得将配制的溶液盛装在大烧杯，甚至大量杯中备用！

② $0.2mol\cdot L^{-1}$的 NaOH 标液 300mL：快速称取 ____g NaOH 固体于小烧杯中，立即用蒸馏水溶解，贮于带“橡皮塞”的细口瓶（试剂瓶）中（实验室中一般都是带玻璃塞的试剂瓶，实验完毕之后，要倒掉未使用完的溶液，彻底清洗试剂瓶，以免瓶塞黏住），最后充分摇匀溶液。注意：不能用分析天平称量 NaOH！

3. 比较滴定

① 以酚酞为指示剂

a. 用酸式滴定管量取 20.00mL HCl 溶液于 250mL 锥形瓶中。本实验准确量取溶液不用移液管，目的是练习使用滴定管；从滴定管中放出溶液时，需等半分钟再读数，因为管壁附着的液体流下需要时间；取的量不可能刚好是20.00mL，只要准确读取数据即可，注意估读。

b. 加酚酞1～2滴。

c. 用NaOH溶液滴定HCl溶液，记录NaOH溶液消耗的体积V_{NaOH}。平行做2～3次。

开始滴定时，滴定剂可一滴接一滴地滴入，但不要连成线，保持3～4滴/s，防止局部溶液过浓，引起副反应，给实验带来较大误差。

当接近化学计量点时，应逐滴加入，每加入一滴碱液都要把溶液摇匀，并观察粉红色是否立即褪去。

如果粉红色褪去较慢，则要半滴半滴地滴加，直到粉红色在半分钟内不消失，即为终点。记下体积数，注意估读。注意：在整个滴定过程中要始终保持摇匀的动作。

如此反复练习滴定操作并观察滴定终点颜色的突变。

② 以甲基橙为指示剂。用碱式滴定管量取20.00mL NaOH溶液于250mL锥形瓶中，加甲基橙1～2滴，用HCl溶液滴定NaOH溶液，记录HCl溶液消耗的体积V_{HCl}。

滴定时要不停地摇动锥形瓶。当接近化学计量点时，应逐滴加入酸溶液，每加入一滴酸溶液都要把溶液摇匀，直到加入半滴HCl溶液后，溶液由黄色变为橙色，即为终点。记下体积数，注意估读。注意：这个终点颜色变化不好判断，需将所有滴定的溶液保留，作为颜色对照。

如此反复练习滴定操作并观察滴定终点颜色的变化。

五、记录和计算

指示剂	甲基橙			酚酞			数据记录要求
记录项目	1	2	3	1	2	3	
NaOH终读数/mL							保留到小数点后第二位
NaOH初读数/mL							
V_{NaOH}/mL							
HCl终读数/mL							
HCl初读数/mL							
V_{HCl}/mL							
V_{NaOH}/V_{HCl}							用小数表示，4位有效数字
V_{NaOH}/V_{HCl}平均值							
绝对偏差							有正、负
相对平均偏差							百分数表示，2位有效数字

绝对偏差d_i：测量值与平均值的差值。

相对平均偏差：先计算绝对偏差d_i绝对值的平均值（平均偏差），平均偏差除以测量值的平均值即得相对平均偏差。

六、注意事项

① 所配制的酸液和碱液都是近似浓度。

② 要注意甲基橙颜色的变化，开始时应为黄色（若为红色则是溶液变质了）。

③ 用台秤称量NaOH固体时，只用保证小烧杯外壁是干燥的即可，不要用抹布擦拭烧

杯内壁。称量完后立即加入少量蒸馏水，防止 NaOH 与空气中的 CO_2 反应而变质。

④ 准备将量取好的浓 HCl 或 NaOH 固体转入试剂瓶中时，应少量、多次地用去离子水（大量杯事先量取好的 300mL）稀释或溶解药品，然后逐次转移至试剂瓶，贴好标签。

⑤ 每次从试剂瓶中倒出溶液时都要充分摇匀溶液，保证溶液的浓度恒定。

⑥ 用滴定管装取溶液时，一般每次都要装回到初始刻度（0.00 以下附近），因为连续放出溶液会引入系统误差（滴定管每段的误差都不一样）。

⑦ 注意蓝带滴定管的读数方法。

⑧ 滴定操作时，滴定架可拉出至合适的位置，便于滴定操作，实验完毕后应推回原位。

⑨ 随时注意纠正自己的滴定动作，要使用规范动作。

七、思考题

① 盐酸以及氢氧化钠标准溶液可否采用直接法配制？为什么？

② 平行滴定时，第一份滴定完成后，若剩下的滴定液还足够做第二份滴定，是否可以不再添加滴定溶液至零点附近而继续滴第二份？说明原因。

③ 配制酸碱溶液时，所加水的体积是否需要很准确？为什么？

④ 试分析实验中产生误差的原因。

实验 21　NaOH 标准溶液浓度的标定

（Exp 21　Calibration of NaOH Standard Solution）

一、实验目的

① 学会标准溶液浓度的标定方法。

② 进一步熟练称量和滴定操作。

③ 进一步学习正确的记录实验数据和分析结果的方法。

二、实验原理

固体 NaOH 容易吸收空气中的水分和 CO_2，因此不能直接配制准确浓度的 NaOH 标准溶液，只能先配制近似浓度的溶液，再用基准物标定其浓度。标定时选邻苯二甲酸氢钾（KHP）作为基准物，其优点是：①易于获得纯品；②易于干燥、不吸湿；③摩尔质量大，可减少称量误差。

用 KHP 滴定 NaOH 属于强碱滴定弱酸，其突跃范围在碱性区域，因而选在此区域变色的酸碱指示剂——酚酞。反应方程式为：

$$KHC_8H_4O_4 + NaOH = KNaC_8H_4O_4 + H_2O$$

结果的计算公式：

$$c_{NaOH} = \frac{m_{KHP}}{V_{NaOH} \times 204.2 \times 10^{-3}} (mol \cdot L^{-1}) \tag{7-2}$$

三、主要仪器与试剂

仪器：碱式滴定管（50mL）、分析天平、锥形瓶、台秤、分析天平、洗瓶。

试剂：近似浓度为 0.2mol·L^{-1} 的 NaOH 溶液（自己配制）、固体 KHP（A.R）、酚酞指示剂。

四、实验步骤

① 用减量法称取 3 份 1.0～1.5g KHP(s)，于锥形瓶中（锥形瓶编号），溶于 50mL 左右热的去离子水。注意：溶解时不要用玻璃棒搅拌，摇动溶解，以避免基准物损失和引入杂质。

② 加 1～2 滴酚酞指示剂。

③ 向已洗净的碱式滴定管中倒入配制的待标定的 NaOH 溶液，并将液面调至 0.00mL，之后固定在滴定架上。开始滴定，当滴定至溶液由无色突变为微红，且 30s 内不褪色，即停止滴定。记录 NaOH 终体积，平行滴定 3 次，并计算（预习时可概算一下 V_{NaOH}）。

五、记录和计算

记录项目	1	2	3
称量瓶＋$KHC_8H_4O_4$(前)质量/g 称量瓶＋$KHC_8H_4O_4$(后)质量/g $KHC_8H_4O_4$ 质量/g			
NaOH 终读数/mL NaOH 初读数/mL V_{NaOH}/mL			
c_{NaOH}/mol·L^{-1}			
$\bar{c}_{NaOH}$/mol·L^{-1}			
测定的绝对偏差			
相对平均偏差			

六、注意事项

① KHP 固体使用分析天平称量，准确记录数据。不要把锥形瓶直接放入分析天平中称量！

② NaOH 固体使用台秤称量。

③ KHP 在室温下不易完全溶解，滴定前要认真观察包括附着在锥形瓶壁上的 KHP 是否完全溶解。溶解时不要用玻璃棒搅拌，可加入热的去离子水，摇动溶解，以避免基准物损失和引入杂质。

七、思考题

① 称取 NaOH 及邻苯二甲酸氢钾各用什么天平？为什么？

② 在滴定分析实验中，滴定管和移液管为何需用滴定剂和待移取的溶液润洗几次？锥形瓶是否也要用滴定剂润洗？

③ HCl 和 NaOH 溶液定量反应完全后，生成 NaCl 和水，为什么用 HCl 滴定 NaOH

时，采用甲基橙指示剂，而用 NaOH 滴定 HCl 时，使用酚酞指示剂？

④ 如何计算称取基准物邻苯二甲酸氢钾的质量范围？称得太多或太少对标定有何影响？

实验 22 食醋中醋酸含量的测定

(Exp 22 Measurement of Total Acid Content in Vinegar)

一、实验目的

① 进一步理解强碱滴定弱酸的原理。

② 掌握强碱滴定弱酸的滴定过程、突跃范围以及指示剂的选择原理。

③ 学习食醋中 HAc 含量测定的方法。

④ 学习移液管的使用。

二、实验原理

食醋的主要成分是醋酸，此外，还有少量其他有机酸，如乳酸。醋酸是一种弱酸，$K_a=1.80\times10^{-5}$，满足 $cK_a\geqslant10^{-8}$ 的滴定条件，故可用碱标准溶液直接滴定 HAc，本实验用 NaOH 标准溶液来滴定，其反应方程式为：$HAc+NaOH = NaAc+H_2O$。

滴定到化学计量点时，由于生成物 NaAc（强碱弱酸盐）的水解，溶液呈弱碱性，pH 约为 8.7，故应选用酚酞为指示剂，终点时溶液由无色变为微红色。

结果的计算公式为：

$$c_{HAc}=\frac{c_{NaOH}V_{NaOH}}{V_{HAc}}(mol\cdot L^{-1}) \tag{7-3}$$

对于液体样品，测定结果一般以每升或每 100mL 液体中所含被测物质来表示 [$g\cdot L^{-1}$ 或 $g\cdot(100mL)^{-1}$]，结果为：

$$HAc(g\cdot L^{-1})=\frac{c_{NaOH}V_{NaOH}M_{HAc}}{V_{HAc}}(M_{HAc}=60.05g\cdot mol^{-1}) \tag{7-4}$$

三、主要仪器与试剂

仪器：碱式滴定管（50mL）、锥形瓶、移液管（25mL）、洗耳球、洗瓶。

试剂：已标定的 NaOH 标准溶液、未知浓度的 HAc、酚酞指示剂。

四、实验步骤

① 使用移液管移取 3 份 25.00mL HAc 溶液于锥形瓶（锥形瓶事先编号）。

② 将 NaOH 标准溶液装入碱式滴定管中。

③ 加 1～2 滴酚酞指示剂于锥形瓶中。

④ 用 NaOH 标准溶液滴定，直到加入半滴 NaOH 溶液使试液呈微红色，且 30s 内不褪色，即停止滴定，记录 NaOH 溶液的体积。

⑤ 平行测定 3 次，测定结果的相对平均偏差应小于 0.2%。

⑥ 根据测定结果计算试液中醋酸的含量，以 $g\cdot L^{-1}$ 表示。

五、记录与计算

记录项目	样品号		
	1	2	3
醋酸样品体积 V_{HAc}/mL	25.00	25.00	25.00
NaOH 体积终读数/mL			
NaOH 体积初读数/mL			
V_{NaOH}/mL			
HAc/g・L^{-1}			
HAc 含量的平均值			
相对平均偏差			
标准偏差			

六、注意事项

① 实验室盛装未知浓度醋酸的试剂瓶有多个，每个试剂瓶内醋酸的浓度均不同，请固定在其中某个试剂瓶中取醋酸样品。

② 因试剂瓶中醋酸的浓度不同，移取醋酸的移液管必须专管专用，不要随意插入其他试剂瓶中，以免造成样品浓度的改变。

③ 正确使用移液管，包括洗涤、看标线、放液等。

七、思考题

① 用酸碱滴定法测定醋酸含量的依据是什么？

② 本实验能否选用甲基红为指示剂？若选用甲基红作为指示剂，测定结果是偏高还是偏低？

③ 本实验用到的哪些玻璃仪器具有精确测量功能？

实验 23　EDTA 标准溶液的配制与标定
(Exp 23　Preparation and Calibration of EDTA Standard Solution)

一、实验目的

① 学习 EDTA 标准溶液的配制与标定方法。

② 掌握配位滴定的原理，了解配位滴定的特点。

③ 熟悉金属指示剂（钙指示剂）的使用。

④ 学习容量瓶的使用。

二、实验原理

EDTA 是乙二胺四乙酸（ethylene diamine tetraacetic acid 或 EDTA 酸）的简称，是一种多元酸，常用 H_4Y 表示；是一种氨羧配位剂，能与大多数金属离子按 1∶1 比例进行配位，形成稳定的配合物。但 EDTA 在水中的溶解度较小（22℃时，每 100mL 水中仅能溶解 0.02g），实际通常采用其二钠盐，即乙二胺四乙酸二钠（$Na_2H_2Y \cdot 2H_2O$，分子量为 372.24），一般也简称为 EDTA。它在水溶液中的溶解度较大（22℃时，每 100mL 水中能溶解 11.1g，浓度约为 0.3mol·L^{-1}，pH＝4.5)。常采用间接法配制 EDTA，用基准物 $CaCO_3$ 进行标定，首先用稀盐酸将 $CaCO_3$ 进行溶解。其反应方程式为：

$$CaCO_3 + 2HCl \xlongequal{} CaCl_2 + CO_2 + H_2O$$

然后把溶液转移到容量瓶中并稀释，制成钙标准溶液。吸取一定体积的钙标准溶液，调节酸度至 pH＞12，用钙指示剂，以 EDTA 溶液滴定至溶液由酒红色变为纯蓝色，即为终点。指示原理为：

$$H_3Ind \xlongequal{} 2H^+ + HInd^{2-}$$

$$HInd^{2-} + Ca^{2+} \longrightarrow CaInd^- (\text{酒红色}) + H^+ (pH>12)$$

$$CaInd^- + H_2Y^{2-} + OH^- \longrightarrow CaY^{2-} + HInd^{2-} (\text{纯蓝色}) + H_2O$$

则 EDTA 溶液浓度为：$c_{EDTA} = \dfrac{\dfrac{25}{250} \times \dfrac{m_{CaCO_3}}{M_{CaCO_3}}}{V_{EDTA} \times 10^{-3}} \quad (M_{CaCO_3} = 100.09g \cdot mol^{-1})$ (7-5)

三、主要仪器与试剂

仪器：分析天平、小烧杯、表面皿、酸式滴定管（50mL)、容量瓶（250mL)、锥形瓶、移液管（25mL)、洗耳球、洗瓶、细口瓶、药匙。

试剂：约 0.01mol·L^{-1} 的 EDTA 标准溶液、$CaCO_3$ 固体、10% NaOH、HCl（1∶1)、钙指示剂、镁溶液（1g $MgSO_4 \cdot 7H_2O$ 溶于 200mL 水中)、EDTA 二钠盐。

四、实验步骤

① 配制近似浓度为 0.01mol·L^{-1} 的 EDTA 标准溶液：用分析天平称 3.8g EDTA 二钠盐（$Na_2H_2Y \cdot 2H_2O$）溶于 150～200mL 温水，稀释至 1L，如浑浊，应过滤。然后转移至 1000mL 细口瓶中，摇匀备用。

② 在分析天平上准确称出 $CaCO_3$ 粉末 0.20～0.25g（具体质量保留 4 位有效数字）置于小烧杯中，盖上表面皿，加水润湿（为什么?)，再从杯嘴边逐滴加入数滴 HCl（1∶1）溶液至 $CaCO_3$ 粉末完全溶解，再加水多次洗涤小烧杯，洗涤液也转入容量瓶中，最后定容至 250mL，摇匀。

③ 用实验台面上的移液管量取 25mL 钙标准溶液置于锥形瓶中，加入约 25mL 水、2mL 镁溶液（为什么?)、5mL 10% NaOH 和固体钙指示剂（绿豆大小，用药匙的细柄端挑取一点即可)，用 EDTA 溶液滴定至溶液由紫红色变为纯蓝色，即为终点。

④ 记录 V_{EDTA}，平行做 3 次。

五、记录与计算

记录项目	样品号		
	1	2	3
称量瓶＋$CaCO_3$(前)/g 称量瓶＋$CaCO_3$(后)/g $CaCO_3$ 质量/g	只用称量一份 $CaCO_3$ 粉末		

续表

记录项目	样品号		
	1	2	3
EDTA 终读数/mL EDTA 初读数/mL V_{EDTA}/mL			
c_{EDTA}			
$\bar{c}_{EDTA}$（平均值）			
个别测定的绝对偏差			
相对平均偏差			

六、注意事项

① 配位反应进行的速度较慢，滴定速度也要慢，加 1 滴滴定液就应充分摇匀，近终点时更应注意。

② 钙指示剂的加入量要适当：用药匙的细柄端加绿豆大小钙指示剂。

③ 标定实验要准确，因 c_{EDTA} 直接影响后两个测定实验。

④ 用滴定管直接取 EDTA 溶液。注意节约药品。

⑤ 量取钙标准溶液的移液管（置于实验台面上）使用前应润洗。

七、思考题

① 以 HCl 溶液溶解 $CaCO_3$ 基准物时，操作中应注意什么？

② 以 $CaCO_3$ 做基准物标定 EDTA 溶液时，加入镁溶液的目的是什么？

③ 本实验中以钙指示剂为指示剂标定 EDTA 溶液时，应将溶液的酸度控制为多少？为什么？如何控制？

④ EDTA 标准溶液欲长期保存时，应贮存于何种容器中？为什么？

⑤ 配位滴定法与酸碱滴定法相比，有哪些不同点？操作中应注意哪些问题？

实验 24 自来水硬度的测定
(Exp 24 Determination of Tap-Water Hardness)

一、实验目的

① 了解水硬度的测定意义和常用的硬度表示方法。

② 掌握 EDTA 法测定水总硬度、钙硬度和镁硬度的原理和方法。

③ 掌握铬黑 T 和钙指示剂的应用，了解金属指示剂的特点。

二、实验原理

硬度是衡量水质的一项重要指标，按照阳离子的不同还可区分为钙硬度和镁硬度，水的总硬度＝钙硬度＋镁硬度。

1. 水总硬度的测定

在 pH＝10 的 NH_3-NH_4Cl 缓冲溶液中，用 EDTA 标准溶液直接滴定水中 Ca^{2+}、Mg^{2+} 的总量，至溶液由酒红色经蓝紫色转变成纯蓝色，即为终点。其反应式为：

滴定前：$Mg^{2+} + EBT(蓝色) \longrightarrow Mg\text{-}EBT(酒红色)$；

滴定开始至化学计量点之前：$Ca^{2+}(Mg^{2+}) + Y^{4-} \longrightarrow CaY(MgY)^{2-}$；

化学计量点时：$Mg\text{-}EBT(酒红色) + Y^{4-} \longrightarrow MgY^{2-} + EBT(蓝色)$。

2. 钙、镁硬度的测定

测钙硬度用钙红作为指示剂，调 pH＞12（镁已沉淀），用 EDTA 滴定至溶液由淡红色变为纯蓝色。

$$镁硬度＝总硬度－钙硬度$$

3. 水硬度的表示方法

通常把 1L 水中含有 10mg CaO 称为 1 度（$1°＝10mg\ CaO$：$1L\ H_2O$）。

$$水的硬度(°)＝\left[\frac{\left(\dfrac{c_{EDTA}V_{EDTA}}{1000}M_{CaO}\right)\times 10^3}{\dfrac{V_w}{1000}}\right]\div 10＝\frac{(c_{EDTA}V_{EDTA}M_{CaO})\times 10^3}{V_w\times 10} \quad (7\text{-}6)$$

式中，V_w 为水样的体积。

三、主要仪器与试剂

仪器：移液管（100mL）、锥形瓶（250mL）、量杯（5mL）、酸式滴定管（50mL）。

试剂：已标定好的 EDTA 标准溶液、pH≈10 的氨性缓冲溶液、10% NaOH、EBT 溶液（pH＝8～10）、钙指示剂（NN 固体）（pH＝12～13）。

四、实验步骤

1. 水样总硬度的测定

① 用移液管量取 100mL 水样 2～3 份于锥形瓶（用自来水清洗后，再用去离子水冲洗干净备用）中；

② 分别加 3mL 氨性缓冲溶液，摇匀，再加 1～2 滴 EBT，摇匀；

③ 用已标定的 EDTA 滴定至溶液由酒红色变为纯蓝色，记下 V_{EDTA}；

④ 计算水的总硬度。

2. 钙硬度的测定

① 另取 100mL 水样 2～3 份于锥形瓶中，加 4mL 10% NaOH 溶液，摇匀，再加入少量钙指示剂（用药匙的细柄端挑取绿豆大小即可），摇匀；

② 用 EDTA 标准溶液滴定至溶液由淡红色变为纯蓝色；

③ 记下 V_{EDTA}，计算钙硬度。

3. 镁硬度= 总硬度- 钙硬度

五、记录与计算

1. 总硬度的测定

记录项目	1	2	3
水样体积 $V_{水}$/mL	100.0	100.0	100.0
消耗的 EDTA 体积 V/mL(注意回加的问题)			
总硬度/(°)			
总硬度的平均值/(°)			
绝对偏差			
相对平均偏差			

2. 钙硬度的测定

记录项目	1	2	3
水样体积 $V_{水}$/mL	100.0	100.0	100.0
消耗的 EDTA 体积 V/mL			
钙硬度/(°)			
钙硬度的平均值/(°)			
偏差			
相对平均偏差			

3. 钙硬度的计算

钙硬度(差减法)=?(请写明计算过程)

六、注意事项

① 所加指示剂的量要合适，多加会使溶液颜色深，导致变色不敏锐，少加会使溶液颜色太浅，不好观察。

② 滴定终点时溶液颜色不是突变的，而是经历由酒红色—蓝紫色—纯蓝色的渐变过程，而且过量后仍是纯蓝色。所以临近终点时一定要慢滴，注意观察，最好有个对照，作为标准。

七、思考题

① 用 EDTA 测定水的硬度时，哪些离子的存在会有干扰？如何除去？

② 如果要求硬度测定中的数据保留两位有效数字，应如何量取 50mL 水样？

③ 测定水的总硬度时，为什么要加入氨性缓冲溶液将试液的 pH 控制在 10 左右？当水的硬度较大时，加入氨性缓冲溶液后可能会出现什么情况？应如何改善？

实验 25 铋铅混合溶液中 Bi^{3+}、Pb^{2+} 含量的连续测定

(Exp 25 Continuous Determination of Bi^{3+} and Pb^{2+} in Bismuth and Lead Mixed Solution)

一、实验目的

① 学习通过控制溶液酸度，应用 EDTA 对 Bi^{3+}、Pb^{2+} 进行连续滴定的原理和方法。

② 掌握二甲酚橙（XO）指示剂的使用条件及其终点时的变色情况。

二、实验原理

Bi^{3+}、Pb^{2+} 均能与 EDTA 以 1∶1 的配位比形成稳定的配合物 BiY 和 PbY，lg$K$ 值分别为 27.94 和 18.04，相差很大，符合混合离子分步滴定的条件。因此可以通过控制不同的酸度，在同一份试液中先后对 Bi^{3+}、Pb^{2+} 进行连续滴定。通常在 pH≈1 时滴定 Bi^{3+}，在 pH=5 ～ 6 时滴定 Pb^{2+}。

首先在 pH≈1 的 HNO_3 介质中，以二甲酚橙为指示剂，用 EDTA 的标准溶液滴定 Bi^{3+}，此时 Bi^{3+} 与指示剂形成紫红色配合物（Pb^{2+} 在此条件下不形成紫红色配合物），然后用 EDTA 滴定至溶液突变为亮黄色，即测定 Bi^{3+} 的终点。

在滴定 Bi^{3+} 后的溶液中，加入六亚甲基四胺，调节溶液的 pH 为 5～6，此时 Pb^{2+} 与二甲酚橙形成紫红色配合物，溶液再次呈现紫红色，然后用 EDTA 标准溶液继续滴定至溶液由紫红色变为亮黄色，即测定 Pb^{2+} 的终点。

三、主要仪器与试剂

仪器：台秤、分析天平、容量瓶（250mL）、移液管（25mL）、细口试剂瓶（500mL）、锥形瓶、小烧杯（100mL）。

试剂：乙二胺四乙酸二钠（$Na_2H_2Y \cdot 2H_2O$，AR）、$ZnSO_4 \cdot 7H_2O$ 基准试剂、0.2% 二甲酚橙溶液、20%六亚甲基四胺［$(CH_2)_6N_4$，AR］溶液、HNO_3（0.1mol·L^{-1}）溶液、HCl（1∶5）溶液、Bi^{3+}-Pb^{2+} 混合溶液（其中 Bi^{3+}、Pb^{2+} 浓度各为 0.01mol·L^{-1}，HNO_3 浓度约为 0.15mol·L^{-1}）。

四、实验步骤

1. 0.02mol·L^{-1} EDTA 溶液的配制

在台秤上称取 4.0g EDTA 二钠盐（$Na_2H_2Y \cdot 2H_2O$），溶于 150～200mL 温水中使其完全溶解，冷却后，稀释至 500mL，如浑浊，应过滤。然后转移至 500mL 细口试剂瓶中，摇匀，贴上标签，备用。

2. 0.02mol·L^{-1}锌标准溶液的配制

在分析天平上准确称取 1.40 ～1.45g $ZnSO_4 \cdot 7H_2O$ 基准试剂，置于 100mL 小烧杯中，加入约 50mL 蒸馏水溶解后，定量转入 250mL 的容量瓶中，稀释，定容，摇匀，

贴上标签。

3. EDTA 溶液的标定

用移液管准确移取 25.00mL Zn^{2+} 标准溶液于锥形瓶中，加入 HCl（1∶5）溶液 2mL，0.2%二甲酚橙指示剂 2 滴，滴加 20%六亚甲基四胺溶液至试液呈稳定的紫红色后，再过量 5mL，摇匀。用待标定的 EDTA 溶液滴定，溶液由紫红色变为亮黄色，即终点（临近终点时慢滴多摇），记录消耗的 EDTA 的体积 V。平行标定 3 次。

4. Bi^{3+}、Pb^{2+} 的连续测定

用移液管准确移取 20.00mL 待测混合液于锥形瓶中，加入 HNO_3（$0.1mol \cdot L^{-1}$）溶液 10mL、0.2% 二甲酚橙指示剂 2 滴呈紫红色，摇匀。用 EDTA 标准溶液滴定至颜色由紫红色突变为亮黄色，即测定 Bi^{3+} 的终点，记录消耗的 EDTA 的体积 V_{Bi}。由于 Bi^{3+} 与 EDTA 反应的速度较慢，故临近终点时滴定速度不宜过快，且应用力振荡试液。酌情向试液中补加 1 滴指示剂，并滴加 20%六亚甲基四胺溶液至试液呈稳定的紫红色后再过量 5mL，此时试液的 pH 应为 5～6。继续用 EDTA 溶液滴定至紫红色突变为亮黄色，即测定 Pb^{2+} 的终点，记录消耗的 EDTA 的体积 V_{Pb}（等于 $V_{总}-V_{Bi}$）。平行测定 3 次。

五、记录和计算

1. EDTA 的浓度

记录项目	样品号		
	1	2	3
称量瓶＋$ZnSO_4 \cdot 7H_2O$(前)/g 称量瓶＋$ZnSO_4 \cdot 7H_2O$(后)/g $ZnSO_4 \cdot 7H_2O$ 质量/g	只用称量一份 $ZnSO_4 \cdot 7H_2O$		
EDTA 终读数/mL EDTA 初读数/mL V_{EDTA}/mL			
c_{EDTA}			
$\bar{c}_{EDTA}$(平均值)			
绝对偏差			
相对平均偏差			

$$c_{EDTA}V_{EDTA} \times 10^{-3} = \frac{m}{M_{ZnSO_4 \cdot 7H_2O}} \times \frac{25}{250}$$

得：

$$c_{EDTA} = \frac{m \times 100}{M_{ZnSO_4 \cdot 7H_2O} \times V_{EDTA}} \tag{7-7}$$

2. Bi^{3+}、Pb^{2+} 的浓度

记录项目	1	2	3
混合液 V/mL	20.00	20.00	20.00
第一个终点 EDTA 体积 V_1/mL，即 V_{Bi}			
第二个终点 EDTA 体积 V_2/mL			
V_{Pb}(即 V_2-V_1)/mL			
$c_{Bi^{3+}}$			

续表

记录项目	1	2	3
$\bar{c}_{Bi^{3+}}$			
偏差			
相对平均偏差			
$c_{Pb^{2+}}$			
$\bar{c}_{Pb^{2+}}$			
偏差			
相对平均偏差			

要求：相对平均偏差≤0.2%。

六、注意事项

① Bi^{3+}-Pb^{2+}混合溶液（其中Bi^{3+}、Pb^{2+}浓度各为0.01mol·L^{-1}，HNO_3浓度约为0.15mol·L^{-1}）的配制方法：a. 称取4.85g $Bi(NO_3)_3 \cdot 5H_2O$、3.3g $Pb(NO_2)_2$，加入10mL浓HNO_3，微热，溶解后稀释至1L；b. Bi^{3+}极易水解，配制的混合试液中，必须具有较高的HNO_3浓度，临使用前再加水将HNO_3稀释至0.15mol·L^{-1}左右。

② 滴加六亚甲基四胺溶液调节pH为5～6时，必须至溶液呈现稳定的紫红色后，再加入5mL六亚甲基四胺。

③ 本实验所用指示剂二甲酚橙的适用条件为酸性。

④ Bi^{3+}与EDTA反应速度较慢，滴定Bi^{3+}的速度不宜过快，且应在滴定过程中充分摇动。

七、思考题

① 滴定Bi^{3+}之前，加入0.1mol·L^{-1} HNO_3溶液的作用是什么？试液的酸度过高或过低将对测定有何影响？

② 滴定混合液中的Pb^{2+}时，为什么不采用HAc-NaAc缓冲溶液控制酸度？在滴定Pb^{2+}之前往试液中加入六亚甲基四胺溶液的作用是什么？此时调至试液呈稳定的紫红色又说明了什么？为什么还要使六亚甲基四胺溶液过量5mL？

③ 如果采用碳酸钙基准物质标定EDTA，然后来滴定Bi^{3+}、Pb^{2+}，可能对测定结果准确度有何影响。

④ 能否在同一份试液中先滴定Pb^{2+}再滴定Bi^{3+}？

实验26　高锰酸钾标准溶液的配制与标定

(Exp 26　Preparation and Calibration of Potassium Permanganate Standard Solution)

一、实验目的

① 掌握深色溶液体积的读数方法。

② 掌握氧化还原滴定条件的影响和控制方法。

③ 掌握高锰酸钾溶液的配制与标定。

二、实验原理

高锰酸钾是最常用的氧化剂之一，市售的高锰酸钾试剂常含有少量 MnO_2 和其他杂质（如硫酸盐、氯化物及硝酸盐等），因此无法配制准确浓度的高锰酸钾溶液。而且配制溶液所用的蒸馏水中也含有少量有机物质，它们也能与高锰酸钾发生氧化还原反应，反应式如下：

$$4MnO_4^- + 2H_2O \xlongequal{} 4MnO_2 \downarrow + 3O_2 \uparrow + 4OH^-$$

光照能加速该反应，因此配制的 $KMnO_4$ 溶液要在暗处放置数天，待 $KMnO_4$ 把还原性杂质充分氧化后，过滤除去生成的 MnO_2 沉淀，再标定其准确浓度。

标定 $KMnO_4$ 溶液的基准物很多，最常用的是还原剂 $Na_2C_2O_4$，$Na_2C_2O_4$ 不含结晶水，性质稳定，容易精制。在酸性条件下，用 $Na_2C_2O_4$ 标定 $KMnO_4$ 溶液的反应式如下：

$$2MnO_4^- + 5C_2O_4^{2-} + 16H^+ \xlongequal{} 2Mn^{2+} + 10CO_2 \uparrow + 8H_2O$$

滴定时可利用 $KMnO_4$ 本身的颜色指示滴定终点。

根据 $Na_2C_2O_4$ 基准物的质量和消耗 $KMnO_4$ 溶液的体积计算 $KMnO_4$ 溶液的浓度。

$$n_{MnO_4^-} : n_{C_2O_4^{2-}} = 2:5，\text{即} c_{MnO_4^-} V_{MnO_4^-} \times 10^{-3} : \frac{m}{M_{Na_2C_2O_4}} \times \frac{20.00}{100.00} = 2:5$$

$$c_{MnO_4^-} = \frac{80 \times m}{M_{Na_2C_2O_4} \cdot V_{MnO_4^-}} \tag{7-8}$$

三、主要仪器与试剂

仪器：电子天平（0.1g）、酒精灯、表面皿、玻璃砂芯漏斗或玻璃纤维、棕色玻璃瓶、分析天平、小烧杯、容量瓶（100mL）、移液管（20mL）、锥形瓶（250mL）、酸式滴定管（50mL）。

试剂：$KMnO_4$（s，AR）、$Na_2C_2O_4$（s，AR）、H_2SO_4（$3mol \cdot L^{-1}$）。

四、实验步骤

1. 0.02mol·L⁻¹ $KMnO_4$ 溶液的配制

称取 1.6g $KMnO_4$ 固体溶于 500mL 水中，盖上表面皿，加热煮沸（随时加水以补充因蒸发而损失的水）并保温 1h，冷却后室温下放置 2～3 天，然后用玻璃砂芯漏斗或玻璃纤维过滤除去 MnO_2 等杂质。滤液贮存于清洁带塞的棕色玻璃瓶中，待标定。

2. $KMnO_4$ 溶液的标定

① 用分析天平准确称取 0.8～0.9g 干燥过的 $Na_2C_2O_4$ 基准物于小烧杯中，用水溶解后全部转移到 100mL 容量瓶中，定容、摇匀。用移液管分别吸取此溶液 20.00mL 于 3 个 250mL 锥形瓶中，后分别加水 40mL 使之溶解，再加 10mL H_2SO_4（$3mol \cdot L^{-1}$）溶液（$KMnO_4$ 作为氧化剂，通常在强酸性溶液中反应）。

② 加热至有蒸汽冒出（75～85℃），趁热立即用待标定的 $KMnO_4$ 溶液滴定。

③ 由于开始时反应速度较慢，滴定的速度也要慢，每加入一滴 $KMnO_4$ 溶液，都需摇动锥形瓶，等 $KMnO_4$ 颜色褪去后，再继续滴入下一滴。随着滴定的进行，溶液中产生了 Mn^{2+}，反应速度加快（Mn^{2+} 自身催化作用），滴定速度可相应加快，但临近终点时滴定速度要减慢，同时充分摇匀，直到溶液呈现微红色并保持 30s 不褪色，即为终点，记录滴定所

消耗的 $KMnO_4$ 溶液体积。平行标定 3 份。

④ 根据 $Na_2C_2O_4$ 基准物的质量和消耗 $KMnO_4$ 溶液的体积计算 $KMnO_4$ 溶液的浓度。

五、数据记录与计算

记录项目	样品号		
	1	2	3
称量瓶＋$Na_2C_2O_4$(前)/g			
称量瓶＋$Na_2C_2O_4$(后)/g			
$Na_2C_2O_4$ 质量/g			
$KMnO_4$ 终读数/mL			
$KMnO_4$ 初读数/mL			
V_{KMnO_4}/mL			
c_{KMnO_4}			
$\bar{c}_{KMnO_4}$			
绝对偏差			
相对平均偏差			

六、注意事项

① $KMnO_4$ 溶液颜色深，液面弯月面不易看出，读数时应以液面的最高线为准（读液面的边缘）。

② 标定 $KMnO_4$ 溶液浓度时应加热，加热可使反应加快，但不能加热至沸腾，否则容易引起部分草酸分解，适宜的温度是 75～85℃，在滴定至终点时，溶液的温度应不低于 60℃。

③ 滴定速度不能太快，若速度太快，部分 $KMnO_4$ 在热溶液中发生分解：

$$4MnO_4^- + 4H^+ = 4MnO_2\downarrow + 2H_2O + 3O_2\uparrow$$

④ $KMnO_4$ 滴定终点不太稳定，这是由于空气中含有还原性气体及尘埃等杂质，能使 $KMnO_4$ 慢慢分解，进而使微红色消失。溶液经过 30s 不褪色，即可认为已达到终点。

七、思考题

① 配制 $KMnO_4$ 标准溶液时，为什么要把 $KMnO_4$ 溶液煮沸一定时间并放置数天？配好的 $KMnO_4$ 溶液为什么要过滤后才能保存？过滤时是否可以用滤纸？

② 装有 $KMnO_4$ 溶液的滴定管或容器常有不易洗去的棕色物质，这是什么？如何除去？

③ 以 $Na_2C_2O_4$ 为基准物质标定 $KMnO_4$ 溶液时，为什么必须在 H_2SO_4 介质中进行？可以用 HNO_3 或 HCl 代替吗？

④ 标定 $KMnO_4$ 溶液时，为什么第一滴 $KMnO_4$ 加入后溶液的红色褪去很慢，而以后红色褪去的速度越来越快？

实验 27　石灰石中钙含量的测定

(Exp 27　Determination of Calcium Content in Limestone)

一、实验目的

① 掌握氧化还原滴定法间接测定钙含量的原理和方法。

② 学习沉淀分离的基本知识，掌握沉淀、过滤、洗涤等分析操作。

二、实验原理

石灰石的主要成分是$CaCO_3$，还含有SiO_2、Fe_2O_3、Al_2O_3、MgO等杂质。本实验采用高锰酸钾法间接测定钙的含量，Ca^{2+}与$C_2O_4^{2-}$能生成难溶的CaC_2O_4沉淀，将沉淀过滤并洗去剩余的$C_2O_4^{2-}$后，溶于稀硫酸中，再用$KMnO_4$标准溶液滴定$H_2C_2O_4$，根据所消耗$KMnO_4$标准溶液的体积，便可间接地测得Ca^{2+}的含量。主要反应式如下：

$$Ca^{2+}+C_2O_4^{2-} \longrightarrow CaC_2O_4(s)$$

$$CaC_2O_4+SO_4^{2-}+2H^+ \longrightarrow CaSO_4(s)+H_2C_2O_4$$

$$5H_2C_2O_4+2MnO_4^-+6H^+ \longrightarrow 2Mn^{2+}+10CO_2(g)+8H_2O$$

则CaO的质量分数为：

$$w_{CaO}=\frac{\frac{5}{2}\times c_{MnO_4^-}\times V_{MnO_4^-}\times 10^{-3}\times M_{CaO}}{m_{样}}\times 100\% \qquad (7\text{-}9)$$

在本实验中，要控制适当沉淀Ca^{2+}的条件。一般是在酸性溶液中，加入沉淀剂$(NH_4)_2C_2O_4$，此时$C_2O_4^{2-}$浓度很小（主要以$HC_2O_4^-$、$H_2C_2O_4$形式存在，故不会有CaC_2O_4沉淀生成），再滴加稀氨水逐渐中和溶液中的H^+，使$C_2O_4^{2-}$浓度缓缓增大，逐渐生成CaC_2O_4沉淀。因CaC_2O_4是弱酸盐沉淀，其溶解度随溶液酸度增大而增加，在pH＝4.0时，CaC_2O_4的溶解损失可以忽略。所以，最后控制溶液的pH为4.2～4.5，这样，既可使CaC_2O_4沉淀完全，又不致生成$Ca(OH)_2$或$(CaOH)_2C_2O_4$沉淀，生成的沉淀再经陈化便可获得纯净的、颗粒粗大的CaC_2O_4晶形沉淀。

三、主要仪器、试剂和材料

仪器：分析天平、表面皿、棕色酸式滴定管（实验时间不长的情况下，可以用透明酸式滴定管代替）、容量瓶、移液管、锥形瓶、烧杯（4个）、漏斗（2个）、量筒、玻璃棒（2个）、水浴锅、玻璃棒

试剂：$KMnO_4$标准溶液（$0.02mol\cdot L^{-1}$）、HCl（$6.0mol\cdot L^{-1}$）、$(NH_4)_2C_2O_4$（$0.25mol\cdot L^{-1}$）、$(NH_4)_2C_2O_4$（0.1%）、氨水（$3.0mol\cdot L^{-1}$）、H_2SO_4（$1.0mol\cdot L^{-1}$）、柠檬酸铵（10%）、甲基橙指示剂（0.1%）、$AgNO_3$（$0.1mol\cdot L^{-1}$）、石灰石

材料：中速滤纸。

四、实验步骤

1. CaC_2O_4沉淀的制备

① 用分析天平准确称取0.1～0.15g石灰石样品2份，分别置于300～400mL烧杯中，加少量水润湿，盖上表面皿，从烧杯口处缓慢滴加HCl（$6.0mol\cdot L^{-1}$）溶液，直至样品溶解，边滴加边轻轻摇动烧杯，注意勿损失。

② 加入120mL水和2滴甲基橙指示剂（0.1%），再加入约5mL HCl（$6.0mol\cdot L^{-1}$）至溶液显红色。

③ 加入 15～20mL $(NH_4)_2C_2O_4$（0.25mol·L^{-1}）溶液（若有沉淀生成，说明溶液的酸度不足，则应滴加盐酸将沉淀溶解，但不能加入大量盐酸，否则用氨水调 pH 时，用量太大）。

④ 加入 5mL 柠檬酸铵（10%）溶液，也可以不加，因为本次实验的药品成分比较简单。

⑤ 在水浴上加热到 70～80℃，在不断搅拌下缓慢滴加氨水（3.0mol·L^{-1}）（每秒钟 1～2 滴）直到红色恰好变为橙黄色。

⑥ 盖上表面皿，在水浴上保温陈化约 30min，随时搅拌，之后室温下冷却。

⑦ 陈化后的沉淀用中速滤纸以倾析法过滤，先过滤上层清液。

⑧ 用冷的 $(NH_4)_2C_2O_4$（0.1%）溶液（专用的量筒装取，每次 10～15mL），将烧杯中剩下的沉淀洗涤 3～4 次，以倾析法将洗涤液转移到漏斗中进行过滤，弃去滤液。

⑨ 用超纯水洗涤烧杯中的沉淀，直至滤液中不含 Cl^-［在装滤液的烧杯中加入 $AgNO_3$（0.1mol·L^{-1}）溶液，观察是否有沉淀；若有，则继续重复该洗涤操作，直到没有白色沉淀生成为止］。

⑩ 最后再用超纯水将烧杯中的沉淀全部转移到漏斗中。

2. 钙含量的测定

① 将带有沉淀的滤纸贴在原贮沉淀的烧杯内壁上（沉淀向杯内）。

② 取 50mL H_2SO_4（1mol·L^{-1}）溶液，仔细将沉淀从滤纸上洗到烧杯里，用去离子水稀释到 100mL。

③ 水浴加热到 75～85℃，用已标定好的 $KMnO_4$ 标准溶液（0.02mol·L^{-1}）滴定，边滴边搅拌，当变为粉红色时，再用玻璃棒把滤纸浸入溶液中，接着用玻璃棒搅拌。如果溶液褪色，则继续用 $KMnO_4$ 滴定，直至出现粉红色，且 30s 内不褪色，即滴定终点。

④ 及时记录数据，计算石灰石中氧化钙的含量。

五、记录与计算

实验编号	1	2
m(石灰石)/g		
$KMnO_4$ 溶液终读数/mL		
$KMnO_4$ 溶液初读数/mL		
V_{KMnO_4}/mL		
w_{CaO}/%		
$\overline{w}_{CaO}$/%		
绝对偏差		
相对平均偏差 / %		

六、注意事项

① 沉淀时应注意控制溶液的酸度。

② 洗涤沉淀时应把握好“少量多次”的原则。

③ 滴定的废液中含有滤纸，应集中丢弃到实验室的废液桶中。

④ 理论上滴定操作最好由一人来操作，误差较小；但因本次实验时间较长，改为两人一组，为了让每人都有练习的机会，可以每人分别滴定一次，取两次滴定的平均值。

⑤ 两个烧杯对应的玻璃棒不要混用。

七、思考题

① 沉淀 CaC_2O_4 时，为什么要采用先在酸性溶液中加入沉淀剂 $(NH_4)_2C_2O_4$，然后再滴加氨水中和的办法使 CaC_2O_4 沉淀析出？加入甲基橙指示剂的目的是什么？

② CaC_2O_4 沉淀生成后为什么要陈化？

③ 洗涤 CaC_2O_4 沉淀时，为什么先用 0.1% $(NH_4)_2C_2O_4$ 稀溶液洗涤，然后再用去离子水洗？怎样判断是否洗净？

④ 若一开始便将带有沉淀的滤纸浸入溶液中，用 $KMnO_4$ 标准溶液滴定，对结果有什么影响？

实验 28　水中化学需氧量（COD）的测定

[Exp 28　Determination of Chemical Oxygen Demand (COD) in water]

一、实验目的

① 了解测定化学需氧量（COD）的意义。

② 掌握酸性 $KMnO_4$ 法测定水中 COD 含量的原理和方法。

③ 了解水样的采集及保存方法。

④ 了解水中 COD 与水质污染的关系。

二、基本原理

化学需氧量 COD（chemical oxygen demand），是量度水体受还原性物质污染程度的重要指标之一。COD 是指在特定条件下，用一种强氧化剂定量地氧化水中可还原性物质（有机物和无机物）时所消耗氧化剂的量，以每升多少毫克氧表示（$O_2 mg \cdot L^{-1}$）。COD 值越高，水体受污染越严重。

COD 的测定可用酸性高锰酸钾法、碱性高锰酸钾法和重铬酸钾法。$KMnO_4$ 适合测定地面水、河水等污染不十分严重的水；重铬酸钾法主要用于废水监测。本实验采用酸性高锰酸钾法，即在酸性条件下，向被测水样中定量加入过量的 $KMnO_4$ 溶液，加热使水样中还原性物质与之充分反应。剩余的高锰酸钾则加入过量的草酸钠还原，最后用 $KMnO_4$ 溶液返滴定过量的草酸钠，由此计算出水样的化学需氧量。反应方程式为：

$$4MnO_4^- + 5C + 12H^+ \longrightarrow 4Mn^{2+} + 5CO_2\uparrow + 6H_2O$$

$$2MnO_4^- + 5C_2O_4^{2-} + 16H^+ \longrightarrow 2Mn^{2+} + 10CO_2\uparrow + 8H_2O$$

水样中 Cl^- 的浓度大于 $300mg \cdot L^{-1}$ 时，将使测定结果偏高，通常加入 Ag_2SO_4 以除去 Cl^-。1g Ag_2SO_4 可消除 200mg Cl^- 的干扰，也可将水样稀释以消除干扰。

取水样后应加入 H_2SO_4，使其 $pH<2$，抑制微生物繁殖，然后立即进行分析，如需放

置可加入少量 $CuSO_4$ 以抑制微生物对有机物的分解。

取水样的体积视水样的外观情况而定，洁净透明的水样一般取100mL；浑浊的水样一般取10～30mL，后补加蒸馏水至100mL，同时，用蒸馏水代替水样，测得空白值。计算化学需氧量时将空白值扣除。

三、主要仪器与试剂

仪器：分析天平、烧杯、量筒、酸式滴定管、移液管（25mL，100mL）、锥形瓶（250mL）、容量瓶（250mL）、水浴锅。

试剂：$KMnO_4$（0.002mol·L^{-1}）、$Na_2C_2O_4$（0.005mol·L^{-1}）、H_2SO_4（1∶2，1∶3），$AgNO_3$（10%）。

四、实验步骤

1. 水样的测定

用移液管准确移取100.00mL水样于250mL锥形瓶中，加5mL H_2SO_4（1∶3），再加入2mL $AgNO_3$（10%）溶液以除去水样中的 Cl^-（当水样中的 Cl^- 浓度很小时，可以不加），摇匀后并准确加入10.00mL（记为体积 V_1）$KMnO_4$（0.002mol·L^{-1}）溶液，将锥形瓶置于沸水浴中加热30min，使其还原性物质充分氧化。取出稍冷后（75～85℃），溶液为紫红色；立即准确加入 $Na_2C_2O_4$（0.005mol·L^{-1}）标准溶液，摇匀，放置10min，此时红色应完全褪去；然后再用 $KMnO_4$ 溶液返滴至微红色，30s内不褪色即为终点，记录返滴消耗的体积（V_2）。平行做3次。

2. $KMnO_4$ 溶液相当于 $Na_2C_2O_4$ 标准溶液的体积比测定

取100mL蒸馏水于250mL锥形瓶中，加入10mL H_2SO_4（1∶2），再准确加入 $Na_2C_2O_4$ 标准溶液10mL，摇匀。水浴加热至75～85℃，用 $KMnO_4$ 溶液滴定至溶液呈微红色，30s不褪色即为终点，记下 $KMnO_4$ 溶液的用量（V_3），计算体积比 k，平行做3次。

$$k=\frac{V_{Na_2C_2O_4}}{V_{KMnO_4}} \tag{7-10}$$

3. 空白值的测定

在250mL锥形瓶中加入100mL蒸馏水、10mL H_2SO_4（1∶2），水浴加热至75～85℃，用 $KMnO_4$ 溶液滴定至终点，记下 $KMnO_4$ 溶液的用量（V_4）。平行做3次。

4. 结果计算

按下式计算COD：

$$\mathrm{COD}(O_2\,\mathrm{mg}\cdot L^{-1})=\frac{[(V_1+V_2-V_4)\times k-10.00]\times c_{Na_2C_2O_4}\times 16.00\times 10^3}{V_{水样}} \tag{7-11}$$

式中，$k=\frac{10.00}{V_3-V_4}$，即1mL $KMnO_4$ 相当于 kmL $Na_2C_2O_4$ 标准溶液；16.00为氧的

原子量，g·mol^{-1}；$V_{水样}$为所取水样的体积，mL。

五、记录与计算

实验编号	1	2	3
水样/mL	100.00	100.00	100.00
$KMnO_4$ 溶液 V_1/mL	10.00	10.00	10.00
$KMnO_4$ 溶液 V_2/mL			
$KMnO_4$ 溶液 V_3/mL			
$KMnO_4$ 溶液 V_4/mL			
COD			
$\overline{COD}$ 平均值			
绝对偏差			
相对平均偏差 / %			

六、注意事项

① 水样加热煮沸过程中，溶液应仍为紫红色，若溶液的红色消失，则说明水中还原性物质含量高，高锰酸钾的加入量不足，遇此情况应增加高锰酸钾的加入量，重新取样分析。

② 本实验的温度不能超过85℃，否则 $Na_2C_2O_4$ 会分解，使测定的结果偏高。

③ 在酸性条件下，$Na_2C_2O_4$ 和 $KMnO_4$ 的反应温度应保持在75～85℃，所以滴定操作必须趁热进行，若溶液温度过低，需适当加热。

七、思考题

① COD表示什么？清洁地面水、轻度污染的水源、污染较严重的水源，COD值有何差别？

② 水中化学需氧量的测定采用何种滴定方式？为什么要采取这种方式？

③ 水样中加入 $KMnO_4$ 溶液并在沸水中加热30min后应当是什么颜色？若无色，说明什么问题？应如何处理？

④ 能否用HCl或 HNO_3 来调节水样的酸度？为什么？

实验29　土壤中有机质含量的测定

(Exp 29　Determination of Organic Matter Content in Soil)

一、实验目的

① 了解重铬酸钾法的基本原理和方法。

② 掌握重铬酸钾法测定土壤中有机质含量的方法。

③ 进一步练习滴定操作。

二、实验原理

土壤中有机质的含量与土壤肥力有着密切关系，是土壤肥力水平的一个重要指标。测定土壤有机质含量，有利于研究土壤的形成、分类、分布等，并对实际生产中土壤肥力状况的调节具有重要的实践意义。

重铬酸钾法测定有机质含量的原理：在浓 H_2SO_4 存在的情况下，用过量的已知浓度的 $K_2Cr_2O_7$ 溶液与土壤共热（170～180℃），使土壤中的有机碳被氧化为 CO_2 逸出，而多余的重铬酸钾用 $FeSO_4$ 溶液回滴，以二苯胺磺酸钠为指示剂，滴定到指示剂蓝紫色褪去，呈现亮绿色，即为终点。反应式为：

$$2K_2Cr_2O_7(\text{过量}) + 8H_2SO_4 + 3C \longrightarrow 2Cr_2(SO_4)_3 + 2K_2SO_4 + 3CO_2\uparrow + 8H_2O$$

$$K_2Cr_2O_7(\text{剩余量}) + 6FeSO_4 + 7H_2SO_4 \longrightarrow K_2SO_4 + Cr_2(SO_4)_3 + 3Fe_2(SO_4)_3 + 7H_2O$$

滴定过程中，加入 H_3PO_4 的目的是排除 Fe^{3+} 的颜色干扰，并扩大滴定曲线的突跃范围。氧化有机质时，加入 Ag_2SO_4 有两个作用：一是做催化剂，促使氧化还原反应迅速完成；二是可以与土壤中的 Cl^- 形成 AgCl 沉淀，以尽可能排除 Cl^- 的干扰。

土壤中有机质的含量是通过所测定的土壤中碳的含量而换算的，一般，土壤中有机质平均含碳量为 58%。将土壤中含碳量换算为有机质含量时，应乘以换算系数 100/58≈1.724。另外，本方法本身在 Ag_2SO_4 催化剂的存在下，也只能氧化有机质 96%左右，所以有机质的氧化校正系数为 100/96≈1.04。因此，计算土壤中碳含量后，换算为有机质含量应为：

$$w_{\text{有机质}} = w_{\text{碳}} \times 1.724 \times 1.04 \quad (7\text{-}12)$$

由于本实验的误差较大，故数据只需保留三位有效数字。

三、主要仪器与试剂

仪器：分析天平、烧杯、容量瓶（250mL）、移液管（10mL）、硬质玻璃试管、滴定管（50mL）、锥形瓶（250mL）、小漏斗、量筒（10mL，100mL）、油浴锅。

试剂：Ag_2SO_4（s，AR）、$K_2Cr_2O_7$ 基准试剂、二苯胺磺酸钠溶液（0.5%）、H_3PO_4（85%）、$K_2Cr_2O_7$（0.01667mol · L^{-1}）-浓 H_2SO_4 混合液、$FeSO_4$ 标准溶液、土样。

四、实验步骤

① $K_2Cr_2O_7$ 标准溶液的配制：用分析天平准确称取 1.2260g $K_2Cr_2O_7$ 基准试剂于 100mL 烧杯中，加入适量水，完全溶解后，定量转移至 250mL 容量瓶中，用水定容后摇匀，即得浓度为 0.01667mol · L^{-1} 的 $K_2Cr_2O_7$ 标准溶液。

② 称取土样：准确称取过 100 目筛的风干土样 0.1～0.5 g（视土壤有机质含量而定）3 份，倒入干燥硬质玻璃试管中（加样时切勿沾在试管壁上）。

③ 加热：加入 0.1g Ag_2SO_4，用移液管移取 10.00mL $K_2Cr_2O_7$（0.01667mol · L^{-1}）-浓 H_2SO_4 混合液，混合均匀。试管口加一个小漏斗以冷凝煮沸时产生的水蒸气。将试管在 170～180℃的油浴中加热，沸腾 5min，取出试管，擦净试管外壁油污，冷却。

④ 转移：加入少量蒸馏水稀释，小心定量地转移至已放有 50mL 水的 250mL 锥形瓶中。反复用蒸馏水洗试管和漏斗数次，洗液倒入锥形瓶中，然后将溶液稀释至 100mL。

⑤ 滴定：加 5mL H_3PO_4（85%）溶液及 6 滴二苯胺磺酸钠指示剂（0.5%），用 $FeSO_4$ 标准溶液滴定。溶液起初为褐色，接近滴定终点时为蓝色，终点时呈亮绿色。记录 $FeSO_4$ 标准溶液所用体积 V（mL）。

⑥ 另取 10mL $K_2Cr_2O_7$（0.01667mol · L^{-1}）-浓 H_2SO_4 混合液，加入 0.1g Ag_2SO_4，

其余步骤同上述过程，滴定消耗 $FeSO_4$ 标准溶液的体积记为 V_0（mL）。

⑦ 按下式计算土壤中有机质的含量：

$$w_{有机质}=\frac{(V_0-V)c_{FeSO_4}\times M_{\frac{1}{4}C}}{m_{土样}\times 1000}\times 1.724\times 1.04\times 100\% \tag{7-13}$$

五、记录与计算

实验编号	1	2	3
土样/g			
$FeSO_4$ 标准溶液初体积/mL			
$FeSO_4$ 标准溶液终体积/mL			
$FeSO_4$ 标准溶液所用体积 V/mL			
$FeSO_4$ 标准溶液初体积/mL			
$FeSO_4$ 标准溶液终体积/mL			
$FeSO_4$ 标准溶液所用体积 V_0/mL			
$w_{有机质}$			
$\overline{w}_{有机质}$			
绝对偏差			
相对平均偏差/%			

六、注意事项

① 土样应在 25～35℃下、通风干燥的地方进行风干。在半干时需将大土块捏碎，一般需风干 3～5 天。

② $FeSO_4$ 溶液在空气中易被氧化，使用前应重新标定浓度。

③ 为减少称量误差，最好采用减量法称取土样。

④ 温度要严格控制在 170～180℃。

⑤ 快到滴定终点时，改为半滴半滴滴加，以免超过滴定终点。

七、思考题

① 与 $KMnO_4$ 法相比，$K_2Cr_2O_7$ 法有何优点？

② 加入 H_3PO_4 溶液的作用是什么？

③ 氧化有机质时，为什么要加入 Ag_2SO_4？

④ 影响实验结果的因素有哪些？如果加热时有少量溶液冲出，结果会如何？加热后试管未洗净，结果会如何？

实验 30　硫代硫酸钠溶液的配制与标定

(Exp 30 Preparation and Calibration of Sodium Hyposulfite Solution)

一、实验目的

① 掌握 $Na_2S_2O_3$ 溶液的配制方法和保存条件。

② 掌握 $Na_2S_2O_3$ 溶液的标定方法。

③ 学习正确判断淀粉指示剂滴定的终点。

二、实验原理

硫代硫酸钠（$Na_2S_2O_3 \cdot 5H_2O$）含少量杂质（如 S、Na_2SO_3、Na_2SO_4、Na_2CO_3 及 NaCl 等），同时容易风化和潮解，容易受空气和微生物的作用而分解，因此不能直接配制准确浓度的标准溶液。配制 $Na_2S_2O_3$ 溶液时应用新煮沸并冷却的蒸馏水；在 pH＝9～10 时，硫代硫酸钠溶液最稳定，因此在 $Na_2S_2O_3$ 溶液中加入少量 Na_2CO_3 来抑制微生物的生长；溶液应贮于棕色瓶中并防止光照，放置 7～14 天，待溶液趋于稳定后再标定。

在酸性溶液中，存在过量 KI 的情况下，一定量的 $KBrO_3$ 与 KI 发生反应；再用 $Na_2S_2O_3$ 溶液滴定析出的 I_2，当反应定量完成时，依据 $KBrO_3$ 的质量及 $Na_2S_2O_3$ 的体积计算 $Na_2S_2O_3$ 的浓度。反应式及计量关系如下：

$$BrO_3^- + 6H^+ + 6I^- = Br^- + 3I_2 + 3H_2O$$

$$I_2 + 2S_2O_3^{2-} = 2I^- + S_4O_6^{2-}$$

则：$BrO_3^- \sim 3I_2 \sim 6S_2O_3^{2-}$

即
$$c_{Na_2S_2O_3} \times V_{Na_2S_2O_3} \times 10^{-3} = \frac{m}{M_{KBrO_3}} \times \frac{25.00}{100.0} \times 6$$

得：
$$c_{Na_2S_2O_3} = \frac{\frac{3}{2} \times \frac{m}{M_{KBrO_3}}}{V_{Na_2S_2O_3} \times 10^{-3}} \tag{7-14}$$

淀粉在 I^- 存在时能与 I_2 形成可溶性吸附化合物，使溶液呈蓝色。到达终点时，溶液的 I_2 全部与 $Na_2S_2O_3$ 作用，则蓝色消失。淀粉应在近终点时加入，否则碘-淀粉吸附化合物会吸附部分 I_2，致使终点提前且难以观察。

三、主要仪器与试剂

仪器：台秤、分析天平、烧杯、碱式滴定管（50mL）、容量瓶（100mL）、锥形瓶（250mL）或碘量瓶（3 只）、棕色试剂瓶（500mL）、移液管（25mL）、可调温电炉。

试剂：$Na_2S_2O_3 \cdot 5H_2O$（AR）、Na_2CO_3（s）、$KBrO_3$（AR）、KI（30%）、H_2SO_4（$3mol \cdot L^{-1}$）、淀粉指示剂（0.5%）。

四、实验步骤

1. 硫代硫酸钠标准溶液的配制

在台秤上称取 12.5 g $Na_2S_2O_3 \cdot 5H_2O$（AR），溶解在新煮沸过且冷却了的蒸馏水中，加入 0.1 g Na_2CO_3，稀释至 500mL。保存在棕色试剂瓶中，放置在阴暗处，7～14 天后标定。

2. 硫代硫酸钠溶液的标定

① 在分析天平上准确称取 0.25～0.28g $KBrO_3$，置于 100mL 烧杯中，加少量蒸馏水溶解，定量转移入 100mL 容量瓶中，用蒸馏水小心稀释至标线，充分摇匀，备用。

② 用移液管吸取配制好的 $KBrO_3$ 溶液 25.00mL 于 250mL 锥形瓶或碘量瓶中，加 KI（30%）溶液 5mL、H_2SO_4（$3mol \cdot L^{-1}$）溶液 10mL，混匀后盖好瓶塞，在暗处放置

5min，然后加100mL蒸馏水稀释。用$Na_2S_2O_3$标准溶液滴定，当溶液由析出碘的棕红色转变为浅黄色时，加入淀粉指示剂（0.5%）5mL，继续滴定至蓝色刚好完全褪去。记录$Na_2S_2O_3$的体积。平行做3次。

3. 计算硫代硫酸钠溶液的浓度

五、记录与计算

记录项目	样品号		
	1	2	3
称量瓶＋$KBrO_3$(前)/g 称量瓶＋$KBrO_3$(后)/g $KBrO_3$质量/g			
$Na_2S_2O_3$终读数/mL $Na_2S_2O_3$初读数/mL $V_{Na_2S_2O_3}$/mL			
$c_{Na_2S_2O_3}$			
$\bar{c}_{Na_2S_2O_3}$			
绝对偏差			
相对平均偏差			

六、注意事项

① 配制$Na_2S_2O_3$溶液时需将其溶解在新煮沸过且冷却了的蒸馏水中。

② 淀粉指示剂应在接近滴定终点时加入，避免其对I_2的大量吸附。

七、思考题

① 为何不能用直接法配制$Na_2S_2O_3$标准溶液？配制后为何要放7～14天才能进行标定？

② 淀粉指示剂应什么时候加入？为什么？

③ 淀粉指示剂的用量为什么要多达5mL？和其他滴定方法一样，只加几滴行不行？

实验31 硫酸铜中铜含量的测定

(Exp 31 Determination of Copper Content in Copper Sulfate)

一、实验目的

① 掌握碘量法测定铜含量的原理和方法。

② 加深对影响电极电势因素的理解。

③ 了解碘量法的误差来源及其消除的方法。

二、实验原理

在弱酸性溶液中，Cu^{2+}与过量的I^-作用生成CuI沉淀，同时析出I_2，反应式如下：

$$2Cu^{2+} + 4I^- = 2CuI\downarrow + I_2$$

$$I_2 + I^- = I_3^-$$

析出的 I_2 再用 $Na_2S_2O_3$ 标准溶液滴定，由此可以计算出铜的含量。

$$I_2 + 2S_2O_3^{2-} = 2I^- + S_4O_6^{2-}$$

则：

$$2Cu^{2+} \sim I_2 \sim 2S_2O_3^{2-}$$

硫酸铜中铜的含量为：

$$w_{Cu} = \frac{c_{Na_2S_2O_3} V_{Na_2S_2O_3} \times 10^{-3} \times M_{Cu}}{m_{样}} \times 100\% \tag{7-15}$$

Cu^{2+} 与 I^- 的反应是可逆的，为了使 Cu^{2+} 的还原趋于完全，必须加入过量的 KI，但是由于生成的 CuI 沉淀强烈地吸附 I_3^-，测定结果会偏低。欲减少 CuI 沉淀对 I_3^- 的吸附，在接近终点时可加入 KSCN，使 CuI（$K_{sp}^{\ominus} = 1.1 \times 10^{-12}$）转化为溶解度更小的 CuSCN（$K_{sp}^{\ominus} = 4.8 \times 10^{-15}$），释放出被吸附的 I_3^-，使反应更趋于完全。

$$CuI + SCN^- = CuSCN\downarrow + I^-$$

Cu^{2+} 与 I^- 作用生成的 I_2，用 $Na_2S_2O_3$ 标准溶液滴定，以淀粉为指示剂，滴定至溶液的蓝色刚好消失，即为终点。根据 $Na_2S_2O_3$ 标准溶液的浓度、滴定时所耗用的体积及试样质量，可计算出试样中铜的含量。

Cu^{2+} 与 I^- 作用时，溶液的 pH 一般控制在 3～4。酸度过低，Cu^{2+} 易水解，使反应不完全，结果偏低；酸度过高，I^- 易被空气中的氧氧化为 I_2，使结果偏高。控制溶液酸度时常采用稀 H_2SO_4 或 HAc，而不用 HCl，因为 Cu^{2+} 易与 Cl^- 生成配离子。

若存在 Fe^{3+}，则发生以下反应：$2Fe^{3+} + 2I^- \longrightarrow 2Fe^{2+} + I_2$，使测定结果偏高。必须加入掩蔽剂 NaF 或 NH_4F，使 Fe^{3+} 形成稳定的 $[FeF_6]^{3-}$，而消除 Fe^{3+} 的干扰。

三、主要仪器与试剂

仪器：分析天平、酸式滴定管（50mL）、锥形瓶或碘量瓶（250mL）3 只、烧杯、量筒。

试剂：$Na_2S_2O_3$ 标准溶液（0.05mol·L^{-1}）、KI（10%，实验前新配制）、KSCN（10%）、NaF（饱和溶液）、H_2SO_4（1mol·L^{-1}）、$CuSO_4$ 试样、淀粉溶液（1%）。

四、实验步骤

用分析天平精确称取硫酸铜试样 0.5～0.75g（每份相当于 20～30mL 0.05mol·L^{-1} $Na_2S_2O_3$ 溶液）于 250mL 碘量瓶或锥形瓶中，加 3mL H_2SO_4（1mol·L^{-1}）溶液和 30mL 水使之溶解。加入 7～8mLKI（10 %）溶液和约 10mL NaF（饱和溶液），然后立即用 $Na_2S_2O_3$ 标准溶液（0.05mol·L^{-1}）滴定至呈浅黄色。然后加入淀粉溶液（1%）1mL，继续滴定到呈浅蓝色。再加入 5mL KSCN（10%）溶液，摇匀后溶液蓝色转深，再继续滴定到蓝色恰好消失，溶液显肉红色，此时溶液为米色 CuSCN 悬浮液。记录滴定终点时所消耗 $Na_2S_2O_3$ 溶液的体积，平行测定 3 次，计算硫酸铜中铜的含量。

五、记录和计算

记录项目	样品号		
	1	2	3
称量瓶+$CuSO_4$(前)/g 称量瓶+$CuSO_4$(后)/g $CuSO_4$ 质量/g			
$Na_2S_2O_3$ 终读数/mL $Na_2S_2O_3$ 初读数/mL $V_{Na_2S_2O_3}$/mL			
m_{Cu}/g			
w_{Cu}			
$\overline{w}_{Cu}$			
绝对偏差			
相对平均偏差			

六、注意事项

① 淀粉指示剂不宜加入过早，应在接近滴定终点时加入。

② 滴定过程中应注意观察溶液颜色的变化，到达终点时米色浑浊液中略带肉红色。

七、思考题

① 硫酸铜易溶于水，溶解时为什么要加硫酸？

② 用碘量法测定铜含量时，为什么要加入 KSCN 溶液？为什么要在临近终点前加 KSCN 溶液？如果酸化后立即加入，会产生什么影响？

③ 可否用 NH_4SCN 代替 KSCN？

④ 碘量法的误差来源有哪些？应如何避免？

实验 32 碘量法测定药片维生素 C 的含量

(Exp 32 Determination of Vitamin C Content in Tablets by Iodimetry)

一、实验目的

① 熟悉碘标准溶液配制与标定的方法。

② 掌握 $Na_2S_2O_3$ 标准溶液配制与标定的方法。

③ 熟悉直接碘量法测定维生素 C 含量的原理、方法和操作。

二、实验原理

维生素 C 又名抗坏血酸，分子式为 $C_6H_8O_6$，摩尔质量为 176.12g·mol^{-1}，维生素 C 纯品为白色或淡黄色结晶或晶体粉末，无臭、无味。因为其分子中的烯二醇基具有还原性，所以能被 I_2 定量地氧化为二酮基而生成脱氢抗坏血酸，反应式为：

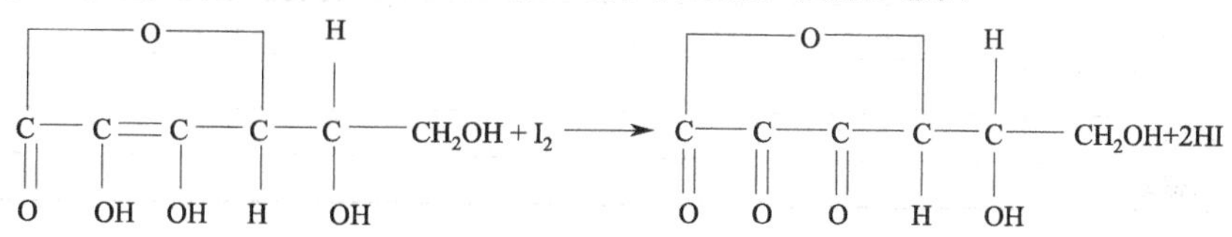

其半反应式为：

$$C_6H_8O_6 \rightleftharpoons C_6H_6O_6 + 2H^+ + 2e^-$$

该方法可用于测定药片、注射液、蔬菜及水果中维生素C的含量。

由于维生素C的还原性很强，在空气中容易被氧化，在碱性介质中更甚，因此测定时加入醋酸或偏磷酸-醋酸溶液使溶液呈弱酸性，可以降低氧化速度，减少副反应的发生及维生素C的损失。

维生素C含量，可采用直接碘量法或间接法进行测定。本实验通过标准碘溶液进行直接滴定。

三、主要仪器与试剂

仪器：电子天平、移液管、容量瓶、锥形瓶、酸式滴定管、碘量瓶。

试剂：$Na_2S_2O_3$（0.1mol·L^{-1}）标准溶液、I_2（约0.1mol·L^{-1}）标准溶液、淀粉溶液（0.2%）、醋酸溶液（1∶1）、药片。

四、实验步骤

1. I_2标准溶液的标定

分别准确移取5mL $Na_2S_2O_3$（0.1mol·L^{-1}）标准溶液于3个碘量瓶中，分别加入10mL蒸馏水、10滴淀粉溶液（0.2%），用待标定的I_2标准溶液滴定至溶液恰呈稳定的蓝色，且30s内不褪色，即为终点。平行滴定3份，计算I_2标准溶液的浓度（相对偏差不超过±0.2%）。

$$c_{I_2} = \frac{1}{2} \times \frac{c_{Na_2S_2O_3} \times V_{Na_2S_2O_3}}{V_{I_2}} \tag{7-16}$$

2. 维生素C样品的测定

准确称取适量药片粉末0.05～0.08g，加入20mL新煮沸并冷却的蒸馏水，再加2mL醋酸溶液（1∶1），溶解后，加入8滴淀粉溶液（0.2%），立即以I_2（0.1mol·L^{-1}）标准溶液滴定至溶液恰呈蓝色且30s内稳定不褪色，即为终点。计算药片中维生素C的含量。

$$w_{Vc} = \frac{c_{I_2} \times V_{I_2} \times 10^{-3} \times M_{Vc}}{m_{Vc}} \tag{7-17}$$

五、记录与计算

1. I_2标准溶液的标定

记录项目	样品号		
	1	2	3
I_2终读数/mL I_2初读数/mL			
V_{I_2}/mL			
c_{I_2}/mol·L^{-1}			
$\bar{c}_{I_2}$/mol·L^{-1}			
绝对偏差			
相对平均偏差			

2. 维生素C样品的测定

记录项目	样品号		
	1	2	3
药片粉末质量/g			
I_2 终读数/mL I_2 初读数/mL V_{I_2}/mL			
w_{Vc}			
$\overline{w}_{Vc}$			
绝对偏差			
相对平均偏差			

六、注意事项

① 抗坏血酸会缓慢地氧化成脱氢抗坏血酸，所以制备液必须在每次实验时重新配制。

② 维生素C药片难以完全溶解，有少量未溶杂质沉于瓶底，但不影响滴定结果。

③ 碘易受有机物影响，其不可与软木塞、橡皮塞等接触，应用酸式滴定管进行滴定。

七、思考题

① 试用标准氧化还原电极电势说明碘为什么能氧化维生素C。

② 测定维生素C时为什么要加入稀醋酸?

③ 溶解样品时为什么要用新煮沸并冷却的蒸馏水?

7.3 仪器分析实验

(Instrumental Analysis Experiments)

温习：酸度计（测电极电势）、分光光度计的使用及注意事项。

实验33 牙膏中氟离子含量的测定

(Exp 33 Determination of Fluoride Content in Toothpaste)

一、实验目的

① 熟悉氟离子传感器测定牙膏中微量氟的原理，掌握用标准曲线法测定牙膏中氟离子的方法。

② 了解总离子强度调节缓冲溶液的意义和作用。

③ 初步掌握 pHS-2C 型精密 pH 计的使用方法。

二、实验原理

电化学传感器，一种离子选择性电极，它将溶液中待测离子的活度转换成相应的电位，再以饱和甘汞电极为参比电极，氟电极为指示电极，插入待测溶液中组成原电池。

$$Hg|Hg_2Cl_2,KCl(饱和)试液|LaF_3膜|NaF,NaCl,AgCl|Ag$$

电池的电动势 E 在一定条件下与 F^- 活度的对数值成线性关系，即：

$$E=K'-\frac{2.303RT}{F}\lg a_{F^-} \tag{7-18}$$

当测量温度为25℃，氟离子浓度为 $10^{-6}\sim10^{-1}mol\cdot L^{-1}$，且溶液总离子强度及溶液接界电位条件一定时，电池电动势与氟离子浓度的负对数值（用 pc_{F^-} 或pF表示）成线性关系，即：

$$E=K''+0.059pc_{F^-} \tag{7-19}$$

可采用标准曲线法进行测定。

在酸性溶液中，H^+ 与部分 F^- 形成HF或 HF_2^-，会降低 F^- 的浓度；在碱性溶液中，LaF_3 膜与 OH^- 发生作用而使溶液中 F^- 浓度增加，故测定pH范围以控制在5～7最为适宜。

三、主要仪器、试剂和材料

仪器：pHS-2C型精密pH计、氟离子选择电极（1支）、232型甘汞电极（1支）、电磁搅拌器1台、容量瓶（50mL，5个）、塑料烧杯（50mL）、移液管。

试剂：氟标准储备液（$100\mu g\cdot mL^{-1}$）、氟标准溶液（$10\mu g\cdot mL^{-1}$）、总离子强度调节缓冲溶液（TISAB）、HNO_3（1+99）、$NH_3\cdot H_2O$（1+1）、牙膏样品。

材料：滤纸。

四、实验步骤

1. 标准曲线法

① 用移液管吸取 $10\mu g\cdot mL^{-1}$ 氟标准溶液2.50mL、5.00mL、10.00mL、15.00mL、20.00mL于5个50mL容量瓶中，每个容量瓶中均加入10mL总离子强度调节缓冲溶液，用去离子水稀释至标线，摇匀，即得氟离子浓度为 $0.50\mu g\cdot mL^{-1}$、$1.00\mu g\cdot mL^{-1}$、$2.00\mu g\cdot mL^{-1}$、$3.00\mu g\cdot mL^{-1}$、$4.00\mu g\cdot mL^{-1}$ 的标准溶液系列。

② 打开仪器预热，将氟离子选择电极和甘汞电极夹在电极夹上，把氟离子选择电极插头插入电极插孔，并旋紧螺丝，甘汞电极引线接到电极接线柱上。取塑料烧杯装去离子水，放入磁子，将电极浸入去离子水中，调整好合适的高度（千万不能把电极放置得过低，以免打碎）。打开电磁搅拌器开关清洗电极，搅拌过程中，严密观察转速和电极情况。搅拌、清洗一定时间后，按下读数开关，记录空白电位值并向指导老师反映（如果空白电位值不正常，就无法进行后续实验），记录每一次读数后，应立刻将读数开关弹起，以免指针剧烈摇摆损坏仪器。

③ 将系列标准溶液依次（由低浓度到高浓度）转入塑料烧杯中，浸入氟离子选择电极和甘汞电极，电磁搅拌数分钟（一般为3min左右），读取稳定的平衡电位值，将测定结果记录在表格内，之后上移电极，并用滤纸吸干附着在电极上的溶液。

2. 样品测定

① 样品测试溶液的制备：准确称取0.5～1.0g样品（精确至0.001g）于50mL烧杯中，加水

10mL 水、2mL HNO_3（1+99），充分搅拌 2～3min，过滤，用 50mL 容量瓶收集滤液，以少量去离子水洗涤烧杯及滤纸 3～4 次，洗液并入滤液，用去离子水稀释至标线，摇匀。

② 样品测定：取样品测试溶液 10.00mL 于 50mL 容量瓶中，加入 10mL TISAB，用去离子水稀释至标线，摇匀，转入塑料烧杯中（需要用少量待测液润洗 3 次，但不能消耗太多试液，否则无法进行测定），测定 E_x。

注意：为了避免前期测定的影响（迟滞效应），测定未知样品之前，应将电极洗净至空白电位。

五、记录与计算

1. 数据记录

数据处理时采用坐标纸绘图，也可以采用计算机绘图，计算机绘图可以得出线性回归方程。

仪器型号：　　　　　　　　空白电位值：

编号	1	2	3	4	5	6	未知
氟标准溶液浓度/$\mu g \cdot mL^{-1}$							
平衡电位/－mV							

坐标纸绘制 E～pF 图或者计算机绘图（粘贴于此处）。

2. 计算

采用坐标纸绘图后，在标准曲线（E～pF^-）上查出被测溶液中 F^- 的浓度（$mg \cdot g^{-1}$），进一步计算牙膏的含氟量。

如果采用计算机绘图，则将样品测定值 E_x 代入回归方程，计算被测溶液中 F^- 浓度（$mg \cdot g^{-1}$），则可计算牙膏中 F^- 的浓度。

六、注意事项

① 氟离子选择电极使用后立即用去离子水反复冲洗，氟化镧单晶膜片勿以坚硬物碰擦。

② 测定时应按溶液从稀到浓的次序进行，每测完一次，都用去离子水冲洗电极，并用滤纸轻轻吸干电极上的水分。

③ 饱和甘汞电极（SCE）在使用前应拔去加在 KCl 溶液小孔处的橡皮塞，以保持足够的液压差，并检查 KCl 溶液是否足够；SCE 下端的橡皮塞也要拔去。

④ 搅拌器的转动速度不宜过大，以免打碎电极。最好在浸入电极之前就将转速调好。

⑤ 切勿把搅拌磁子连同废液一起倒掉。

七、思考题

① 用氟离子选择电极测定 F^- 浓度的原理是什么？

② 总离子强度调节缓冲液包含哪些部分？测定时为什么要加入此溶液？

实验 34 pH 电位法测定醋酸的电离常数
(Exp 34 Determination of Acetic Acid's Ionization Constant by pH Potentiometric Method)

一、实验目的

① 加深对电离平衡基本概念的理解。

② 学习醋酸电离常数的测定方法。

③ 学习正确使用 pH 计。

二、实验原理

醋酸是弱电解质，在溶液中存在如下电离平衡：

$$HAc(aq) \rightleftharpoons H^+(aq) + Ac^-(aq)$$

开始浓度/$mol \cdot L^{-1}$　　c　　0　　0

平衡浓度/$mol \cdot L^{-1}$　　$c-c\alpha$　　$c\alpha$　　$c\alpha$

其电离常数表达式为：

$$K_a=\frac{c_{H^+}c_{Ac^-}}{c_{HAc}}=\frac{(c\alpha)(c\alpha)}{c-c\alpha}=\frac{c\alpha^2}{1-\alpha} \quad (7\text{-}20)$$

α 为醋酸的电离度：

$$\alpha=\frac{c_{H^+}}{c}\times 100\% \quad (7\text{-}21)$$

在一定温度下，用 pH 计测定一系列已知浓度醋酸的 pH；再按 $pH=-\lg c_{H^+}$，求算 c_{H^+}；根据 $c_{H^+}=c\alpha$，即可求得一系列 HAc 对应的 α 和$\frac{c\alpha^2}{1-\alpha}$（$K_a$）值，取其平均值，即在该温度下 HAc 的电离常数。

电池组成：指示电极（pH 玻璃膜电极）‖参比电极（SCE），即：

$Ag,AgCl \mid HCl(0.1mol \cdot L^{-1}) \mid$ 玻璃膜 $\mid$ 试液$(a_{H^+}=?) \parallel KCl$(饱和) $\mid Hg_2Cl_2,Hg$

在一定条件下，测得的 E 与 pH 呈线性函数关系：

$$E=K'+0.0592pH\ (25℃) \quad (7\text{-}22)$$

由于式中 K' 包括 $\varphi_{内参}$、$\varphi_{外参}$、$\varphi_{不对称}$、φ_L 及与膜性质有关的 k；而 $\varphi_{不对称}$、φ_L 难以确定，因此不能直接从 E 推导出 pH。

在实际中，用已知 pH 的标准缓冲溶液作基准校正酸度计后，再测 $pH_{试}$。校正时，应选用与待测溶液 pH 接近的标准缓冲溶液，以减少在测量中可能由于 $\varphi_{不对称}$、φ_L 及温度变化引来的误差。两种标准缓冲溶液：$pH_1=6.86$、$pH_2=4.00$ 或 9.18。

三、主要仪器、试剂和材料

仪器：雷磁 pHS-2F 型酸度计、复合电极、容量瓶（50mL）3 个（编号为 1、2、3）、烧杯（50mL）4 个（编号为 1、2、3、4）、移液管（25mL）、洗耳球。

试剂：HAc 标准溶液（$0.1mol \cdot L^{-1}$）、缓冲溶液（pH=4.00、pH=6.86）。

材料：滤纸。

四、实验步骤

1. 配制不同浓度的 HAc 溶液

向 4 个洁净、干燥的烧杯中倒入已知浓度的 HAc 溶液约 50mL；按照表 7-2 中，分别用移液管准确量取一定体积的醋酸，放入 1、2、3 号容量瓶中，分别加去离子水至刻度，摇匀。

2. 测定 4 个不同浓度 HAc 溶液的 pH

（1）将上述 1、2、3 号容量瓶中的 HAc 溶液分别倒入干燥的 1、2、3 号烧杯中；

（2）用酸度计按 1～4 号烧杯（浓度由稀到浓）分别测定它们的 pH，并记录温度（室温）。计算电离度和电离平衡常数，并将有关数据填入表 7-2 中。

3. 雷磁 pHS-2F 型酸度计的使用方法（两点法）

① 开机预热 30min 后，首先将复合电极固定好，然后用去离子水清洗电极并用滤纸吸干；

② 开关旋钮调到 pH 挡；

③ 温度补偿旋钮调整到溶液的温度；

④ 将电极放入 pH＝6.86 的标准缓冲溶液：斜率旋钮调到最大（100%），定位旋钮调到 6.86；

⑤ 用去离子水冲洗电极，吸干；

⑥ 将电极放入 pH＝4.00 的标准缓冲溶液：定位旋钮不动，斜率旋钮调到 4.00；

⑦ 最后再用去离子水冲洗电极，并用滤纸吸干，测定待测溶液 pH。

五、记录与计算

不同浓度醋酸溶液的配制及电离常数的测定见表 7-2。

表 7-2 不同浓度醋酸溶液的配制及电离常数的测定 （温度：℃）

溶液编号	1	2	3	4
V_{HAc}/mL	3.00	6.00	12.00	24.00
V_{H_2O}/mL	45.00	42.00	36.00	24.00
c_{HAc}/mol·L^{-1}				
pH				
c_{H^+}/mol·L^{-1}				
K_a(测定值)				
K_a(平均值)				

六、注意事项

① 烧杯和容量瓶都要编号，浓度要配准。

② 酸度计标定完毕后，不要再动面板上的按钮。

③ 按照浓度由低到高的顺序测定溶液的 pH。

④ 测新溶液之前都需用去离子水清洗电极，并用滤纸吸干。

七、思考题

① 配制溶液时为什么要使用干燥的烧杯？

② 测溶液 pH 时为什么要按照浓度由低到高的顺序？

③ 根据所测定的数据说明弱电解质的电离度与浓度的关系。

实验 35　邻二氮杂菲分光光度法测铁

(Exp 35　Spectrophotometric Determination of Iron with *o*-phenanthroline)

一、实验目的

① 了解分光光度法测定物质含量的一般条件及方法。

② 理解并掌握邻二氮杂菲分光光度法测定铁的方法。

③ 掌握分光光度计的使用方法。

二、实验原理

邻二氮杂菲亚铁配合物：邻二氮杂菲是测定微量铁的一种比较好的试剂，在 pH=2～9 的条件下，Fe^{2+} 与邻二氮杂菲生成极稳定的红色配合物。反应式如下：

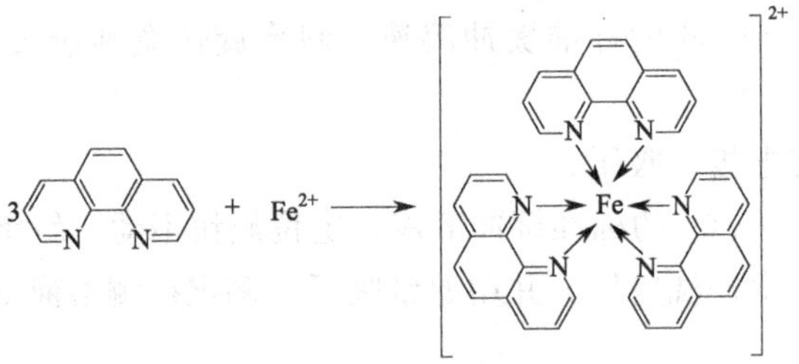

此配合物的 $\lg K_{稳}=21.3$，摩尔吸光系数 $\varepsilon_{510}=1.1\times10^4$。

邻二氮杂菲与 Fe^{3+} 也能生成 3∶1 的淡蓝色配合物，其 $\lg K_{稳}=14.10$。因此，在显色之前，应预先用盐酸羟胺（$NH_2OH \cdot HCl$）将全部的铁还原为 Fe^{2+}。

在显色前，首先用盐酸羟胺把 Fe^{3+} 还原为 Fe^{2+}，其反应式如下：

$$2Fe^{3+} + 2NH_2OH \cdot HCl \longrightarrow 2Fe^{2+} + N_2\uparrow + 2H_2O + 4H^+ + 2Cl^-$$

测定时，溶液酸度以控制在 pH=5 左右较为适宜。当酸度高时，反应进行较慢；酸度太低，则 Fe^{2+} 水解，影响显色。

用分光光度法测定物质含量时要注意显色反应的条件与测量吸光度的条件。

显色反应的条件有：①显色剂用量；②介质的酸度；③显色时溶液的温度；④显色时间；⑤干扰物质的消除方法等。

测量吸光度的条件包括：①应选择的入射光波长；②吸光度范围；③参比溶液等。

三、主要仪器与试剂

仪器：分光光度计、移液管（5mL）、容量瓶（50mL）、比色皿。

试剂：铁标准溶液（$100\mu g \cdot mL^{-1}$）、铁标准溶液（$10\mu g \cdot mL^{-1}$，由 $100\mu g \cdot mL^{-1}$ 的铁标准溶液准确稀释 10 倍而成）、盐酸羟胺固体及 10%溶液、邻二氮杂菲溶液（0.1%）、NaAc 溶液（$1mol \cdot L^{-1}$）、铁未知液。

四、实验步骤

1. 条件试验

① 吸收曲线的测绘。用移液管准确移取铁标准溶液（$10\mu g \cdot mL^{-1}$）5mL于50mL容量瓶中，加入1mL盐酸羟胺溶液（10%），摇匀，稍冷后，加入5mL NaAc溶液（$1mol \cdot L^{-1}$）和3mL邻二氮杂菲溶液（0.1%），加水稀释至刻度线。在分光光度计中，用1cm的比色皿，以水为参比溶液，用不同的波长（从570nm开始到430nm为止），每隔10nm或20nm测定一次吸光度（其中从530～490nm，每隔10nm测一次）。以波长为横坐标、吸光度为纵坐标绘制出吸收曲线。

② 显色剂浓度试验。取50mL容量瓶7只，进行编号，用5mL移液管分别准确移取5mL铁标准溶液（$10\mu g \cdot mL^{-1}$）于7只容量瓶中，然后加入1mL盐酸羟胺溶液（10%），2min后，再加入5mL NaAc溶液（$1mol \cdot L^{-1}$），接着分别加入邻二氮杂菲溶液（0.1%）0.3mL、0.6mL、1.0mL、1.5mL、2.0mL、3.0mL和4.0mL，用水稀释至刻度线，摇匀。用适宜波长，以水为参比，测定上述各溶液的吸光度。以加入的邻二氮杂菲试剂的体积为横坐标、吸光度为纵坐标绘制曲线。

根据上述条件试验的结果，确定邻二氮杂菲分光光度法测定铁的实验条件。

2. 铁含量的测定

① 标准曲线的测绘。取50mL容量瓶6只，分别移取铁标准溶液（$10\mu g \cdot mL^{-1}$）2.0mL、4.0mL、6.0mL、8.0mL和10.0mL于5只容量瓶中，另一只容量瓶中不加铁标准溶液（配制空白溶液，作参比）。然后各加1mL盐酸羟胺（10%）溶液，摇匀，2min后，再各加5mL NaAc溶液（$1mol \cdot L^{-1}$）及3mL邻二氮杂菲（0.1%）溶液，用水稀释至刻度线，摇匀。在最大吸收波长（510nm）处，测定各溶液的吸光度。以铁含量为横坐标、吸光度为纵坐标绘制标准曲线。

② 未知液中铁含量的测定。吸取5mL铁未知液代替标准溶液，其他实验步骤同上，测定吸光度。

五、记录与计算

① 记录：比色皿____光源电压____

② 绘制曲线：

a. 吸收曲线；b. A-c 曲线；c. 标准曲线。

③ 对各项测定结果进行分析并得出结论：从吸收曲线可得邻二氮杂菲亚铁配合物在波长510nm处的吸光度最大，因此测定铁时宜选用的波长为510nm等。

（1）吸收曲线的测绘

波长 λ/nm	吸光度 A
570	
550	
530	
520	
510	
500	
490	
470	
450	
430	

（2）显色剂浓度试验

容量瓶或比色管号	显色剂量 V/mL	吸光度 A
1	0.3	
2	0.6	
3	1.0	
4	1.5	
5	2.0	
6	3.0	
7	4.0	

（3）标准曲线的测绘与未知液中铁含量的测定

试液编号	标准溶液的量/mL	总含铁量/μg	吸光度 A
1	0	0	
2	2.0	20	
3	4.0	40	
4	6.0	60	
5	8.0	80	
6	10.0	100	
未知液			

六、注意事项

① 显色时，若溶液 pH＜2，反应进行很慢；若 pH 太高，Fe^{2+} 又会水解。本实验的酸度控制在 pH＝5 左右。

② 在配制溶液的过程中，每加入一种试剂后都要摇匀。

③ 取放比色皿时应拿毛玻璃面，注入试液体积为比色皿体积的 3/4～4/5（有些参考书中要求为 2/3），按顺序将比色皿光面对着光源放入样品池；每次测定结束后都要用去离子水将比色皿清洗干净。

④ 开关样品室盖及拉动杆时动作要轻缓，严格按照仪器操作规程使用仪器。

⑤ 将容量瓶中的溶液转移到比色皿中时，应直接倾倒，勿用滴管。

七、思考题

① 测绘标准曲线和进行其他条件实验时，加入试剂的顺序能否任意改变？为什么？

② 本实验中加入邻二氮杂菲和盐酸羟胺的作用分别是什么？

③ 寻找最大吸收波长时用什么作为参比溶液？绘制标准曲线时用什么作为参比溶液？

实验 36　二苯碳酰二肼分光光度法测定水中的铬（Ⅵ）

[Exp 36　Spectrophotometric Determination of Chromium (Ⅵ) in Water by Diphenylcarbonyl Dihydrazine]

一、实验目的

① 学习二苯碳酰二肼分光光度法测定水中铬（Ⅵ）的方法。

② 进一步掌握分光光度计的操作技术。

二、实验原理

在水中铬以铬（Ⅵ）和铬（Ⅲ）两种形式存在，电镀、制革、制铅酸盐或铬酐等工业废水中均含有铬，其污染水源且铬（Ⅵ）有致癌的作用。地面水中铬最高允许浓度如下：铬（Ⅲ）为 0.5mg·L^{-1}，铬（Ⅵ）为 0.1mg·L^{-1}；饮用水铬（Ⅵ）的含量不得超出 0.05mg·L^{-1}。

二苯碳酰二肼［CO（$NHNHC_6H_5)_2$］，又名二苯偕肼、二苯氨基脲、二苯卡巴氮。其结构式为：

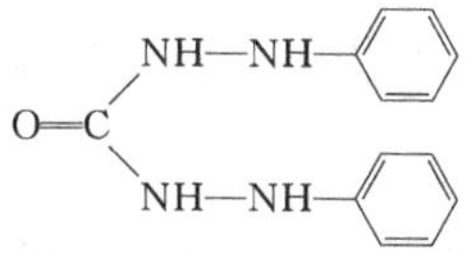

$$O=C(NH-NH-C_6H_5)_2$$

在酸性条件下，二苯碳酰二肼与铬（Ⅵ）作用生成紫红色配合物，反应式如下：

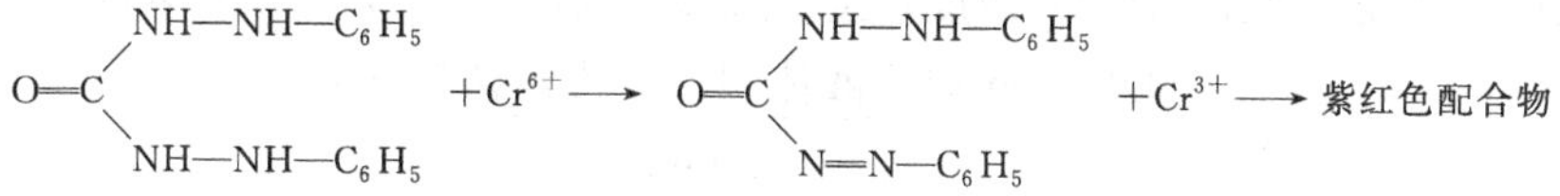

$$O=C(NH-NH-C_6H_5)(NH-NH-C_6H_5) + Cr^{6+} \longrightarrow O=C(NH-NH-C_6H_5)(N=N-C_6H_5) + Cr^{3+} \longrightarrow \text{紫红色配合物}$$

其最大吸收波长为 540nm，可进行光度测定。

Hg（Ⅰ）和 Hg（Ⅱ）与二苯碳酰二肼试剂作用生成蓝色或蓝紫色化合物而产生干扰，但在所控制的酸度下，反应灵敏度降低。铁的浓度大于 1mg·L^{-1} 时，将与二苯碳酰二肼试剂生成黄色化合物而引起干扰，加入 H_3PO_4，可与 Fe^{3+} 发生配位反应消除干扰。少量 Cu^{2+}、Ag^{+}、Au^{3+} 等在一定程度上干扰测定，银与试剂生成紫红色化合物，但灵敏度低。

用此法测定水中铬（Ⅵ）时，采用 50mL 比色管、3cm 比色皿，最低检出浓度为 0.004mg·L^{-1}。溶液在 0.1mol·L^{-1} 的硫酸中显色较快，2～3min 内即完成，放置 1.5h 颜色不褪，稳定性良好。

如所取水样带有颜色，必须进行脱色处理，但用活性炭脱色，铬离子被吸附得多，测得的结果有明显的误差。如水样浑浊，用直接法测定 Cr（Ⅵ）时，水样必须经 4 号微孔玻璃漏斗过滤。

三、主要仪器、试剂和材料

仪器：分析天平、烘箱、烧杯、容量瓶（50mL，250mL，1L）、棕色试剂瓶、吸量管、比色管、比色皿、分光光度计、锥形瓶、微孔玻璃漏斗。

试剂：$K_2Cr_2O_7$（s，AR）、H_2SO_4（1∶9，0.5mol·L^{-1}）、NaOH（1mol·L^{-1}）、$KMnO_4$（3%）、二苯碳酰二肼（s）、乙醇（95%）、MgO（s）。

材料：玻璃珠。

四、实验步骤

1. 溶液的准备

① 铬标准贮备溶液：用分析天平称取 0.1415g 在 110℃下烘干 2h 的 $K_2Cr_2O_7$ 溶于水中，并稀释至 1000mL。溶液中 Cr（Ⅵ）浓度为 0.050mg·mL^{-1}。可由实验室预先配制。

② 铬标准操作溶液：吸取铬标准贮备溶液 5mL，用水稀释至 250mL。溶液中 Cr（Ⅵ）浓度为 1.0μg·mL^{-1}。此溶液应在使用时新配制。现配现用。

③ 二苯碳酰二肼溶液：称取二苯碳酰二肼 0.1g，加入 50mL 乙醇（95%）使之溶解，再加入 200mL H_2SO_4（1∶9）。将无色溶液贮于棕色试剂瓶中。如溶液变色，不宜使用。

可由实验室预先配制，保存在冰箱中。

2. 标准曲线的绘制

用吸量管分别准确移取 0.0mL、1.0mL、2.0mL、4.0mL、6.0mL、8.0mL 铬标准溶液于 6 个 50mL 容量瓶或比色管中，用水稀释至刻度线，加 2.5mL 二苯碳酰二肼溶液，混匀，放置 10min。用 1cm 比色皿，在 540nm 处用分光光度计测量吸光度 A。以 Cr(Ⅵ) 浓度（$mg \cdot mL^{-1}$）为横坐标，吸光度 A 为纵坐标，绘制标准曲线。

3. 样品中 Cr(Ⅵ)的测定

用吸量管吸取均匀水样 10mL 于 50mL 容量瓶或比色管中。按实验步骤 2 测定 Cr(Ⅵ) 的吸光度，在标准曲线上查出 Cr(Ⅵ) 浓度，按下式即可求出 Cr(Ⅵ) 的质量浓度（$mg \cdot L^{-1}$）：

$$\rho_{Cr}=\frac{\text{相当铬标准溶液体积}\times\text{标准液浓度}\times 1000}{V_{\text{水样}}} \tag{7-23}$$

4. 总铬量的测定

① 取摇匀的 50mL 水样（或适量水样加水至 50mL，含铬 0.0003～0.1mg）于锥形瓶中，加玻璃珠数颗，用 1mL NaOH（$1mol \cdot L^{-1}$）溶液调至碱性（水样酸度太大时可以多加），然后滴加 $KMnO_4$（3%）溶液至呈紫红色，煮沸 5～10min（如紫色褪尽，应继续滴加 $KMnO_4$ 溶液至有明显的紫色）。

② 沿壁加入 2mL 乙醇（95%），继续加热煮沸至溶液变成棕色。

③ 取下锥形瓶，加入约 0.05g MgO，摇匀。待完全冷却后，滴加约 1mL 硫酸（$0.5mol \cdot L^{-1}$），调溶液至中性，摇匀。过滤于 50mL 容量瓶或比色管中，沉淀用水洗数次。用水稀释至标线。

④ 按实验步骤 2 测定 Cr(Ⅵ) 的吸光度。

5. 结果处理

① 计算试样中 Cr(Ⅵ) 的浓度。

② 计算试样中 Cr(Ⅲ) 的浓度。

③ 由铬的总浓度减去 Cr(Ⅵ) 的浓度，即得 Cr(Ⅲ) 的浓度。

五、记录与计算

试液编号	标准溶液的体积/mL	Cr(Ⅵ)含量/$mg \cdot mL^{-1}$	吸光度 A
1	0	0.0	
2	1.0	0.001	
3	2.0	0.002	
4	4.0	0.004	
5	6.0	0.006	
6	8.0	0.008	
水样			

六、注意事项

① 测定铬所用玻璃仪器，不能用铬酸洗液洗涤，可用 20% HNO_3 溶液浸洗；有刮痕的玻璃仪器不能用。

② 要求玻璃器皿内光洁，防止铬被吸附。

③ 采集水样时用聚乙烯瓶，且于采集的当天进行测定。

④ 当水样浑浊或带有颜色时，应进行预处理。

七、思考题

① 水样中如果只有Cr(Ⅵ)或Cr(Ⅲ)，以及水样中Cr(Ⅵ)与Cr(Ⅲ)共存时，它们的测定方法有什么不同?

② 为什么水样采集以后，要在当天进行测定?

③ 如果实验中所测得水样的吸光度值不在标准曲线的范围内，该怎么办?

④ 为什么要以试剂空白为参比?

附录

Appendices

附录一　常用的无机及分析化学术语——汉英对照

(Appendix 1 Common Terms of Inorganic and Analytical Chemistry——Chinese-English Comparison)

中文术语	英文术语	中文术语	英文术语
无机化学	inorganic chemistry	缓冲溶液	buffer solution
常压过滤	atmospheric filtration	水浴	water bath
减压过滤	vacuum filtration	洗涤	washing
蒸发	evaporation	干燥	drying
蒸发皿	evaporating dish	烘干	stoving
结晶	crystallization	烘箱	oven
漏斗	funnel	称量	weighing
滤纸	filter paper	搅拌	stirring
元素	element	称量瓶	weighing bottle
化合物	compound	电子天平	electronic balance
试管	test tube	玻璃棒	glass rod
离心管	centrifuge tube	洗瓶	wash bottle
试管夹	test tube clamp	量筒	measuring cylinder
酒精灯	alcohol burner	点滴板	drop plate
坩埚	crucible	通风橱	stink cupboard
溶度积常数	the solubility product constant	提纯和制备	purification and preparation
氧化还原反应	oxidation－reduction reaction	卤素	halogen
电化学	electrochemistry	分析化学	analytical chemistry
原电池	galvanic battery	定性分析	qualitative analysis
原子结构	atomic structure	定量分析	quantitative analysis
分子结构	molecular structure	滴定分析法	titrametric analysis
配位化合物	coordination compounds	滴定	titration
滴管	dropper	滴定管	burette

续表

中文术语	英文术语	中文术语	英文术语
移液管	pipette	相对误差	relative error
锥形瓶	conical flask	系统误差	systematic error
化学计量点	stoichiometric point	随机误差	accidental error
终点	end point	精密度	precision
返滴定法	back titration	偏差	deviation
置换滴定法	displacement titration	平均偏差	average deviation
标准溶液	standard solution	相对平均偏差	relative average deviation
基准物质	primary standard substance	标准偏差	standard deviation
滴定剂	titrant	相对标准偏差	relative standard deviation
酸碱滴定法	acid-base titration	变异系数	coefficient of variation
酸碱指示剂	acid-base indicator	有效数字	significant figure
甲基橙	methyl orange,MO	仪器分析	instrumental analysis
酚酞	phenolphthalein	电化学分析	electrochemical analysis
混合指示剂	mixed indicator	电位法	potentiometry
变色范围	colour change interval	条件电位	conditional potential
解离	dissociation	电极	electrode
质子条件式	proton balance equation	参比电极	reference electrode
配位滴定法	coordination titration	饱和甘汞电极	saturated calomel electrode
乙二胺四乙酸	ethylenediamine tetraacetic acid	离子选择性电极	ion selective electrode
螯合物	chelate	原子吸收分光光度法	atomic absorption spectrophotometry
金属指示剂	metal indicator	吸光度	absorbance
氧化还原滴定法	oxidation-reduction titration	吸收曲线	absorption curve
碘量法	iodimetry	吸收池	absorption cell
高锰酸钾法	permanganate titration	波长范围	wavelength coverage
重铬酸钾法	dichromate titration	参比溶液	reference solution
沉淀滴定法	precipitation titration	标准曲线	standard curve
沉淀形式	precipitation form	普朗克常数	planck constant
重量分析法	gravimetric analysis	电荷平衡	charge balance
准确度	accuracy	干燥器	desiccator

附录二　常用缓冲溶液的配制

(Appendix **2** Preparation of Common Buffer Solution)

pH 值	配制方法
0	1 mol·L^{-1} HCl 溶液(不能有 Cl^- 存在时,可用硝酸)
1	0.1 mol·L^{-1} HCl 溶液
2	0.01 mol·L^{-1} HCl 溶液
3.6	8 g NaAc·$3H_2O$ 溶于适量水,加 6 mol·L^{-1} HAc 溶液 134 mL,稀释至 500 mL
4.0	20 g NaAc·$3H_2O$ 溶于适量水,加 6 mol·L^{-1} HAc 溶液 134 mL,稀释至 500 mL
4.5	32 g NaAc·$3H_2O$ 溶于适量水,加 6 mol·L^{-1} HAc 溶液 68 mL,稀释至 500 mL
5.0	50 g NaAc·$3H_2O$ 溶于适量水,加 6 mol·L^{-1} HAc 溶液 34 mL,稀释至 500 mL
5.4	将 40 g 六次甲基四胺溶于 90 mL 水中,加 20 mL 6 mol·L^{-1} HCl 溶液 100 g
5.7	100 g NaAc·$3H_2O$ 溶于适量水,加 6 mol·L^{-1} HAc 溶液 13 mL,稀释至 500 mL
7.0	77 g NH_4Ac 溶于适量水中,稀释至 500 mL
7.5	66 g NH_4Cl 溶于适量水中,加浓氨水 1.4 mL,稀释至 500 mL
8.5	40 g NH_4Cl 溶于适量水中,加浓氨水 8.8 mL,稀释至 500 mL
9.0	35 g NH_4Cl 溶于适量水中,加浓氨水 24 mL,稀释至 500 mL

续表

pH 值	配制方法
9.5	30 g NH_4Cl 溶于适量水中，加浓氨水 65 mL，稀释至 500 mL
10.0	7 g NH_4Cl 溶于适量水中，加浓氨水 175 mL，稀释至 500 mL
11.0	13 g NH_4Cl 溶于适量水中，加浓氨水 207 mL，稀释至 500 mL
12.0	0.01 mol·L^{-1} NaOH 溶液（不能有 Na^+ 存在，可用 KOH 溶液）
13.0	0.1 mol·L^{-1} NaOH 溶液

附录三　难溶化合物的溶度积常数（T= 298.15K）

（Appendix **3**　Solubility Product of Slightly Soluble Compounds，*T*=**298.15** K）

难溶物	$K_{sp}^{\ominus}$	难溶物	$K_{sp}^{\ominus}$	难溶物	$K_{sp}^{\ominus}$
AgBr	5.0×10^{-13}	$FeCO_3$	3.2×10^{-11}	$CaCrO_4$	7.1×10^{-4}
AgCl	1.8×10^{-10}	$Fe(OH)_2$	8.0×10^{-16}	CaF_2	5.3×10^{-9}
AgI	8.3×10^{-17}	$Fe(OH)_3$	4.0×10^{-38}	$CaHPO_4$	1.0×10^{-7}
Ag_2CO_3	8.1×10^{-12}	FeS	6.3×10^{-18}	$Ca_3(PO_4)_2$	2.0×10^{-29}
Ag_2CrO_4	1.1×10^{-12}	Hg_2CO_3	8.9×10^{-17}	$CaSiO_3$	2.5×10^{-8}
AgCN	1.2×10^{-16}	$Hg_2(CN)_2$	5.0×10^{-40}	$CaSO_4$	9.1×10^{-6}
$Ag_2Cr_2O_7$	2.0×10^{-7}	Hg_2Cl_2	1.3×10^{-18}	$CdCO_3$	5.2×10^{-12}
$Ag_2C_2O_4$	3.4×10^{-11}	Hg_2CrO_4	2.0×10^{-9}	CdS	8.0×10^{-27}
$AgNO_2$	6.0×10^{-4}	Hg_2I_2	4.5×10^{-29}	CeF_3	8.0×10^{-16}
Ag_3PO_4	1.4×10^{-16}	$Hg_2(OH)_2$	2.0×10^{-24}	$Ce(OH)_3$	1.6×10^{-20}
Ag_2SO_4	1.4×10^{-5}	$Hg(OH)_2$	3.0×10^{-26}	$Ce(OH)_4$	2.0×10^{-28}
Ag_2SO_3	1.5×10^{-14}	Hg_2SO_4	7.4×10^{-7}	$Co(OH)_3$	1.6×10^{-44}
Ag_2S	6.3×10^{-50}	Hg_2S	1.0×10^{-47}	$Cr(OH)_3$	6.3×10^{-31}
Ag_2SCN	1.0×10^{-12}	HgS(红)	4.0×10^{-53}	CuBr	5.3×10^{-9}
$Al(OH)_3$(无定形)	1.3×10^{-33}	HgS(黑)	1.6×10^{-52}	CuCl	1.2×10^{-6}
$AlPO_4$	6.3×10^{-19}	K_2PtCl_6	1.1×10^{-5}	CuCN	3.2×10^{-20}
As_2S_3	2.1×10^{-22}	K_2SiF_6	8.7×10^{-7}	CuC_2O_4	1.3×10^{-37}
AuCl	2.0×10^{-13}	Li_2CO_3	2.5×10^{-2}	$CuCO_3$	1.4×10^{-10}
$AuCl_3$	3.2×10^{-25}	LiF	3.8×10^{-3}	$CuCrO_4$	3.6×10^{-6}
AuI	1.6×10^{-23}	Li_3PO_4	3.2×10^{-9}	MnS(结晶)	2.5×10^{-13}
AuI_3	1.0×10^{-46}	$MgCO_3$	3.5×10^{-8}	$MgNH_4PO_4$	2.0×10^{-13}
$BaCO_3$	5.1×10^{-9}	MgF_2	6.5×10^{-9}	$MnCO_3$	1.8×10^{-11}
BaC_2O_4	1.6×10^{-7}	$Mg(OH)_2$	1.8×10^{-11}	$NiCO_3$	6.6×10^{-9}
$BaCrO_4$	1.2×10^{-10}	$Mn(OH)_2$	1.9×10^{-13}	$Ni(OH)_2$(新鲜)	2.0×10^{-15}
BaF	1.0×10^{-6}	MnS(无定形)	2.5×10^{-10}	$PbCO_3$	7.4×10^{-14}
$BaHPO_4$	3.2×10^{-7}	Na_3AlF_6	4.0×10^{-10}	$PbCl_2$	1.6×10^{-5}
$Ba_3(PO_4)_2$	3.4×10^{-23}	$Ba_2P_2O_7$	3.2×10^{-11}	$PbCrO_4$	2.8×10^{-13}
CuI	1.1×10^{-12}	$BaSO_4$	1.1×10^{-10}	PbC_2O_4	4.8×10^{-10}
CuOH	1.0×10^{-14}	$BaSO_3$	8.0×10^{-7}	PbI_2	7.1×10^{-9}
$Cu(OH)_2$	2.2×10^{-20}	$Bi(OH)_3$	4.0×10^{-31}	$Pb(OH)_2$	1.2×10^{-15}
$Cu_3(PO_4)_2$	1.3×10^{-37}	BiOBr	3.0×10^{-7}	$Pb(OH)_4$	3.2×10^{-66}
$Cu_2P_2O_7$	8.3×10^{-16}	BiOCl	1.8×10^{-31}	$PbSO_4$	1.6×10^{-8}
CuS	6.3×10^{-36}	$CaCO_3$	2.8×10^{-9}	PbS	8.0×10^{-28}
Cu_2S	2.5×10^{-48}	$CaC_2O_4\cdot H_2O$	4.0×10^{-9}	$Pt(OH)_2$	1.0×10^{-35}

续表

难溶物	$K_{sp}^{\ominus}$	难溶物	$K_{sp}^{\ominus}$	难溶物	$K_{sp}^{\ominus}$
$Sn(OH)_2$	1.4×10^{-28}	$SrCrO_4$	2.2×10^{-5}	$ZnCO_3$	1.4×10^{-11}
$Sn(OH)_4$	1.0×10^{-56}	$SrSO_4$	3.2×10^{-7}	$Zn(OH)_2$	3.0×10^{-10}
SnS	1.0×10^{-25}	TlCl	1.7×10^{-4}	α-ZnS	1.6×10^{-24}
$SrCO_3$	1.1×10^{-10}	TlI	6.5×10^{-8}		
$SrC_2O_4\cdot H_2O$	1.6×10^{-7}	$Tl(OH)_3$	6.3×10^{-46}		

附录四　标准电极电势（T= 298.15K）

（Appendix 4　Standard Electrode Potential，T=298.15K）

电对	电极反应（氧化型+ze^- ⇌ 还原型）	$E^{\ominus}$/V
Li^+/Li	$Li^+(aq) + e^- \rightleftharpoons Li(s)$	−3.0401
Cs^+/Cs	$Cs^+(aq) + e^- \rightleftharpoons Cs(s)$	−3.027
Rb^+/Rb	$Rb^+(aq) + e^- \rightleftharpoons Rb(s)$	−2.943
K^+/K	$K^+(aq) + e^- \rightleftharpoons K(s)$	−2.936
Ra^{2+}/Ra	$Ra^{2+}(aq) + 2e^- \rightleftharpoons Ra(s)$	−2.910
Ba^{2+}/Ba	$Ba^{2+}(aq) + 2e^- \rightleftharpoons Ba(s)$	−2.906
Sr^{2+}/Sr	$Sr^{2+}(aq) + 2e^- \rightleftharpoons Sr(s)$	−2.899
Ca^{2+}/Ca	$Ca^{2+}(aq) + 2e^- \rightleftharpoons Ca(s)$	−2.869
Na^+/Na	$Na^+(aq) + e^- \rightleftharpoons Na(s)$	−2.714
La^{3+}/La	$La^{3+}(aq) + 3e^- \rightleftharpoons La(s)$	−2.362
Mg^{2+}/Mg	$Mg^{2+}(aq) + 2e^- \rightleftharpoons Mg(s)$	−2.357
Sc^{3+}/Sc	$Sc^{3+}(aq) + 3e^- \rightleftharpoons Sc(s)$	−2.027
Be^{2+}/Be	$Be^{2+}(aq) + 2e^- \rightleftharpoons Be(s)$	−1.968
Al^{3+}/Al	$Al^{3+}(aq) + 3e^- \rightleftharpoons Al(s)$	−1.680
$[SiF_6]^{2-}/Si$	$[SiF_6]^{2-}(aq) + 4e^- \rightleftharpoons Si(s) + 6F^-(aq)$	−1.365
Mn^{2+}/Mn	$Mn^{2+}(aq) + 2e^- \rightleftharpoons Mn(s)$	−1.182
$Fe(OH)_2/Fe$	$Fe(OH)_2(s) + 2e^- \rightleftharpoons Fe(s) + 2OH^-(aq)$	−0.8914
H_3BO_3/B	$H_3BO_3(s) + 3H^+ + 3e^- \rightleftharpoons B(s) + 3H_2O(l)$	−0.8894
Zn^{2+}/Zn	$Zn^{2+}(aq) + 2e^- \rightleftharpoons Zn(s)$	−0.7621
Cr^{3+}/Cr	$Cr^{3+}(aq) + 3e^- \rightleftharpoons Cr(s)$	−0.740
$FeCO_3/Fe$	$FeCO_3(s) + 2e^- \rightleftharpoons Fe(s) + CO_3^{2-}(aq)$	−0.7196
$CO_2/H_2C_2O_4$	$2CO_2(g) + 2H^+(aq) + 2e^- \rightleftharpoons H_2C_2O_4$	−0.5950
Ga^{3+}/Ga	$Ga^{3+}(aq) + 3e^- \rightleftharpoons Ga(s)$	−0.5493
$Fe(OH)_3/Fe(OH)_2$	$Fe(OH)_3(s) + e^- \rightleftharpoons Fe(OH)_2(s) + OH^-(aq)$	−0.5468
In^{2+}/In	$In^{2+}(aq) + 2e^- \rightleftharpoons In(aq)$	−0.445
S/S^{2-}	$S(s) + 2e^- \rightleftharpoons S^{2-}(aq)$	−0.445
Cr^{3+}/Cr^{2+}	$Cr^{3+}(aq) + e^- \rightleftharpoons Cr^{2+}(aq)$	−0.407
Fe^{2+}/Fe	$Fe^{2+}(aq) + 2e^- \rightleftharpoons Fe(s)$	−0.4089
$Ag(CN)_2^-/Ag$	$Ag(CN)_2^-(aq) + e^- \rightleftharpoons Ag(s) + 2CN^-(aq)$	−0.4073
Cd^{2+}/Cd	$Cd^{2+}(aq) + 2e^- \rightleftharpoons Cd(s)$	−0.4022
PbI_2/Pb	$PbI_2(s) + 2e^- \rightleftharpoons Pb(s) + 2I^-(aq)$	−0.3653
$PbSO_4/Pb$	$PbSO_4(s) + 2e^- \rightleftharpoons Pb(s) + SO_4^{2-}(aq)$	−0.3555
In^{3+}/In	$In^{3+}(aq) + 3e^- \rightleftharpoons In(s)$	−0.338
Tl^+/Tl	$Tl^+(aq) + e^- \rightleftharpoons Tl(s)$	−0.335
Co^{2+}/Co	$Co^{2+}(aq) + 2e^- \rightleftharpoons Co(s)$	−0.282
$PbBr_2/Pb$	$PbBr_2(s) + 2e^- \rightleftharpoons Pb(s) + 2Br^-(aq)$	−0.2798
$PbCl_2/Pb$	$PbCl_2(s) + 2e^- \rightleftharpoons Pb(s) + 2Cl^-(aq)$	−0.2676

续表

电对	电极反应(氧化型$+ze^- \rightleftharpoons$还原型)	$E^\ominus$/V
As/AsH_3	$As(s)+3H^+(aq)+3e^- \rightleftharpoons AsH_3(g)$	−0.2381
Ni^{2+}/Ni	$Ni^{2+}(aq)+2e^- \rightleftharpoons Ni(s)$	−0.2363
VO_2^+/V	$VO_2^+(aq)+4H^++5e^- \rightleftharpoons V(s)+2H_2O(l)$	−0.2337
$N_2/N_2H_5^+$	$N_2(g)+5H^+(aq)+4e^- \rightleftharpoons N_2H_5^+(aq)$	−0.2138
CuI/Cu	$CuI(s)+e^- \rightleftharpoons Cu(s)+I^-(aq)$	−0.1858
$AgCN/Ag$	$AgCN(s)+e^- \rightleftharpoons Ag(s)+CN^-(aq)$	−0.1606
AgI/Ag	$AgI(s)+e^- \rightleftharpoons Ag(s)+I^-(aq)$	−0.1515
Sn^{2+}/Sn	$Sn^{2+}(aq)+2e^- \rightleftharpoons Sn(s)$	−0.1410
Pb^{2+}/Pb	$Pb^{2+}(aq)+2e^- \rightleftharpoons Pb(s)$	−0.1266
In^+/In	$In^+(aq)+e^- \rightleftharpoons In(s)$	−0.125
Se/H_2Se	$Se(s)+2H^+(aq)+2e^- \rightleftharpoons H_2Se(aq)$	−0.1150
WO_3/W	$WO_3(s)+6H^+(aq)+6e^- \rightleftharpoons W(s)+3H_2O(l)$	−0.090
$[HgI_4]^{2-}/Hg$	$[HgI_4]^{2-}(aq)+2e^- \rightleftharpoons Hg(l)+4I^-(aq)$	−0.02809
H^+/H_2	$2H^+(aq)+2e^- \rightleftharpoons H_2(g)$	0
$S_4O_6^{2-}/S_2O_3^{2-}$	$S_4O_6^{2-}(aq)+2e^- \rightleftharpoons 2S_2O_3^{2-}(aq)$	0.02384
$AgBr/Ag$	$AgBr(s)+e^- \rightleftharpoons Ag(s)+Br^-(aq)$	0.07317
$S(s)/H_2S$	$S(s)+2H^+(aq)+2e^- \rightleftharpoons H_2S(aq)$	0.1442
Sn^{4+}/Sn^{2+}	$Sn^{4+}(aq)+2e^- \rightleftharpoons Sn^{2+}(aq)$	0.1539
SO_4^{2-}/H_2SO_3	$SO_4^{2-}(aq)+4H^+(aq)+2e^- \rightleftharpoons H_2SO_3(aq)+H_2O(l)$	0.1576
Cu^{2+}/Cu^+	$Cu^{2+}(aq)+e^- \rightleftharpoons Cu^+(aq)$	0.1607
$AgCl/Ag$	$AgCl(s)+e^- \rightleftharpoons Ag(s)+Cl^\ominus(aq)$	0.2222
$[HgBr_4]^{2-}/Hg$	$[HgBr_4]^{2-}(aq)+2e^- \rightleftharpoons Hg(l)+4Br^-(aq)$	0.2318
$HAsO_2/As$	$HAsO_2(aq)+3H^+(aq)+3e^- \rightleftharpoons As(s)+2H_2O(l)$	0.2473
PbO_2/PbO	$PbO_2(s)+H_2O(l)+2e^- \rightleftharpoons PbO(s)+2OH^-(aq)$	0.2483
Hg_2Cl_2/Hg	$Hg_2Cl_2(s)+2e^- \rightleftharpoons 2Hg(l)+2Cl^-(aq)$	0.2680
BiO^+/Bi	$BiO^+(aq)+2H^+(aq)+3e^- \rightleftharpoons Bi(s)+H_2O(l)$	0.3134
Cu^{2+}/Cu^+	$Cu^{2+}(aq)+e^- \rightleftharpoons Cu^+(s)$	0.3394
$[Fe(CN)_6]^{3-}/[Fe(CN)_6]^{4-}$	$[Fe(CN)_6]^{3-}(aq)+e^- \rightleftharpoons [Fe(CN)_6]^{4-}(aq)$	0.3557
$[Ag(NH_3)_2]^+/Ag$	$[Ag(NH_3)_2]^+(aq)+e^- \rightleftharpoons Ag(s)+2NH_3(aq)$	0.3719
$H_2SO_3/S_2O_3^{2-}$	$2H_2SO_3(aq)+2H^+(aq)+4e^- \rightleftharpoons S_2O_3^{2-}(aq)+3H_2O(l)$	0.4101
Ag_2CrO_4/Ag	$Ag_2CrO_4(s)+2e^- \rightleftharpoons 2Ag(s)+CrO_4^{2-}(aq)$	0.4456
BrO^-/Br_2	$2BrO^-(aq)+2H_2O(l)+2e^- \rightleftharpoons Br_2(l)+4OH^-(aq)$	0.4556
H_2SO_3/S	$H_2SO_3(aq)+4H^+(aq)+4e^- \rightleftharpoons S(s)+3H_2O(l)$	0.4497
Cu^+/Cu	$Cu^+(aq)+e^- \rightleftharpoons Cu(s)$	0.5180
TeO_2/Te	$TeO_2(s)+4H^+(aq)+4e^- \rightleftharpoons Te(s)+2H_2O(l)$	0.5285
I_2/I^-	$I_2(s)+2e^- \rightleftharpoons 2I^-(aq)$	0.5345
MnO_4^-/MnO_4^{2-}	$MnO_4^-(aq)+e^- \rightleftharpoons MnO_4^{2-}(aq)$	0.5545
H_3AsO_4/H_3AsO_3	$H_3AsO_4(aq)+2H^+(aq)+2e^- \rightleftharpoons H_3AsO_3(aq)+H_2O(l)$	0.5748
MnO_4^-/MnO_2	$MnO_4^-(aq)+2H_2O(l)+3e^- \rightleftharpoons MnO_2(s)+4OH^-(aq)$	0.5965
BrO_3^-/Br^-	$BrO_3^-(aq)+3H_2O(l)+6e^- \rightleftharpoons Br^-(aq)+6OH^-(aq)$	0.6126
MnO_4^{2-}/MnO_2	$MnO_4^{2-}(aq)+2H_2O(l)+2e^- \rightleftharpoons MnO_2(s)+4OH^-(aq)$	0.6175
$HgCl_2/Hg_2Cl_2$	$2HgCl_2(aq)+2e^- \rightleftharpoons Hg_2Cl_2(s)+2Cl^-(aq)$	0.6571
O_2/H_2O_2	$O_2(g)+2H^+(aq)+2e^- \rightleftharpoons H_2O_2(aq)$	0.6945
Fe^{3+}/Fe^{2+}	$Fe^{3+}(aq)+e^- \rightleftharpoons Fe^{2+}(aq)$	0.769
Hg_2^{2+}/Hg	$Hg_2^{2+}(aq)+2e^- \rightleftharpoons 2Hg(l)$	0.7956
NO_3^-/NO_2	$NO_3^-(aq)+2H^+(aq)+e^- \rightleftharpoons NO_2(g)+H_2O(l)$	0.7989
Ag^+/Ag	$Ag^+(aq)+e^- \rightleftharpoons Ag(s)$	0.7991
$[PtCl_4]^{2-}/Pt$	$[PtCl_4]^{2-}(aq)+2e^- \rightleftharpoons Pt(s)+4Cl^-(aq)$	0.8473
Hg^{2+}/Hg	$Hg^{2+}(aq)+2e^- \rightleftharpoons Hg(l)$	0.8519
ClO^-/Cl^-	$ClO^-(aq)+H_2O(l)+2e^- \rightleftharpoons Cl^-(aq)+2OH^-$	0.8902

续表

电对	电极反应(氧化型$+ze^-\rightleftharpoons$还原型)	$E^\ominus$/V
Hg^{2+}/Hg_2^{2+}	$2Hg^{2+}(aq)+2e^-\rightleftharpoons Hg_2^{2+}(aq)$	0.9083
NO_3^-/HNO_2	$NO_3^-(aq)+3H^+(aq)+2e^-\rightleftharpoons HNO_2(aq)+H_2O(l)$	0.9275
NO_3^-/NO	$NO_3^-(aq)+4H^+(aq)+3e^-\rightleftharpoons NO(g)+2H_2O(l)$	0.9637
HNO_2/NO	$HNO_2(aq)+H^+(aq)+e^-\rightleftharpoons NO(g)+H_2O(l)$	1.04
NO_2/HNO_2	$NO_2(g)+H^+(aq)+e^-\rightleftharpoons HNO_2(aq)$	1.056
Br_2/Br^-	$Br_2(l)+2e^-\rightleftharpoons 2Br^-(aq)$	1.0774
$ClO_3^-/HClO_2$	$ClO_3^-(aq)+3H^+(aq)+2e^-\rightleftharpoons HClO_2(aq)+H_2O(l)$	1.157
$ClO_2/HClO_2$	$ClO_2(aq)+H^+(aq)+e^-\rightleftharpoons HClO_2(aq)$	1.184
IO_3/I_2	$2IO_3(aq)+12H^+(aq)+12e^-\rightleftharpoons I_2(s)+6H_2O(l)$	1.209
ClO_4^-/ClO_3^-	$ClO_4^-(aq)+2H^+(aq)+2e^-\rightleftharpoons ClO_3^-(aq)+H_2O(l)$	1.226
O_2/H_2O	$O_2(g)+4H^+(aq)+4e^-\rightleftharpoons 2H_2O(l)$	1.229
MnO_2/Mn^{2+}	$MnO_2(s)+4H^+(aq)+2e^-\rightleftharpoons Mn^{2+}(aq)+2H_2O(l)$	1.2293
Ti^{3+}/Ti^+	$Ti^{3+}(aq)+2e^-\rightleftharpoons Ti^+(aq)$	1.280
HNO_2/N_2O	$2HNO_2(aq)+4H^+(aq)+4e^-\rightleftharpoons N_2O(g)+3H_2O(l)$	1.311
$Cr_2O_7^{2-}/Cr^{3+}$	$Cr_2O_7^{2-}(aq)+14H^+(aq)+6e^-\rightleftharpoons 2Cr^{3+}(aq)+7H_2O(l)$	1.232
Cl_2/Cl^-	$Cl_2(g)+2e^-\rightleftharpoons 2Cl^-(aq)$	1.360
HIO/I_2	$2HIO(aq)+2H^+(aq)+2e^-\rightleftharpoons I_2(s)+2H_2O(l)$	1.431
PbO_2/Pb^{2+}	$PbO_2(s)+4H^+(aq)+2e^-\rightleftharpoons Pb^{2+}(aq)+2H_2O(l)$	1.458
Au^{3+}/Au	$Au^{3+}(aq)+3e^-\rightleftharpoons Au(s)$	1.498
Mn^{3+}/Mn^{2+}	$Mn^{3+}(aq)+e^-\rightleftharpoons Mn^{2+}(aq)$	1.51
MnO_4^-/Mn^{2+}	$MnO_4^-(aq)+8H^+(aq)+5e^-\rightleftharpoons Mn^{2+}(aq)+4H_2O(l)$	1.512
BrO_3^-/Br_2	$2BrO_3^-(aq)+12H^+(aq)+10e^-\rightleftharpoons Br_2(l)+6H_2O(l)$	1.513
$Cu^{2+}/Cu(CN)_2^-$	$Cu^{2+}(aq)+2CN^-(aq)+e^-\rightleftharpoons Cu(CN)_2^-(aq)$	1.580
H_5IO_6/IO_3^-	$H_5IO_6(aq)+H^+(aq)+2e^-\rightleftharpoons IO_3^-(aq)+3H_2O(l)$	1.60
$HBrO/Br_2$	$2HBrO(aq)+2H^+(aq)+2e^-\rightleftharpoons Br_2(l)+2H_2O(l)$	1.604
$HClO/Cl_2$	$2HClO(aq)+2H^+(aq)+2e^-\rightleftharpoons Cl_2(g)+2H_2O(l)$	1.630
$HClO_2/HClO$	$HClO_2(aq)+2H^+(aq)+2e^-\rightleftharpoons HClO(aq)+H_2O(l)$	1.673
Au^+/Au	$Au^+(aq)+e^-\rightleftharpoons Au(s)$	1.692
MnO_4^-/MnO_2	$MnO_4^-(aq)+4H^+(aq)+3e^-\rightleftharpoons MnO_2(s)+2H_2O(l)$	1.700
H_2O_2/H_2O	$H_2O_2(aq)+2H^+(aq)+2e^-\rightleftharpoons 2H_2O(l)$	1.939
$S_2O_8^{2-}/SO_4^{2-}$	$S_2O_8^{2-}(aq)+2e^-\rightleftharpoons 2SO_4^{2-}(aq)$	1.95
Co^{3+}/Co^{2+}	$Co^{3+}(aq)+e^-\rightleftharpoons Co^{2+}(aq)$	1.989
Ag^{2+}/Ag^+	$Ag^{2+}(aq)+e^-\rightleftharpoons Ag^+(aq)$	2.075
F_2/F^-	$F_2(g)+2e^-\rightleftharpoons 2F^-(aq)$	2.889
F_2/HF	$F_2(g)+2H^+(aq)+2e^-\rightleftharpoons 2HF(aq)$	3.076

附录五　常见配离子的稳定常数（T= 293~ 298.15K，离子强度 $I\approx 0$）

（Appendix **5**　Stability Constants of Common Coordination Compounds，T= **293～298.15** K，$I\approx$**0**）

配离子	$K_f^\ominus$	$\lg K_f^\ominus$	配离子	$K_f^\ominus$	$\lg K_f^\ominus$
$[Ag(Ac)_2]^-$	4.37	0.64	$[Ag(S_2O_3)_2]^{3-}$	2.90×10^{13}	13.46
$[AgBr_2]^-$	2.14×10^{7}	7.33	$[Al(C_2O_4)_3]^{3-}$	2.00×10^{16}	16.30
$[AgCl_2]^-$	1.10×10^{5}	5.04	$[AlF_6]^{3-}$	6.92×10^{19}	19.84
$[Ag(CN)_2]^-$	1.26×10^{21}	21.10	$[Au(CN)_2]^-$	2.00×10^{38}	38.30
$[Ag(en)_2]^+$	5.00×10^{7}	7.70	$[Ba(EDTA)]^{2-}$	6.03×10^{7}	7.78
$[Ag(NH_3)_2]^+$	1.11×10^{7}	7.05	$[Ca(EDTA)]^{2-}$	1.00×10^{11}	11.00
$[Ag(SCN)_2]^-$	3.72×10^{7}	7.57	$[CdCl_4]^{2-}$	6.31×10^{2}	2.80

续表

配离子	$K_f^\ominus$	$\lg K_f^\ominus$	配离子	$K_f^\ominus$	$\lg K_f^\ominus$
$[Cd(CN)_4]^{2-}$	6.03×10^{18}	18.78	$[Fe(en)_3]^{2+}$	1.58×10^{20}	20.20
$[Cd(EDTA)]^{2-}$	2.51×10^{16}	16.40	$[HgCl_4]^{2-}$	1.17×10^{15}	15.07
$[Cd(en)_3]^{2+}$	1.23×10^{12}	12.09	$[Hg(CN)_4]^{2-}$	2.51×10^{41}	41.40
$[CdI_4]^{2-}$	2.57×10^{5}	5.41	$[Hg(EDTA)]^{2-}$	6.31×10^{21}	21.80
$[Cd(NH_3)_4]^{2+}$	1.32×10^{7}	7.12	$[HgI_4]^{2-}$	6.76×10^{29}	29.83
$[Co(EDTA)]^{-}$	1.00×10^{36}	36.00	$[Mg(EDTA)]^{2-}$	4.37×10^{8}	8.64
$[Co(en)_3]^{2+}$	8.71×10^{13}	13.94	$[Mn(EDTA)]^{2-}$	6.31×10^{13}	13.80
$[Co(en)_3]^{3+}$	4.90×10^{48}	48.69	$[Ni(CN)_4]^{2-}$	2.00×10^{31}	31.30
$[Co(NH_3)_6]^{2+}$	1.29×10^{5}	5.11	$[Ni(EDTA)]^{2-}$	3.63×10^{18}	18.56
$[Co(NH_3)_6]^{3+}$	1.59×10^{35}	35.20	$[Ni(en)_3]^{2+}$	2.14×10^{18}	18.33
$[Co(SCN)_4]^{2-}$	1.00×10^{3}	3.00	$[Pb(Ac)_4]^{2-}$	3.16×10^{8}	8.50
$[Cu(Ac)_4]^{2-}$	1.54×10^{3}	3.20	$[PbCl_3]^{-}$	1.70×10^{3}	3.23
$[Cu(CN)_4]^{2-}$	2.00×10^{30}	30.30	$[Pb(EDTA)]^{2-}$	2.00×10^{18}	18.30
$[Cu(EDTA)]^{2-}$	5.01×10^{18}	18.70	$[Zn(CN)_4]^{2-}$	5.01×10^{16}	16.70
$[Cu(NH_3)_4]^{2+}$	2.09×10^{13}	13.32	$[Zn(C_2O_4)_3]^{4-}$	1.41×10^{8}	8.15
$[Fe(CN)_6]^{4-}$	1.00×10^{35}	35.00	$[Zn(en)_3]^{2+}$	1.29×10^{14}	14.11
$[Fe(CN)_6]^{3-}$	1.00×10^{42}	42.00	$[Zn(EDTA)]^{2-}$	2.51×10^{16}	16.40
$[Fe(C_2O_4)_3]^{3-}$	1.58×10^{20}	20.20	$[Zn(NH_3)_4]^{2+}$	2.88×10^{9}	9.46
$[Fe(C_2O_4)_3]^{4-}$	1.66×10^{5}	5.22	$[Zn(OH)_4]^{2-}$	4.57×10^{17}	17.66
$[Fe(EDTA)]^{2-}$	2.14×10^{14}	14.33	$[Zn(SCN)_4]^{2-}$	41.7	1.62
$[Fe(EDTA)]^{-}$	1.70×10^{24}	24.23			

附录六 常用基准物质的干燥条件和应用

(Appendix 6 Drying conditions and Application of Common Reference Substances)

基准物质		干燥后的组成	干燥条件	标定对象
名称	化学式			
碳酸氢钠	$NaHCO_3$	Na_2CO_3	270～300℃	酸
十水合碳酸钠	$Na_2CO_3\cdot10H_2O$	Na_2CO_3	270～300℃	酸
碳酸氢钾	$KHCO_3$	K_2CO_3	270～300℃	酸
硼砂	$Na_2B_4O_7\cdot10H_2O$	$Na_2B_4O_7\cdot10H_2O$	放在装有NaCl和蔗糖饱和溶液的密闭器皿中	酸
二水合草酸	$H_2C_2O_4\cdot2H_2O$	$H_2C_2O_4\cdot2H_2O$	室温空气干燥	碱或$KMnO_4$
邻苯二甲酸氢钾	$KHC_8H_4O_4$	$KHC_8H_4O_4$	110～120℃	碱
重铬酸钾	$K_2Cr_2O_7$	$K_2Cr_2O_7$	140～150℃	还原剂
溴酸钾	$KBrO_3$	$KBrO_3$	130℃	还原剂
碘酸钾	KIO_3	KIO_3	130℃	还原剂
草酸钠	$Na_2C_2O_4$	$Na_2C_2O_4$	130℃	$KMnO_4$
铜	Cu	Cu	室温干燥器中保存	还原剂
三氧化二砷	As_2O_3	As_2O_3	室温干燥器中保存	氧化剂
碳酸钙	$CaCO_3$	$CaCO_3$	110℃	EDTA
锌	Zn	Zn	室温干燥器中保存	EDTA
氧化锌	ZnO	ZnO	900～1000℃	EDTA
氯化钠	NaCl	NaCl	500～600℃	$AgNO_3$
氯化钾	KCl	KCl	500～600℃	$AgNO_3$
硝酸银	$AgNO_3$	$AgNO_3$	280～290℃	氯化物
硝酸铅	$Pb(NO_3)_2$	$Pb(NO_3)_2$	室温干燥器中保存	EDTA

附录七 常用酸碱溶液的密度、摩尔浓度及质量分数

(Appendix **7** Density, Molar Concentration and Mass Fraction of Common Acid and Base Solutions)

试剂名称	化学式	英文名	密度 ρ /g·mL^{-1}	摩尔浓度 /mol·L^{-1}	质量分数
盐酸	HCl	hydrochloric acid	1.18 ~ 1.19	11.6 ~ 12.4	36% ~ 38%
硝酸	HNO_3	nitric acid	1.39 ~ 1.40	14.4 ~ 15.2	65% ~ 68%
硫酸	H_2SO_4	sulphuric acid	1.83 ~ 1.84	17.8 ~ 18.4	95% ~ 98%
高氯酸	$HClO_4$	perchloric acid	1.67	11.7 ~ 12.0	70% ~ 72%
氢氟酸	HF	hydrofluoric acid	1.14	22.5	40%
氢溴酸	HBr	hydrobromic acid	1.49	8.6	47%
氢碘酸	HI	hydroiodic acid	1.70	7.5	57%
磷酸	H_3PO_4	phosphoric acid	1.69	14.6	85%
冰醋酸	HAc	acetic acid	1.05	17.4	99.7%
氨水	$NH_3 \cdot H_2O$	ammonia	0.88 ~ 0.90	13.3 ~ 14.8	25% ~ 28%
浓氢氧化钠	NaOH	sodium hydroxide	1.43	14	40%
三乙醇胺	$C_6H_{15}NO_3$	triethanolamine	1.124	7.5	
氢氧化钡(饱和)	$Ba(OH)_2$	barium hydroxide			2% ~ 10%
氢氧化钙(饱和)	$Ca(OH)_2$	calcium hydroxide			1.5%

附录八 pH 标准溶液的配制及性能

(Appendix **8** Preparation and properties of pH Standard Solutions)

pH 标准溶液	标准物质配制方法/(g/L H_2O)	pH(25℃)	使用温度范围/℃
0.05mol·L^{-1} 四草酸氢钾	12.61	1.679	0~95
饱和酒石酸氢钾	>7	3.557	25~95
0.05mol·L^{-1} 柠檬酸二氢钾	11.41	3.776	0~50
0.05mol·L^{-1} 邻苯二甲酸氢钾	10.12	4.004	0~95
0.025mol·L^{-1} 磷二氢钾- 0.025mol·L^{-1} 磷酸氢二钠	3.387 3.533	6.863	0~50
0.008695mol·L^{-1} 磷酸二氢钾 −0.03043mol·L^{-1} 磷酸氢二钠	1.179 4.303	7.415	0~50
0.01667mol·L^{-1} 三(羟基甲基)氨基甲烷 −0.05mol·L^{-1} 三(羟基甲基)氨基甲烷盐酸盐	2.005 7.822	7.699	0~50
0.01mol·L^{-1} 硼砂	3.80	9.183	0~50
0.025mol·L^{-1} 碳酸氢钠 −0.025mol·L^{-1} 碳酸钠	2.092 2.640	10.014	0~50
饱和氢氧化钙	>2	12.454	0~60

附录九　共轭酸碱对的解离常数（T= 298.15K）

（Appendix **9**　Dissociation Constant of Conjugated Acid-base Pair，$T=$ **298.15**K）

弱酸	化学式	$K_a^\ominus$	pK_a	共轭碱 化学式	共轭碱 $K_b^\ominus$	共轭碱 pK_b
碳酸	H_2CO_3	$K_{a1}^\ominus=4.2\times10^{-7}$	6.38	HCO_3^-	$K_{b2}^\ominus=2.4\times10^{-8}$	7.62
		$K_{a2}^\ominus=5.6\times10^{-11}$	10.25	CO_3^{2-}	$K_{b1}^\ominus=1.8\times10^{-4}$	3.75
草酸	$H_2C_2O_4$	$K_{a1}^\ominus=5.9\times10^{-2}$	1.22	$HC_2O_4^-$	$K_{b2}^\ominus=1.7\times10^{-13}$	12.78
		$K_{a2}^\ominus=6.4\times10^{-5}$	4.19	$C_2O_4^{2-}$	$K_{b1}^\ominus=1.6\times10^{-10}$	9.81
亚硝酸	HNO_2	5.1×10^{-4}	3.29	NO_2^-	1.2×10^{-11}	10.71
磷酸	H_3PO_4	$K_{a1}^\ominus=7.6\times10^{-3}$	2.12	$H_2PO_4^-$	$K_{b3}^\ominus=1.3\times10^{-12}$	11.88
		$K_{a2}^\ominus=6.3\times10^{-8}$	7.2	HPO_4^{2-}	$K_{b2}^\ominus=1.6\times10^{-7}$	6.8
		$K_{a3}^\ominus=4.4\times10^{-13}$	12.36	PO_4^{3-}	$K_{b1}^\ominus=2.3\times10^{-2}$	1.64
亚硫酸	H_2SO_3	$K_{a1}^\ominus=1.3\times10^{-2}$	1.90	HSO_3^-	$K_{b2}^\ominus=7.7\times10^{-13}$	12.10
		$K_{a2}^\ominus=6.3\times10^{-8}$	7.20	SO_3^{2-}	$K_{b1}^\ominus=1.6\times10^{-7}$	6.80
氢硫酸	H_2S	$K_{a1}^\ominus=1.3\times10^{-7}$	6.88	HS^-	$K_{b2}^\ominus=7.7\times10^{-8}$	7.12
		$K_{a2}^\ominus=1.26\times10^{-13}$	12.90	S^{2-}	$K_{b1}^\ominus=7.9\times10^{-2}$	1.10
氢氰酸	HCN	6.2×10^{-10}	9.21	CN^-	1.6×10^{-5}	4.79
氢氟酸	HF	6.6×10^{-4}	3.18	F^-	1.5×10^{-11}	1.82
过氧化氢	H_2O_2	2.3×10^{-12}	11.64	HO_2^-	4.3×10^{-3}	2.36
次氯酸	HClO	2.88×10^{-8}	7.54	ClO^-	3.5×10^{-7}	6.46
次溴酸	HBrO	2.06×10^{-9}	8.69	BrO^-	4.9×10^{-6}	5.31
次碘酸	HIO	2.30×10^{-11}	10.64	IO^-	4.3×10^{-4}	3.36
	NH_4^+	5.6×10^{-10}	9.25	NH_3	1.8×10^{-5}	4.75
甲酸	HCOOH	1.80×10^{-4}	3.74	$HCOO^-$	5.5×10^{-11}	10.26
乙酸	CH_3COOH	1.80×10^{-5}	4.74	CH_3COO^-	5.6×10^{-10}	9.26
抗坏血酸	$C_6H_8O_6$	$K_{a1}^\ominus=5.00\times10^{-5}$	4.30	$C_6H_7O_6^-$	$K_{b2}^\ominus=2.0\times10^{-10}$	9.70
		$K_{a2}^\ominus=1.50\times10^{-10}$	9.82	$C_6H_6O_6^{2-}$	$K_{b1}^\ominus=6.7\times10^{-5}$	4.18
柠檬酸	$C_6H_8O_7$	$K_{a1}^\ominus=7.4\times10^{-4}$	3.13	$C_6H_7O_7^-$	$K_{b3}^\ominus=1.4\times10^{-11}$	10.87
		$K_{a2}^\ominus=1.7\times10^{-5}$	4.76	$C_6H_6O_7^{2-}$	$K_{b2}^\ominus=5.9\times10^{-10}$	9.26
		$K_{a3}^\ominus=4.0\times10^{-7}$	6.40	$C_6H_5O_7^{3-}$	$K_{b1}^\ominus=2.5\times10^{-8}$	7.60
苯甲酸	C_6H_5COOH	6.2×10^{-5}	4.21	$C_6H_5COO^-$	1.6×10^{-10}	9.79
	$H_2S_2O_3$	$K_{a1}^\ominus=2.52\times10^{-1}$	0.60	$HS_2O_3^-$	$K_{b2}^\ominus=4.0\times10^{-14}$	13.40
		$K_{a2}^\ominus=1.90\times10^{-2}$	1.72	$S_2O_3^{2-}$	$K_{b1}^\ominus=5.3\times10^{-13}$	12.28
乙二胺四乙酸	H_6EDTA^{2+}	$K_{a1}^\ominus=0.13$	0.89	H_5EDTA^+	$K_{b6}^\ominus=1.1\times10^{-14}$	13.11
	H_5EDTA^+	$K_{a2}^\ominus=3.0\times10^{-2}$	1.52	H_4EDTA	$K_{b5}^\ominus=3.3\times10^{-13}$	12.48
	H_4EDTA	$K_{a3}^\ominus=1.0\times10^{-2}$	2.00	H_3EDTA^-	$K_{b4}^\ominus=1.0\times10^{-12}$	12.00
	H_3EDTA^-	$K_{a4}^\ominus=2.1\times10^{-3}$	2.68	H_2EDTA^{2-}	$K_{b3}^\ominus=4.8\times10^{-12}$	11.32
	H_2EDTA^{2-}	$K_{a5}^\ominus=6.9\times10^{-7}$	6.16	$HEDTA^{3-}$	$K_{b2}^\ominus=1.4\times10^{-8}$	7.84
	$HEDTA^{3-}$	$K_{a6}^\ominus=5.5\times10^{-11}$	10.26	$EDTA^{4-}$	$K_{b1}^\ominus=1.8\times10^{-4}$	3.74
弱碱	**化学式**	$K_b^\ominus$	pK_b	**共轭酸 化学式**	**共轭酸** $K_a^\ominus$	**共轭酸** pK_a
氨水	$NH_3\cdot H_2O$	1.8×10^{-5}	4.75	NH_4^+	5.6×10^{-10}	9.25
羟胺	NH_2OH	1.07×10^{-8}	7.97	NH_3^+OH	9.3×10^{-7}	6.03
联胺	$NH_2\cdot NH_2$	3.0×10^{-6}	5.52	H_2NNH_2	3.3×10^{-9}	8.48
甲胺	$CH_3\cdot NH_2$	4.20×10^{-4}	3.38	$CH_3NH_3^+$	2.4×10^{-11}	10.62
三乙醇胺	$(HOCH_2CH_2)_3N$	5.80×10^{-7}	6.24	$(HOCH_2CH_2)_3NH^+$	1.7×10^{-8}	7.76
乙二胺	$H_2NCH_2CH_2NH_2$	$K_{b1}^\ominus=8.50\times10^{-5}$	4.07	$H_2NCH_2CH_2NH_3^+$	$K_{a2}^\ominus=1.2\times10^{-10}$	9.93
		$K_{b2}^\ominus=7.10\times10^{-8}$	7.15	$^+H_3NCH_2CH_2NH_3^+$	$K_{a1}^\ominus=1.4\times10^{-7}$	6.85

附录十 常用的酸碱指示剂

(Appendix **10** Common Acid-base Indicators)

指示剂	变色范围 pH	颜色		pK_{HIn}	浓度
		酸色	碱色		
百里酚蓝(第一次变色)	1.2～2.8	红	黄	1.6	0.1%(20%乙醇溶液)
甲基黄	2.9～4.0	红	黄	3.3	0.1%(90%乙醇溶液)
甲基橙	3.1～4.4	红	黄	3.4	0.05%水溶液
溴酚蓝	3.1～4.6	黄	紫	4.1	0.1%(20%乙醇溶液)或指示剂钠盐的水溶液
溴甲酚绿	3.8～5.4	黄	蓝	4.9	0.1%水溶液,每100mg指示剂加2.9mL 0.05 $mol \cdot L^{-1}$ NaOH溶液
甲基红	4.4～6.2	红	黄	5.2	0.1%(60%乙醇溶液)或指示剂钠盐的水溶液
溴百里酚蓝	6.0～7.6	黄	蓝	7.3	0.1%(20%乙醇溶液)或指示剂钠盐的水溶液
中性红	6.8～8.0	红	黄橙	7.4	0.1%(60%乙醇溶液)
酚酞	8.0～9.6	无	红	9.1	0.1%(90%乙醇溶液)
百里酚蓝(第二次变色)	8.0～9.6	黄	蓝	8.9	0.1%(20%乙醇溶液)
百里酚酞	9.4～10.6	无	蓝	10.0	0.1%(90%乙醇溶液)
刚果红	3.0～5.2	蓝紫	红色		1 $g \cdot L^{-1}$ 水溶液

附录十一 常用的酸碱混合指示剂

(Appendix **11** Common Acid-base Mixed Indicators)

指示剂的组成	变色点pH	颜色		备注
		酸色	碱色	
一份0.1%甲基黄乙醇溶液 一份0.1%亚甲基蓝乙醇溶液	3.25	蓝紫	绿	pH=3.4 绿色 pH=3.2 蓝紫色
一份0.1%甲基橙水溶液 一份0.25%靛蓝二磺酸钠水溶液	4.1	紫	黄绿	
三份0.1%溴甲酚绿乙醇溶液 一份0.2%甲基红乙醇溶液	5.1	酒红	绿	
一份0.1%溴甲酚绿钠盐水溶液 一份0.1%氯酚红钠盐水溶液	6.1	黄绿	蓝紫	pH=5.4 蓝紫色,pH=5.8 蓝色 pH=6.0 蓝带紫,pH=6.2 蓝紫
一份0.1%中性红乙醇溶液 一份0.1%亚甲基蓝乙醇溶液	7.0	蓝	绿	pH=7.0 紫蓝
一份0.1%甲酚红钠盐水溶液 三份0.1%百里酚蓝钠盐水溶液	8.3	黄	紫	pH=8.2 玫瑰色 pH=8.4 清晰的紫色
一份0.1%百里酚蓝50%乙醇溶液 三份0.1%酚酞50%乙醇溶液	9.0	黄	紫	从黄到绿再到紫
两份0.1%百里酚酞乙醇溶液 一份0.1%茜素黄乙醇溶液	10.2	黄	紫	

附录十二 常用的氧化还原指示剂

(Appendix **12** Common Redox Indicators)

指示剂	$\Phi^{\ominus}$/V	颜色变化		配制方法
	pH=0	氧化型	还原型	
亚甲基蓝	0.36	蓝	无色	0.05%水溶液
二苯胺	0.76	紫	无色	1%浓硫酸溶液
二苯胺磺酸钠	0.85	紫	无色	0.8 g 二苯胺磺酸钠+2 g Na_2CO_3 并稀释至 100 mL
邻苯氨基苯甲酸	0.89	紫	无色	0.11 g 邻苯氨基苯甲酸溶于 20 mL 5% Na_2CO_3 溶液，稀释至 100 mL
邻二氮菲-亚铁	1.06	淡蓝	红色	1.485 g 邻二氮菲+0.695 g $FeSO_4$ 溶于 100 mL 水
5-硝基邻二氮菲-亚铁	1.06	淡蓝	紫红色	1.608 g 5-硝基邻二氮菲+0.695 g $FeSO_4$ 溶于 100 mL 水

附录十三 常用的金属指示剂

(Appendix **13** Common Metal Indicators)

指示剂	英文名或简称	最佳使用 pH	配制方法	颜色变化	滴定的离子
铬黑 T	Eriochrome Black T (EBT)	9～10.5	①1.5 g·L^{-1} 水溶液；②与 NaCl 按 1∶100(质量比)比例混合	酒红⟶蓝色	Mg^{2+}、Ca^{2+}、Zn^{2+}、Pb^{2+} 等
钙指示剂	Calcon Carboxylic Acid (NN)	12～13	5 g·L^{-1} 的乙醇溶液	酒红⟶蓝色	Ca^{2+}
1-(2-吡啶偶氮)-2-萘酚	1-(2-pyridylazo)-2-naphthol (PAN)	1.9～12.2	1 g·L^{-1} 或 3 g·L^{-1} 的乙醇溶液	紫红⟶黄色	Cu^{2+}、Bi^{3+}、Cd^{2+}、Pb^{2+}、Zn^{2+}
磺基水杨酸	Sulfo-salicylic Acid (SSal)	1.8～2.5	10 g·L^{-1} 或 100 g·L^{-1} 的水溶液	紫红⟶无色	Fe^{3+}(FeY 黄色)
二甲酚橙	Xylenol Orange (XO)	<6.3	2g·L^{-1} 的水溶液	紫红⟶亮黄色	ZrO^{2+}(pH<1)、Bi^{3+}(pH=1～2)、Th^{4+}(pH=2.5～3.5)及 Zn^{2+}、Cd^{2+}、Hg^{2+}等(pH 5～6)

附录十四 特殊试剂的配制

(Appendix **14** Preparation of Special Reagents)

试剂	配制方法
铝试剂(0.2%)	0.2 g 铝试剂溶于 100 mL 水中
硫代乙酰胺(5%)	5g 硫代乙酰胺溶于 100 mL 水中，如浑浊需过滤
奈斯勒试剂	含有 0.25 mol·L^{-1} K_2HgI_4 及 3 mol·L^{-1} NaOH：11.5 g HgI_2 及 8 g KI 溶于足量水中，使其体积为 50 mL，再加 50 mL 6 mol·L^{-1} NaOH。静置后，吸取澄清液而弃去沉淀，试剂瓶需妥藏于阴暗处(铵试剂)
钼酸铵试剂	150g 钼酸铵溶于 1L 蒸馏水中，再把所得溶液倾入 1 L 32%的 HNO_3(相对密度 1.2)中，不得相反！此时析出钼酸白色沉淀后又溶解。溶液放置 48 h，然后从沉淀(如有)中倾出溶液

续表

试剂	配制方法
镁试剂 I（对硝基苯偶氮间苯二酚）	0.001 g 此染料溶于 100 mL 1 mol·L^{-1} NaOH 溶液
淀粉溶液(0.5%)	置易溶淀粉 5 g 及 100 mg $ZnCl_2$(做防腐剂)于研钵中，加入少许调成薄浆，然后倾入 1000 mL 沸水中，搅匀并煮沸至完全透明。最好现配现用
溴水	溴的饱和水溶液：3.5 g 溴(约 1 mL)溶于 100 mL 水
氯化亚锡(1 mol·L^{-1})	将 23 g $SnCl_2 \cdot 2H_2O$ 溶于 34 mL 浓 HCl 中，加水稀释至 100 mL。现配现用
二苯硫腙	0.1 g 二苯硫腙溶于 1000 mL CCl_4 或 $CHCl_3$ 中
丁二酮肟(10 g·L^{-1})	1g 丁二酮肟试剂溶于 100 mL 95%乙醇中
H_2O_2(3%)	将 10 mL 30% H_2O_2 加水稀释至 100 mL
EDTA(10%)	10g EDTA 溶于 100 mL 水中
醋酸铀酰锌	10g 醋酸铀酰 $UO_2(Ac)_2 \cdot 2H_2O$ 溶于 6 mL30% HAc 中，略微加热促其溶解，后稀释至 50 mL(溶液 A)。另置 30 g 醋酸锌 $Zn(Ac)_2 \cdot 3H_2O$ 于 6mL 30% HAc 中，搅动后，稀释至 50 mL(溶液 B)。将此两种溶液加热至 70℃后混合，静置 24 h，过滤。在两液混合之前，晶体不能完全溶解。或直接配制成 10% 醋酸铀酰锌溶液
镁铵试剂	100g $MgCl_2 \cdot 6H_2O$ 和 100 g NH_4Cl 溶于水中，再加 50 mL 浓氨水，用水稀释至 1000 mL
硫化铵溶液	在 200 mL 浓氨水溶液中通入 H_2S 气体，直至不再吸收，然后加入 200 mL 浓氨水溶液，稀释至 1000 mL
邻二氮杂菲(0.25%)	0.25 g 邻二氮杂菲中加几滴 6 mol·L^{-1} H_2SO_4，溶于 100 mL 水中
磺基水杨酸(10%)	10g 磺基水杨酸溶于 65 mL 水中，加入 35 mL 2 mol·L^{-1} NaOH 溶液，摇匀
亚硝酰铁氰化钠	溶解 1g 于 100 mL 水中，每隔数日，即需重新配制
六硝基合钴酸钠试剂	含有 0.1 mol·L^{-1} $Na_3Co(NO_2)_6$、8 mol·L^{-1} $NaNO_2$ 及 1 mol·L^{-1} HAc：将 23 g $NaNO_2$ 溶于 50 mL 水中，加 16.5 mL 6 mol·L^{-1} HAc 及 3 g $Co(NO_3)_3 \cdot 6H_2O$，静置一夜，过滤或汲取其溶液，稀释至 100 mL。每隔 4 周需重新配制。或直接加六硝基合钴酸钠至溶液为深红色
总离子强度调节缓冲溶液(TISAB)	1000 mL 烧杯中，加入 500 mL 去离子水和 57 mL 冰乙酸、58 g NaCl、12 g 柠檬酸钠($Na_2C_2H_5O_2 \cdot 2H_2O$)，搅拌使之溶解，然后将烧杯放在冷水中，缓慢加入 6mol·L^{-1} NaOH，直至 pH 为 5.0～5.5(约 25 mL，用 pH 试纸检查)，冷至室温，转入 1000 mL 容量瓶中，用去离子水稀释至刻度线

附录十五　常见阳离子的鉴定方法

(Appendix 15　Methods for Identification of Common Cations)

1. Na^+

① Na^+ 与醋酸铀酰锌[$Zn(Ac)_2 \cdot UO_2(Ac)_2$]在中性或醋酸介质中反应，生成淡黄色晶体状醋酸铀酰锌钠沉淀：

$$Na^+ + Zn^{2+} + 3UO_2^{2+} + 8Ac^- + HAc + 9H_2O = NaAc \cdot Zn(Ac)_2 \cdot 3UO_2(Ac)_2 \cdot 9H_2O\downarrow + H^+$$

在碱性介质中，$UO_2(Ac)_2$ 可生成 $(NH_4)U_2O_7$ 或 $K_2U_2O_7$ 沉淀；在强酸性介质中晶体状醋酸铀酰锌钠沉淀的溶解度增加。因此鉴定反应必须在中性或微酸性溶液中进行。

鉴定步骤： 取 1 滴试液于试管中，加氨水（6.0 mol·L^{-1}）中和至碱性，再加 HAc 溶液（6.0 mol·L^{-1}）酸化，然后加 1 滴 EDTA 溶液（饱和）和 2～3 滴醋酸铀酰锌，充分摇荡，放置片刻，若有淡黄色晶体状沉淀生成，表示存在 Na^+。

② Na^+ 在弱碱性溶液中与 $K[Sb(OH)_6]$ 饱和溶液生成白色晶体状沉淀。

2. K^+

① K^+ 与 $Na_3[Co(NO_2)_6]$（俗称钴亚硝酸钠）在中性或稀醋酸介质中反应，生成亮黄色 $K_2Na[Co(NO_2)_6]$沉淀：

$$Na^+ + 2K^+ + [Co(NO_2)_6]^{3-} \longrightarrow K_2Na[Co(NO_2)_6]\downarrow$$

强酸或强碱均能使钴亚硝酸钠分解，妨碍鉴定，因此，在鉴定时必须使溶液呈中性或微酸性。NH_4^+ 也能与钴亚硝酸钠反应生成橙色$(NH_4)_3[Co(NO_2)_6]$沉淀，干扰鉴定。为此，可在水浴上加热 2min，使之完全分解：

$$NO_2^- + NH_4^+ \longrightarrow N_2\uparrow + 2H_2O$$

以消除铵根离子的干扰。加热时，亮黄色的 $K_2Na[Co(NO_2)_6]$无变化。

② K^+ 与四苯硼钠 $Na[B(C_6H_5)_4]$反应生成白色沉淀：

$$K^+ + [B(C_6H_5)_4]^- \longrightarrow K[B(C_6H_5)_4]\downarrow$$

反应须在碱性、中性或稀酸溶液中进行。

NH_4^+ 与四苯硼钠有类似反应，须事先转化为 NH_4NO_3，再加热分解而除去。Ag^+、Hg^{2+} 的影响可用 KCN 消除，当溶液 pH≈5，存在 EDTA 时，其他离子不产生干扰。

鉴定步骤： 取 3～4 滴试液于离心管中，加入 4～5 滴 Na_2CO_3 溶液（0.5 mol・L^{-1}），加热使有色离子变为碳酸盐沉淀。离心分离，在所得清液中加入 HAc 溶液（6.0 mol・L^{-1}），再加入 2 滴 $Na_3[Co(NO_2)_6]$溶液，最后将试管放入沸水浴中加热 2 min，若试管中有亮黄色沉淀，表示存在 K^+。

3. NH_4^+

① NH_4^+ 与 Nessler 试剂($K_2[HgI_4]$+KOH)反应生成红棕色的沉淀：

$$NH_4^+ + 2[HgI_4]^{2-} + 4OH^- = HgO\cdot HgNH_2I\downarrow + 7I^- + 3H_2O$$

Nessler 试剂是 K_2 $[HgI_4]$ 的碱性溶液，如果溶液中有 Fe^{3+}、Cr^{3+}、Co^{2+} 和 Ni^{2+} 等离子，则其能与 KOH 反应生成深色的氢氧化物沉淀，而干扰 NH_4^+ 的鉴定，故可通过以下操作鉴定 NH_4^+：在原试液中加入 NaOH 溶液，微热，用滴加 Nessler 试剂的滤纸条检验逸出的氨气，NH_3 (g) 与 Nessler 试剂作用，使滤纸上出现红棕色斑点。

$$NH_3 + 2[HgI_4]^{2-} + 3OH^- \longrightarrow HgO\cdot HgNH_2I\downarrow + 7I^- + 2H_2O$$

② 取试液，加 NaOH（2.0 mol・L^{-1}）溶液碱化，微热，用润湿的红色石蕊试纸检验逸出的气体，试纸呈蓝色，表示存在 NH_4^+。

鉴定步骤：

a. 取 2 滴试液于试管中，加入 NaOH（2.0 mol・L^{-1}）溶液使呈碱性，微热，用滴加 Nessler 试剂的滤纸检验逸出的气体，如有红棕色斑点出现，表示存在 NH_4^+。

b. 取 2 滴试液于试管中，加入 NaOH（2.0 mol・L^{-1}）溶液碱化，微热，用润湿的红色石蕊试纸或 pH 试纸检验逸出的气体，如试纸显蓝色，表示存在 NH_4^+。

4. Mg^{2+}

① Mg^{2+} 与镁试剂Ⅰ（对硝基偶氮间苯二酚）在碱性介质中反应，生成蓝色沉淀。有些

能生成深色氢氧化物的金属离子对鉴定有干扰，可以用EDTA试剂来配合掩蔽。

② 在氨性介质中与磷酸二氢钠（NaH_2PO_4）作用，有白色磷酸铵镁（$MgNH_4PO_4$）沉淀生成时，表明存在Mg^{2+}。

鉴定步骤： 取1滴试液于点滴板上，再加2滴EDTA溶液（饱和），搅拌后，加1滴镁试剂Ⅰ、1滴NaOH（6.0 $mol \cdot L^{-1}$）溶液，如有蓝色沉淀生成，表示存在Mg^{2+}。

5. Ca^{2+}

① Ca^{2+}与乙二醛双［2-羟基缩苯胺］（简称GBHA）在pH为12～12.6时反应，生成红色螯合物沉淀。

② Ca^{2+}与可溶性草酸盐，在中性或碱性条件下反应，生成白色的细微晶状草酸钙沉淀。

$$Ca^{2+} + C_2O_4^{2-} \longrightarrow CaC_2O_4 \downarrow$$

所得沉淀不溶于醋酸，但可溶于稀HCl或稀HNO_3：

$$CaC_2O_4 + H^+ \longrightarrow Ca^{2+} + HC_2O_4^-$$

虽SrC_2O_4和BaC_2O_4也是难溶化合物，但BaC_2O_4能溶于醋酸，SrC_2O_4可微溶于醋酸。所以在醋酸溶液中Ba^{2+}不干扰鉴定，其他能形成难溶性草酸盐的金属离子（如Pb^{2+}、Zn^{2+}）须预先除去。

鉴定步骤： 取1滴试液于试管中，加入10滴$CHCl_3$，加入4滴GBHA（0.2%）、2滴NaOH（6.0 $mol \cdot L^{-1}$）溶液、2滴Na_2CO_3（1.5 $mol \cdot L^{-1}$）溶液，摇荡试管，如果$CHCl_3$层显红色，表示存在Ca^{2+}。

6. Sr^{2+}

由于挥发性的锶盐（如$SrCl_2$）置于酒精喷灯氧化焰中燃烧时，能产生猩红色火焰，故利用焰色反应鉴定Sr^{2+}。若试样是不易挥发的$SrSO_4$，则应先采用Na_2CO_3把它转化为$SrCO_3$，再加盐酸使$SrCO_3$转化为$SrCl_2$，进行实验。

鉴定步骤： 取2滴试样于离心管中，加入2滴Na_2CO_3（0.5 $mol \cdot L^{-1}$）溶液，在水浴上加热得$SrCO_3$沉淀，离心分离。在沉淀中加1滴HCl（6.0 $mol \cdot L^{-1}$）溶液，使其溶解为$SrCl_2$，然后用清洁的镍丝或铂丝蘸取$SrCl_2$置于酒精喷灯的氧化焰中灼烧，如有猩红色火焰，表示存在Sr^{2+}。

7. Ba^{2+}

在弱酸性介质中，Ba^{2+}与K_2CrO_4反应生成黄色$BaCrO_4$沉淀：

$$Ba^{2+} + CrO_4^{2-} \longrightarrow BaCrO_4 \downarrow$$

沉淀不溶于醋酸，但可溶于强酸。因此鉴定反应必须在弱酸中进行。

Pb^{2+}、Hg^{2+}和Ag^+等离子也能与K_2CrO_4反应生成不溶于醋酸的有色沉淀，为此，可预先用金属锌将Pb^{2+}、Hg^{2+}和Ag^+等还原成单质金属而除去。

鉴定步骤： 取1滴试样于离心管中，加$NH_3 \cdot H_2O$（浓）使呈碱性，再加锌粉少许，在水溶中加热1～2min，不断搅拌、离心分离。在溶液中加醋酸酸化，然后加1～2滴K_2CrO_4溶液，摇荡，在沸水中加热，如有黄色沉淀，表示存在Ba^{2+}。

8. Al^{3+}

Al^{3+}与铝试剂（金黄色素三羧酸铵）在pH为6～7的介质中反应，生成红色絮状螯合物沉淀。Cu^{2+}、Bi^{3+}、Fe^{3+}、Cr^{3+}和Ca^{2+}等离子干扰反应，可预先加入 NaOH 使Bi^{3+}和Fe^{3+}生成 $Bi(OH)_3$ 和 $Fe(OH)_3$ 而被除去；Cr^{3+}、Cu^{2+} 与铝试剂的螯合物能被 $NH_3 \cdot H_2O$ 分解；Ca^{2+} 与铝试剂的螯合物可被 $(NH_4)_2CO_3$ 转化为 $CaCO_3$。

鉴定步骤：取 2 滴试液于离心管中，加 NaOH（6.0 $mol \cdot L^{-1}$）溶液碱化，并过量 2 滴，然后加 1 滴 H_2O_2（3%），加热 2 min，离心分离。用 HAc（6.0 $mol \cdot L^{-1}$）溶液将溶液酸化，调 pH 为 6～7，加 2 滴铝试剂，摇荡后，放置片刻，加 $NH_3 \cdot H_2O$（6.0 $mol \cdot L^{-1}$）溶液碱化，置于水浴上加热，如有橙红色（存在 CrO_4^{2-}）物质生成，可离心分离。用去离子水洗涤沉淀，如沉淀为红色，表示存在 Al^{3+}。

9. Sn^{2+}

① 与 $HgCl_2$ 反应

$SnCl_2$ 溶液中 Sn^{2+} 主要以 $SnCl_4^{2-}$ 的形式存在。$SnCl_4^{2-}$ 与适量 $HgCl_2$ 反应生成白色沉淀 Hg_2Cl_2：

$$[SnCl_4^{2-}] + 2HgCl_2 = [SnCl_6]^{2-} + Hg_2Cl_2 \downarrow$$

如果 $SnCl_4^{2-}$ 过量，则沉淀变为灰色，即 Hg_2Cl_2 与 Hg 的混合物，最后变为黑色，即 Hg。

$$[SnCl_4^{2-}] + Hg_2Cl_2 = [SnCl_6]^{2-} + 2Hg \downarrow$$

加入铁粉，可将许多电极电势大的离子还原为金属，预先分离，以消除干扰。

鉴定步骤：取 2 滴试液于试管中，加 2 滴 HCl（6.0 $mol \cdot L^{-1}$）溶液，加少许铁粉，在水浴上加热至作用完全，至气泡不再产生。吸取清液于另一干净试管中，加入 2 滴 $HgCl_2$，如有白色沉淀生成，表示存在 Sn^{2+}。

② 与甲基橙反应

在浓 HCl 介质中，$SnCl_4^{2-}$ 与甲基橙在加热下进行反应，甲基橙被还原为氢化甲基橙而褪色。

鉴定步骤：取 1 滴试液于试管中，加 1 滴 HCl（浓）及甲基橙（0.01%），加热，如甲基橙褪色，表示存在 Sn^{2+}。

10. Pb^{2+}

在稀 HAc 溶液中，Pb^{2+} 与 K_2CrO_4 发生反应生成难溶的 $PbCrO_4$ 黄色沉淀：

$$Pb^{2+} + CrO_4^{2-} = PbCrO_4 \downarrow$$

沉淀溶于 NaOH 溶液及浓硝酸，难溶于稀 HAc、稀硝酸及 $NH_3 \cdot H_2O$。

$$PbCrO_4 + 3OH^- = [Pb(OH)_3]^- + CrO_4^{2-}$$

$$PbCrO_4 + H^+ = Pb^{2+} + HCrO_4^-$$

Ba^{2+}、Bi^{3+}、Hg^{2+} 和 Ag^+ 等在 HAc 溶液中也能与 CrO_4^{2-} 作用生成有色沉淀，所以这些离子的存在对 Pb^{2+} 的鉴定有干扰。可先加入稀硫酸，再加入过量的 NaOH 浓溶液，使 $PbSO_4$ 转化为 $[Pb(OH)_3]^-$，再进一步转化为 $Pb(Ac)_2$ 使 Pb^{2+} 分离出来，最后进行鉴定。

鉴定步骤：取 2 滴试液于离心管中，加 1 滴 H_2SO_4（6.0 $mol \cdot L^{-1}$）溶液，加热几分钟，摇荡，使 Pb^{2+} 沉淀完全，离心分离。在沉淀中加入过量 NaOH（6.0 $mol \cdot L^{-1}$）溶液，并加热 1min，使 $PbSO_4$ 转化为$[Pb(OH)_3]^-$，离心分离。在清液中加 HAc（6.0 mol

$\cdot L^{-1}$）溶液和 1 滴 K_2CrO_4（0.1 mol $\cdot L^{-1}$）溶液，如有黄色沉淀，表示存在 Pb^{2+}。

11. Bi^{3+}

Bi^{3+} 在碱性溶液中能被 Sn^{2+} 还原为黑色 Bi：

$$2Bi(OH)_3 + 3[Sn(OH)_4]^{2-} \xlongequal{} 2Bi\downarrow + 3[Sn(OH)_6]^{2-}$$

鉴定步骤：取 2 滴试液于离心管中，加入浓氨水，Bi^{3+} 变为 $Bi(OH)_3$ 沉淀，离心分离，洗涤沉淀。在沉淀中加入少量新配制的 $Na_2[Sn(OH)_4]$ 溶液，如沉淀变黑，表示存在 Bi^{3+}。

$Na_2[Sn(OH)_4]$ 溶液的配制方法：取几滴 $SnCl_2$ 溶液于试管中，加入 NaOH 溶液至生成的 $Sn(OH)_2$ 白色沉淀刚好溶解，便得到澄清的 $Na_2[Sn(OH)_4]$ 溶液。

12. Sb^{3+}

Sb（Ⅲ）在酸性溶液中能被金属锡还原为金属锑：

$$2[SbCl_6]^{3-} + 3Sn \xlongequal{} 2Sb\downarrow + 3[SnCl_4]^{2-}$$

当砷（Ⅲ，Ⅴ）存在时，也能在锡箔上形成黑色斑点（As），但 As 与 Sb 不同，当用水洗去锡箔上的酸并加新配制 NaBrO 的溶液时其则溶解。注意：一定要将 HCl 洗净，否则在酸性条件下，NaBrO 也能使 Sb 的黑色斑点溶解。

Hg^{2+}、Bi^{3+} 等也干扰 Sb^{3+} 的鉴定，可用 $(NH_4)_2S$ 预先分离。

鉴定步骤：取 2 滴试液于离心管中，加 $NH_3 \cdot H_2O$（6.0 mol $\cdot L^{-1}$）溶液碱化，加 2 滴 $(NH_4)_2S$（0.5 mol $\cdot L^{-1}$）溶液，充分摇荡，于水浴上加热 5min 左右，离心分离。在溶液中加 HCl（6.0 mol $\cdot L^{-1}$）溶液酸化，使呈微酸性，并加热 3～5min，离心分离，沉淀中加 1 滴 HCl（浓），再加热使 Sb_2S_3 溶解，取此溶液在锡箔上，片刻锡箔上出现黑斑。用水洗去酸，再用 1 滴新配制的 NaBrO 溶液处理，黑斑不消失，表示存在 Sb^{3+}。

13. Cr^{3+}

在碱性介质中，Cr^{3+} 可被 H_2O_2 氧化为 CrO_4^{2-}：

$$2[Cr(OH)_4]^- + 3H_2O_2 + 2OH^- \xlongequal{} 2CrO_4^{2-} + 8H_2O$$

在酸性条件下以重铬酸根形式存在，当戊醇存在时，加入 H_2O_2，振荡后戊醇呈现蓝色：

$$Cr_2O_7^{2-} + 4H_2O_2 + 4H^+ \xlongequal{} 2CrO(O_2)_2 + 5H_2O$$

蓝色的 $CrO(O_2)_2$ 在水溶液中不稳定，在戊醇中较稳定。溶液酸度应控制在 pH＝2～3，当酸度过大时（pH＜1），则：

$$4CrO(O_2)_2 + 12H^+ \xlongequal{} 4Cr^{3+} + 7O_2\uparrow + 6H_2O$$

溶液变为蓝绿色（Cr^{3+} 颜色）。

鉴定步骤： 取 1 滴试液于试管中，加 NaOH（2.0 mol $\cdot L^{-1}$）溶液至生成沉淀又溶解，再多加 1 滴。加 H_2O_2（3%）溶液微热，溶液呈黄色，冷却后再加 2 滴 H_2O_2（3%）溶液，加 5 滴戊醇或乙醚，最后慢慢加 HNO_3（6mol $\cdot L^{-1}$）溶液。注意：每加 1 滴 HNO_3 都必须充分摇荡，如戊醇层呈蓝色，表示存在 Cr^{3+}。

14. Mn^{2+}

Mn^{2+} 在稀 HNO_3 或稀 H_2SO_4 的介质中可被 $NaBiO_3$ 氧化为紫红色 MnO_4^-：

$$2Mn^{2+} + 5NaBiO_3 + 14H^+ \longrightarrow 2MnO_4^- + 5Bi^{3+} + 5Na^+ + 7H_2O$$

过量的Mn^{2+}会与生成的MnO_4^-反应生成$MnO(OH)_2(s)$。Cl^-及其他还原剂的存在，对Mn^{2+}的鉴定有干扰，因此不能在HCl介质中鉴定Mn^{2+}。

鉴定步骤：取2滴试液于试管中，先加HNO_3（6.0 mol·L^{-1}）溶液酸化，再加少量$NaBiO_3$固体，摇荡后，静置片刻，如溶液呈紫红色，表示存在Mn^{2+}。

15. Fe^{2+}、Fe^{3+}

(1) Fe^{2+}

Fe^{2+}与$K_3[Fe(CN)_6]$溶液在pH＜7的条件下反应，生成深蓝色沉淀（滕氏蓝）：

$$xFe^{2+} + xK_3[Fe(CN)_6] \longrightarrow [KFe(\text{III})(CN)_6Fe(\text{II})]_x(s)$$

$[KFe(\text{III})(CN)_6Fe(\text{II})]_x$沉淀能被强碱分离，产生红棕色的$Fe(OH)_3$沉淀。

鉴定步骤：取1滴试液于点滴板上，先加1滴HCl（2.0 mol·L^{-1}）溶液酸化，再加1滴$K_3[Fe(CN)_6]$（0.1 mol·L^{-1}）溶液，如出现深蓝色沉淀，表示存在Fe^{2+}。

(2) Fe^{3+}

① 与SCN^-反应。Fe^{3+}与SCN^-在酸性介质中反应，生成可溶性深红色$[Fe(SCN)_n]^{3-n}$：

$$Fe^{3+} + nSCN^- \longrightarrow [Fe(NCS)_n]^{3-n} \ (n=1\sim6)$$

n值随溶液中的SCN^-浓度和酸度而定。

$[Fe(NCS)_n]^{3-n}$能被碱分离，生成红棕色的$Fe(OH)_3$沉淀，浓硫酸或浓硝酸能使试剂分解：

$$SCN^- + H_2SO_4 + H_2O \longrightarrow NH_4^+ + COS\uparrow + SO_4^{2-}$$

$$3SCN^- + 13NO_3^- + 10H^+ \longrightarrow 3CO_2\uparrow + 16NO\uparrow + 3SO_4^{2-} + 5H_2O$$

鉴定步骤：取1滴试液于点滴板上，加1滴HCl溶液（2.0 mol·L^{-1}）酸化，再加1滴KSCN溶液（0.1 mol·L^{-1}），如溶液显红色，表示有Fe^{3+}存在。

② 与$[Fe(CN)_6]^{4-}$反应。Fe^{3+}与$K_4[Fe(CN)_6]$反应生成蓝色沉淀（普鲁士蓝）：

$$xFe^{3+} + xK_4[Fe(CN)_6] \longrightarrow [KFe(\text{III})(CN)_6Fe(\text{II})]_x\downarrow$$

沉淀不溶于稀酸，但能被浓HCl分解，也能被NaOH沉淀为$Fe(OH)_3$。

鉴定步骤：取1滴试液于点滴板上，加1滴HCl（2.0 mol·L^{-1}）溶液及1滴$K_4[Fe(CN)_6]$，如立即出现蓝色沉淀，表示存在Fe^{3+}。

16. Co^{2+}

Co^{2+}在中性或微酸性溶液中与KSCN反应生成蓝色的$[Co(NCS)_4]^{2-}$：

$$Co^{2+} + 4SCN^- \longrightarrow [Co(NCS)_4]^{2-}$$

所生成的配离子在水溶液中不稳定，在丙酮溶液中较稳定。Fe^{3+}的存在对鉴定有干扰，可用NaF掩蔽来消除；大量Ni^{2+}的存在，使溶液呈浅蓝色而干扰鉴定。

鉴定步骤：取2滴试液于试管中，加入数滴丙酮，再加入少量KSCN和NH_4SCN晶体，充分摇荡，若溶液呈鲜艳的蓝色，表示存在Co^{2+}。

17. Ni^{2+}

Ni^{2+}与丁二酮肟在弱碱性溶液中反应，生成鲜红色的螯合物沉淀。

大量 Co^{2+}、Fe^{3+}、Fe^{2+} 和 Cu^{2+} 等离子，能与试剂丁二酮肟反应生成带颜色的沉淀，干扰离子的鉴定，须预先除去。

鉴定步骤： 取 1 滴试液于试管中，先加入 1 滴氨水（2.0 mol·L^{-1}）碱化，再加丁二酮肟（1%）溶液，若出现鲜红色沉淀，表示存在 Ni^{2+}。

18. Cu^{2+}

Cu^{2+} 与 $K_4[Fe(CN)_6]$ 在中性或弱碱性介质中反应，生成红棕色 $Cu_2[Fe(CN)_6]$ 沉淀。

$$2Cu^{2+} + [Fe(CN)_6]^{4-} = Cu_2[Fe(CN)_6]\downarrow$$

沉淀难溶于 HCl、HAc 及稀 $NH_3 \cdot H_2O$，但易溶于浓 $NH_3 \cdot H_2O$：

$$Cu_2[Fe(CN)_6] + 8NH_3 \cdot H_2O = 2[Cu(NH_3)_4]^{2+} + [Fe(CN)_6]^{4-} + 8H_2O$$

沉淀易被 NaOH 溶液转化为 Cu $(OH)_2$：

$$Cu_2[Fe(CN)_6] + 4OH^- = 2Cu(OH)_2\downarrow + [Fe(CN)_6]^{4-}$$

Fe^{3+} 干扰 Cu^{2+} 的鉴定，可用 NaF 掩蔽 Fe^{3+}，或在氨性溶液中将 Fe^{3+} 转化为 $Fe(OH)_3$ 沉淀，分离除去。此时，Cu^{2+} 以 $[Cu(NH_3)_4]^{2+}$ 的形式留在溶液中。用适量 HCl 酸化后，再用 $K_4[Fe(CN)_4]$ 鉴定 Cu^{2+}。

鉴定步骤： 取 1 滴试液于点滴板上，加 2 滴 $K_4[Fe(CN)_6]$（0.1 mol·L^{-1}）溶液，若生成红棕色沉淀，表示有 Cu^{2+}。

19. Zn^{2+}

Zn^{2+} 在强碱性溶液中与二苯硫腙反应生成粉红色螯合物，其在水中难溶，显粉红色，在 CCl_4 中易溶，显棕色。

鉴定步骤： 取 1 滴试液于试管中，先加入 3 滴 NaOH（6.0 mol·L^{-1}）溶液和 5 滴 CCl_4，再加 1 滴二苯硫腙溶液，如水层显粉红色，CCl_4 层由绿色变棕色，表示存在 Zn^{2+}。

20. Ag^+

Ag^+ 与稀 HCl 反应生成沉淀 AgCl。沉淀能溶于浓 HCl 形成 $[AgCl_2]^-$ 和 $[AgCl_3]^{2-}$ 等配离子。AgCl 沉淀还能溶于稀氨水形成 $[Ag(NH_3)_2]^+$ 配离子。可利用这两个反应与其他阳离子的难溶氯化物沉淀进行分离。在溶液中加入硝酸溶液，重新得到 AgCl 沉淀；或加入可溶性的碘化物，以形成更难溶解的黄色 AgI 沉淀。

鉴定步骤： 取 5 滴试液于离心管中，加入 5 滴 HCl（2.0 mol·L^{-1}）溶液，置于水浴上温热，使沉淀聚集，离心分离。沉淀用热的去离子水洗一次，然后加入过量氨水（6.0 mol·L^{-1}）溶液，摇荡，如有不溶沉淀物，离心分离。取一部分溶液于试管中，加 HNO_3（2 mol·L^{-1}）溶液，如有白色沉淀生成，表示有 Ag^+。或取一部分溶液于试管中，加入 KI（0.1 mol·L^{-1}）溶液，如有黄色沉淀生成，表示有 Ag^+。

21. Cd^{2+}

Cd^{2+} 与 S^{2-} 反应生成黄色 CdS 沉淀。沉淀溶于 HCl（2.0 mol·L^{-1}）溶液和稀 HNO_3，但不溶于 Na_2S、$(NH_4)_2S$、NaOH、KCN 和 HAc 溶液。

可用控制溶液酸度的方法将其与其他离子分离并进行鉴定。

鉴定步骤： 取 1 滴试液于离心管中，加入 2 滴 HCl（2.0 mol·L^{-1}）溶液和 1 滴 Na_2S（0.1 mol·L^{-1}）溶液，可使 Cu^{2+} 沉淀，Co^{2+}、Ni^{2+} 和 Cd^{2+} 均无反应，离心分离。在清

液中加 NH_4Ac（30%）溶液，使酸度降低，如有黄色沉淀析出，表示有 Cd^{2+}，在该酸度下，Co^{2+} 和 Ni^{2+} 不会生成硫化物沉淀。

22. Hg^{2+} 和 Hg_2^{2+}

① Hg^{2+} 能被 Sn^{2+} 逐步还原，直至还原为金属汞，沉淀由白色（Hg_2Cl_2）变为灰色或黑色（Hg）：

$$SnCl_2 + 2HgCl_2 = SnCl_4 + Hg_2Cl_2 \downarrow$$

$$SnCl_2 + Hg_2Cl_2 = [SnCl_6]^{2-} + 2Hg \downarrow$$

鉴定步骤： 取 1 滴试液于试管中，逐滴加入 1～2 滴 $SnCl_2$（0.1 mol·L^{-1}）溶液，如生成白色沉淀，并逐渐转变为灰色或黑色沉淀，表示存在 Hg^{2+}。

② Hg^{2+} 能与 KI、$CuSO_4$ 溶液反应生成橙红色 $Cu_2[HgI_4]$沉淀。

$$Hg^{2+} + 4I^- = [HgI_4]^{2-}$$

$$2Cu^{2+} + 4I^- = 2CuI \downarrow + I_2 \downarrow$$

$$2CuI + [HgI_4]^{2-} = Cu_2[HgI_4] \downarrow + 2I^-$$

鉴定步骤： 取 1 滴试液于试管中，加 1 滴 KI（1%）溶液和 1 滴 $CuSO_4$ 溶液（2%），再加少量 Na_2SO_3 固体（除去 I_2 的黄色），如生成橙红色 $Cu_2[HgI_4]$沉淀，表示有 Hg^{2+}。

③ Hg_2^{2+}：可将其氧化为 Hg^{2+}，再进行鉴定。

欲将 Hg_2^{2+} 从混合离子中分离出来时，常常采用如下方法。

加入稀 HCl，将其转化为 Hg_2Cl_2 沉淀，若有 Ag^+、Pb^{2+} 等离子，其氯化物亦难溶于水。由于 $PbCl_2$ 溶解度较大，并可溶于热水，可先分离。在 Hg_2Cl_2、AgCl 的混合沉淀中加入 HNO_3 和稀 HCl 时，Hg_2Cl_2 溶解，同时被氧化为 $HgCl_2$，而 AgCl 不溶，则可分离。

$$3Hg_2Cl_2 + 2HNO_3 + 6HCl = 6HgCl_2 + 2NO \uparrow + 4H_2O$$

鉴定步骤： 取 3 滴试液于试管中，加入 3 滴 HCl（2.0 mol·L^{-1}）溶液，充分摇荡，置水浴上加热 1min，趁热分离。沉淀用热 HCl 水溶液【1 mL 水加 1 滴 HCl（2.0 mol·L^{-1}）溶液配成】洗两次。于沉淀中加 2 滴 HNO_3（浓）及 1 滴 HCl（2.0 mol·L^{-1}）溶液，摇荡，并加热 1min，则 Hg_2Cl_2 溶解，而 AgCl 沉淀不溶解，离心分离。于溶液中加 2 滴 KI（4%）溶液、2 滴 $CuSO_4$（2%）溶液及少量 Na_2SO_3 固体。如生成 $Cu_2[HgI_4]$ 橙红色沉淀，表示有 Hg_2^{2+}。

附录十六　常见阴离子的鉴定方法

(Appendix **16**　Methods for Identification of Common Anions)

1. CO_3^{2-}

将试液酸化后产生的 CO_2 气体与 $Ba(OH)_2$ 溶液接触，有白色沉淀生成时表示存在 CO_3^{2-}。SO_3^{2-}、S^{2-} 等离子对鉴定有干扰，可在酸化前加入 H_2O_2 溶液，将 SO_3^{2-}、S^{2-} 氧化为 SO_4^{2-}，以消除干扰。

鉴定步骤： 取 5 滴试液于试管中，接着加入 5 滴 H_2O_2(3%)溶液，并置于水浴上加热

3min，如果被检验溶液中无SO_3^{2-}、S^{2-}，可一次性向溶液中加入20滴HCl（6.0 mol·L^{-1}）溶液，并立即插入吸有$Ba(OH)_2$溶液（饱和）的带塞滴管，使滴管口悬挂1滴溶液，观察溶液是否变浑浊。或者向试管中插入蘸有$Ba(OH)_2$溶液的带塞镍-铬丝小圈，若镍-铬丝小圈的液膜变浑浊，表示有CO_3^{2-}。

2. NO_3^-

NO_3^-与$FeSO_4$溶液在浓H_2SO_4介质中反应生成棕色［Fe(NO)］SO_4：

$$6FeSO_4 + 2NaNO_3 + 4H_2SO_4(浓) = 3Fe_2(SO_4)_3 + 2NO\uparrow + H_2O + Na_2SO_4$$

$$FeSO_4 + NO = [Fe(NO)]SO_4$$

$[Fe(NO)]^{2+}$在浓硫酸与试液层界面处生成“棕色环”（硫酸密度大，在加入时不摇动，则沉在底部，与试液形成界面）。Br^-、I^-及NO_2^-等干扰NO_3^-的鉴定，可加入稀H_2SO_4及Ag_2SO_4溶液，使Br^-和I^-生成沉淀被分离除去。在溶液中加入尿素，并微热，可除去NO_2^-的干扰：

$$2NO_2^- + CO(NH_2)_2 + 2H^+ = 2N_2\uparrow + CO_2\uparrow + 3H_2O$$

鉴定步骤：取2滴试液于离心管中，加入1滴H_2SO_4（2.0 mol·L^{-1}）溶液和4滴Ag_2SO_4（0.02 mol·L^{-1}）溶液，离心分离。在清液中加入少量尿素固体，并微热。接着在溶液中加入少量$FeSO_4$固体，摇荡溶解后，斜持试管，慢慢沿试管壁滴入1 mL浓硫酸。若硫酸层与水溶液层的界面处有“棕色环”出现，表示存在NO_3^-。

3. NO_2^-

① NO_2^-与$FeSO_4$在HAc介质中反应，生成棕色［Fe(NO)］SO_4：

$$Fe^{2+} + NO_2^- + 2HAc = Fe^{3+} + NO\uparrow + H_2O + 2Ac^-$$

$$Fe^{2+} + NO \longrightarrow [Fe(NO)]^{2+}$$

鉴定步骤：取2滴试液于离心管中，加入4滴Ag_2SO_4（0.02 mol·L^{-1}）溶液，若有沉淀生成，离心分离。在清液中加入少量$FeSO_4$固体，摇荡溶解后，加入4滴HAc（2 mol·L^{-1}）溶液，若溶液呈棕色，表示有NO_2^-。

② NO_2^-与硫脲在稀HAc介质中反应，生成N_2和SCN^-：

$$CS(NH_2)_2 + HNO_2 = N_2\uparrow + H^+ + SCN^- + 2H_2O$$

生成的SCN^-在稀HCl介质中与$FeCl_3$反应生成$[Fe(NCS)_n]^{3-n}$。

I^-干扰NO_2^-的鉴定，可使其生成AgI沉淀以分离除去。

鉴定步骤：取2滴试液于离心管中，加入4滴Ag_2SO_4溶液（0.02 mol·L^{-1}），离心分离，加入2滴HAc（6 mol·L^{-1}）溶液和4滴硫脲（8%）溶液，摇荡，再加2滴HCl（2 mol·L^{-1}）溶液及1滴$FeCl_3$（2 mol·L^{-1}）溶液，若溶液呈红色，表示有NO_2^-。

4. PO_4^{3-}

PO_4^{3-}与$(NH_4)_2MoO_4$溶液在酸性介质中反应，生成黄色的磷钼酸铵沉淀：

$$PO_4^{3-} + 3NH_4^- + 12MoO_4^{2-} + 24H^+ = (NH_4)_3PO_4\cdot 12MoO_3\cdot 6H_2O\downarrow + 6H_2O$$

S^{2-}、$S_2O_3^{2-}$和SO_3^{2-}等还原性离子存在时，能将Mo(Ⅵ)还原成低氧化态化合物。因此，预先加浓HNO_3，并于水浴上加热，以除去这些干扰离子。

$$3S^{2-} + 8H^{+} + 2NO_3^{-} \longrightarrow 3S\downarrow + 2NO\uparrow + 4H_2O$$

$$S_2O_3^{2-} + H^{+} + NO_3^{-} \longrightarrow SO_4^{2-} + NO\uparrow + H_2O$$

$$SO_3^{2-} + 2H^{+} + 2NO_3^{-} \longrightarrow SO_4^{2-} + 2NO_2\uparrow + H_2O$$

鉴定步骤： 取 1 滴试液于试管中，加入 2 滴 HNO_3（浓），并置于沸水浴中加热 1～2min。稍冷后，加入 4 滴 $(NH_4)_2MoO_4$ 溶液，并在水浴上加热至 40～50℃，若有黄色沉淀产生，则表示有 PO_4^{3-}。

5. S^{2-}

S^{2-} 与 $Na_2[Fe(CN)_5NO]$在碱性介质中反应生成紫色的 $[Fe(CN)_5NOS]^{4-}$：

$$S^{2-} + [Fe(CN)_5NO]^{2-} \longrightarrow [Fe(CN)_5NOS]^{4-}$$

鉴定步骤： 取 2 滴试液于点滴板上，加 1 滴 $Na_2[Fe(CN)_5NO]$（5%）溶液。若溶液呈紫色，则表示有 S^{2-}。

6. SO_3^{2-}

在中性介质中，SO_3^{2-} 与 $Na_2[Fe(CN)_5NO]$、$ZnSO_4$ 和 $K_4[Fe(CN)_6]$ 三种溶液反应生成红色沉淀，其组成尚不清楚。在酸性介质中，红色沉淀消失，因此，溶液为酸性时必须用氨水中和。S^{2-} 干扰鉴定，可加入 $PbCO_3(s)$ 使 S^{2-} 形成 PbS 沉淀以除去。

鉴定步骤： 取 5 滴试液于离心管中，加入少量 $PbCO_3(s)$，摇荡，若沉淀由白色变为黑色，则需要再加少量 $PbCO_3(s)$，直到沉淀呈灰色。离心分离，保留清液。

在点滴板上各加 1 滴 $ZnSO_4$ 溶液（饱和）、$K_4[Fe(CN)_6]$（$0.1\ mol \cdot L^{-1}$）溶液及 $Na_2[Fe(CN)_5NO]$（1%）溶液，然后加 1 滴 $NH_3 \cdot H_2O$（$2\ mol \cdot L^{-1}$）溶液将溶液调至中性，最后加 1 滴除去 S^{2-} 的试液。若出现红色沉淀，表示有 SO_3^{2-}。

7. $S_2O_3^{2-}$

$S_2O_3^{2-}$ 与 Ag^{+} 反应生成白色的 $Ag_2S_2O_3$ 沉淀，但沉淀能迅速分解为 $Ag_2S(s)$ 和 H_2SO_4，颜色由白色变为黄色、棕色，最后变为黑色。

$$2Ag^{+} + S_2O_3^{2-} \longrightarrow Ag_2S_2O_3\downarrow$$

$$Ag_2S_2O_3 + H_2O \longrightarrow Ag_2S\downarrow(\text{黑色}) + H_2SO_4$$

S^{2-} 的存在干扰 $S_2O_3^{2-}$ 的鉴定，须预先除去。

鉴定步骤： 取 1 滴除去 S^{2-} 的试液于点滴板上，加 2 滴 $AgNO_3$（$0.1\ mol \cdot L^{-1}$）溶液，若见到白色沉淀生成，并很快变为黄色、棕色，最后变为黑色，则表示有 $S_2O_3^{2-}$。

8. SO_4^{2-}

SO_4^{2-} 与 Ba^{2+} 反应生成白色沉淀。

CO_3^{2-} 和 SO_3^{2-} 等干扰鉴定，可先酸化除去这些离子，以消除干扰。

鉴定步骤： 取 2 滴试液于试管中，加 HCl（$6\ mol \cdot L^{-1}$）溶液至无气泡产生时，再多加 1～2 滴；之后加入 1～2 滴 $BaCl_2$（$1mol \cdot L^{-1}$）溶液，若生成白色沉淀，则表示有 SO_4^{2-}。

9. Cl^{-}

Cl^{-} 与 Ag^{+} 反应生成白色 AgCl 沉淀。

SCN^-也能与Ag^+生成白色沉淀AgSCN，因此，当SCN^-存在时干扰Cl^-的鉴定。

但在$NH_3 \cdot H_2O$（2 $mol \cdot L^{-1}$）溶液中，AgSCN难溶，AgCl易溶，并生成$[Ag(NH_3)_2]^+$，则可分离将SCN^-除去，然后在清液中加入HNO_3，提高酸度，使AgCl沉淀再次析出。

鉴定步骤： 取2滴试液于离心管中，加1滴HNO_3（6 $mol \cdot L^{-1}$）溶液和3滴$AgNO_3$（0.1 $mol \cdot L^{-1}$）溶液，并在水浴上加热2 min，离心分离。沉淀用去离子水洗涤，使溶液pH接近中性。加入2滴$(NH_4)_2CO_3$溶液（12%），并在水浴上加热1 min，离心分离。在清液中加1～2滴HNO_3（2 $mol \cdot L^{-1}$）溶液，若有白色沉淀生成，则表示有Cl^-。

10. Br^-和I^-

Br^-与适量的氯水反应时会被氧化，游离出单质溴使溶液呈橙红色。在有机相（如CCl_4、$CHCl_3$）中呈红棕色，而水相无色。在过量的氯水中，溴会因生成BrCl变为淡黄色。

$$2Br^- + Cl_2 = Br_2 + 2Cl^-$$

$$Br_2 + Cl_2 = 2BrCl$$

I^-在酸性介质中能被氯水氧化为I_2，在有机相（如CCl_4、$CHCl_3$）中呈紫红色，在过量的氯水中会被继续氧化为IO_3^-，使颜色消失。

$$I_2 + 5Cl_2 + 6H_2O = 2HIO_3 + 10HCl$$

若向含有一定浓度Br^-和I^-的混合溶液中逐滴加入氯水，由于I^-的还原能力较强，则优先被氧化为I_2，使有机相呈紫红色。如果继续加入氯水，Br^-被氧化为Br_2，I_2进一步被氧化为IO_3^-，则有机相的紫红色消失，而呈现红棕色。如氯水过量，颜色变为淡黄色（由于生成了BrCl）。

鉴定步骤： 取5滴试液于试管中，加1滴H_2SO_4（2 $mol \cdot L^{-1}$）溶液酸化，再加1 mL CCl_4及1滴氯水，充分摇荡，CCl_4层呈紫红色，表示有I^-。继续加入氯水，并摇荡，若CCl_4层紫红色褪去，又呈现出淡黄色，表示有Br^-。

参考文献

(References)

[1] 侯振雨，范文秀，郝海玲．无机及分析化学实验．第3版．北京：化学工业出版社，2014.

[2] 张桂香．大学化学实验——无机及分析化学实验分册．天津：天津大学出版社，2011.

[3] 范勋培．化学中的数值计算方法与CAD. 上海：上海交通大学出版社，2003.

[4] 朱旭容，陈刚，陈鸣德．化工计算机程序精选．南京：江苏科学技术出版社，2001.

[5] 扬州大学，盐城师范学院，唐山师范学院，等．新编大学化学实验（一）——基础知识与仪器．第2版．北京：化学工业出版社，2016.

[6] 范玉华．无机及分析化学实验（修订版）．青岛：中国海洋大学出版社，2013.

[7] 林宝凤，等．基础化学实验技术绿色化教材．北京：科学出版社，2003.

[8] 李巧玲．无机化学与分析化学实验．第2版．北京：化学工业出版社，2015.

[9] 南京大学．大学化学实验．北京：高等教育出版社，2001.

[10] 周花蕾．无机化学实验．第3版．北京：化学工业出版社，2019.

[11] 靳素荣，王志花．分析化学实验．武汉：武汉理工大学出版社，2009.

[12] 四川大学化学工程学院，浙江大学化学系．分析化学实验．第4版．北京：高等教育出版社，2015.

[13] 北京师范大学无机化学教研室．无机化学实验．第3版．北京：高等教育出版社，2001.

[14] 胡满成，张昕．化学基础实验．北京：科学出版社，2001.

[15] 周其镇，等．大学基础化学实验．北京：化学工业出版社，2000.

[16] 徐琰．无机化学实验．郑州：郑州大学出版社，2002.

[17] 何红运．本科化学实验（一）．长沙：湖南师范大学出版社，2008.

[18] 郑基福．化学基础知识手册．上海：上海大学出版社，2002.

[19] 王传胜．无机化学实验．北京：化学工业出版社，2009.

[20] 文利柏，虎玉森，白红进．无机化学实验．北京：化学工业出版社，2010.

[21] 贾文平．基础实验Ⅲ（分析化学实验）．杭州：浙江大学出版社，2011.

[22] 崔学桂，张晓丽，胡清萍．基础化学实验（Ⅰ）——无机及分析化学实验．第2版．北京：化学工业出版社，2007.

[23] 梁华定．基础实验Ⅰ（无机化学实验）．杭州：浙江大学出版社，2011.

[24] 牟文生．无机化学实验．第3版．北京：高等教育出版社，2014.

[25] 伍晓春，姚淑心．无机化学实验（英汉双语教材）．北京：科学出版社，2010.

[26] 徐家宁，门瑞芝，张寒琦．基础化学实验（上册）——无机化学和分析化学实验．北京：高等教育出版社，2006.

[27] 王志坤，吕健全．化学实验（上）——无机及分析化学实验．成都：电子科技大学出版社，2008.

[28] 王升富，周立群．无机及化学分析实验．北京：科学出版社，2009.

[29] 蔡明招．分析化学实验．北京：化学工业出版社，2004.

[30] 李方实，刘宝春，张娟．无机化学与化学分析实验．北京：化学工业出版社，2006.

[31] 华中师范大学，东北师范大学，陕西师范大学，等．分析化学实验．第4版．北京：高等教育出版社，2015.

[32] 朱竹青，朱荣华．无机及分析化学实验．北京：中国农业大学出版社，2008.

[33] 李志林，马志领，翟永清．无机及分析化学实验．北京：化学工业出版社，2007.

[34] 梁春华．无机及分析化学实验．成都：西南交通大学出版社，2020.

[35] 叶铁林．探索科学之路——百年诺贝尔化学家钩沉．第2版．北京：化学工业出版社，2016.

[36] 汪朝阳，肖信．化学史人文教程．北京：科学出版社，2010.